通信工程项目管理

主　编　邱　燕　吴玮玮
副主编　韩　超　王新华
参　编　赵春俊　赵方舟

机械工业出版社

本书全面介绍了 5G 通信站点工程项目建设管理与实施的全过程。本书内容按照站点项目建设流程，从项目工程承接、勘测设计、硬件安装再到最后验收交维。全书共分为 4 大模块，依次为项目承接与管理、工程勘测管理、设备安装与管理、工程验收管理。各模块内容设计细分为理论知识、实训任务、知识思维导图及拓展训练 4 个层次。本书体例均采用"以项目为导向、以任务为驱动"的方式，单元实训环节均下发实训任务单并进行考核评价，清晰掌握各环节学生学习效果。

本书内容全面，课程内容设计上循序渐进，知识层次由浅入深，实践内容丰富，可作为高等职业院校通信工程、电子信息工程等专业全日制学生的教材，也可作为继续教育的培训教材。本书还可作为相关专业工程技术人员的学习和参考用书。

图书在版编目（CIP）数据

通信工程项目管理 / 邱燕，吴玮玮主编. -- 北京：机械工业出版社，2024. 10. -- ISBN 978-7-111-76960-6

Ⅰ. TN91

中国国家版本馆CIP数据核字第20246YH098号

机械工业出版社（北京市百万庄大街22号　邮政编码100037）
策划编辑：赵志鹏　　　　　责任编辑：赵志鹏　徐梦然
责任校对：韩佳欣　牟丽英　封面设计：马精明
责任印制：单爱军
北京虎彩文化传播有限公司印刷
2025年3月第1版第1次印刷
184mm×260mm・18.5印张・422千字
标准书号：ISBN 978-7-111-76960-6
定价：54.00元

电话服务　　　　　　　　　网络服务
客服电话：010-88361066　　机　工　官　网：www.cmpbook.com
　　　　　010-88379833　　机　工　官　博：weibo.com/cmp1952
　　　　　010-68326294　　金　书　网：www.golden-book.com
封底无防伪标均为盗版　机工教育服务网：www.cmpedu.com

前言

本书以通信工程管理人员应具备的理论知识为基础，以培养通信工程项目管理复合型技术技能人才为目标，引入北京华晟经世信息技术股份有限公司等企业实际案例，包含丰富的通信工程理论知识和工程项目管理实战技能，讲述了通信工程施工技术和项目管理的方法。本书内容涵盖了通信工程的全寿命周期，包含项目承接与管理、工程勘测管理、设备安装与管理和工程验收管理4个模块，并配有通信工程项目管理实训手册。本书在内容上与时俱进，从实际出发，力求让读者充分理解和掌握施工技术和管理技能。通过本书的学习，读者可以掌握通信项目建设前、建设中和建设后的项目实施要点和规范，提高协调沟通能力和对项目整体建设进度的把控能力。

本书是一本新型活页式教材，是应用电子技术"双高"专业群建设成果，由具有丰富行业实战经验的专业工程师团队和一线专业课教师集体讨论规划与编写。陕西国防工业职业技术学院邱燕、吴玮玮任主编，北京华晟经世信息技术股份有限公司韩超、王新华任副主编，北京华晟经世信息技术股份有限公司赵春俊、陕西国防工业职业技术学院赵方舟参与编写。编写分工如下：邱燕统筹规划并编写前言、模块1、模块4及实训手册项目1、项目4；吴玮玮编写模块2及实训手册项目2；韩超、王新华编写模块3及实训手册项目3；全书由赵春俊、赵方舟统稿、校稿。

由于编者水平有限，书中难免存在疏漏，敬请广大读者批评指正。

编　者

目录

前言

模块 1 项目承接与管理

单元 1　通信工程项目管理概述 ... 001
　　1.1　通信工程项目基本知识 ... 002
　　1.2　通信工程建设流程 ... 006
　　拓展训练 ... 010

单元 2　通信工程概预算 ... 011
　　2.1　工程造价 ... 012
　　2.2　工程造价控制 ... 013
　　2.3　通信工程概预算编制 ... 014
　　拓展训练 ... 020

单元 3　工程招标投标与合同订立 ... 021
　　3.1　工程招标与投标 ... 022
　　3.2　中标与合同订立 ... 025
　　拓展训练 ... 028

模块 2 工程勘测管理

单元 1　项目团队职责 ... 029
　　1.1　项目组织架构 ... 030
　　1.2　通信工程项目管理 ... 036
　　1.3　通信工程项目团队建设 ... 039
　　拓展训练 ... 044

单元 2　典型通信工程组网　…045
　2.1　通信网　…046
　2.2　蜂窝移动通信系统　…049
　2.3　光传输系统　…063
　拓展训练　…080

单元 3　现场勘测　…081
　3.1　勘测准备　…082
　3.2　机房环境勘测　…087
　3.3　施工条件勘测　…094
　拓展训练　…099

模块 3
设备安装与管理

单元 1　通信设备安装与光缆施工　…100
　1.1　机房设备及天馈线安装　…101
　1.2　通信光缆施工技术　…107
　拓展训练　…114

单元 2　项目实施进度控制　…115
　2.1　项目进度控制概述　…115
　2.2　项目进度计划的编制与调整　…117
　拓展训练　…126

单元 3　项目实施成本控制　…127
　3.1　成本控制的概念　…128
　3.2　工程成本管理　…132
　拓展训练　…139

单元 4　项目实施质量控制　…140
　4.1　工程项目质量的要求　…141
　4.2　项目质量的影响因素分析　…146
　4.3　全面质量管理思想　…151
　4.4　施工质量不合格和事故的处理　…153
　拓展训练　…158

单元 5	安全与环境管理	... 159
	5.1 安全管理	... 160
	5.2 通信工程环境管理	... 166
	拓展训练	... 171

模块 4 工程验收管理

单元 1	合同管理	... 172
	1.1 合同概述	... 173
	1.2 工程纠纷处理	... 180
	1.3 施工合同跟踪	... 184
	1.4 工程索赔	... 187
	拓展训练	... 191

单元 2	工程验收交付	... 192
	2.1 竣工验收准备	... 193
	2.2 竣工单站验收	... 197
	2.3 质量缺陷处理与保修	... 210
	拓展训练	... 213

参考文献 ... 214

通信工程项目管理

模块 1　项目承接与管理

【项目背景】为响应国家关于 5G 通信行业的建设需求，推动社会经济的快速发展，中国移动运营商在 XX 市全面开展 5G 通信工程项目的建设，尚云通信技术有限公司承接当地 2023 年无线网 5G 一期主设备新建工程。以此项目建设管理全过程为依托，让学生学习和掌握通信工程项目管理实施方向应具备的基础知识、岗位技能和职业素养。

那么要完成 5G 站点工程建设，作为工程管理人员，首先要具备项目承接与管理的能力。

单元 1　通信工程项目管理概述

学习导航

学习目标	【知识目标】 1. 了解通信工程项目内容 2. 熟悉通信工程建设流程 【技能目标】 1. 清楚通信工程项目建设流程 2. 掌握通信工程项目管理的任务 【素质目标】 1. 培养学生沟通表达能力、团队协作能力 2. 培养工程项目施工规范意识
本单元重难点	1. 通信工程建设管理规范 2. 通信建设过程的职责分工
授课课时	6 课时

任务导入

尚云通信技术有限公司准备承接当地 2023 年无线网 5G 一期主设备新建工程，首先要对通信工程项目建设的基础知识、项目管理内容应有全面理解和掌握，同时对比公司自身的整体规模和人员素养，承接移动通信网的建设工程。

任务分析

启动无线网 5G 一期主设备新建工程，首先要清楚通信工程项目的概念，通信工程项目建设流程，项目管理的目标及核心任务，明确业主方和施工方的职责分工及工程实施过程注意事项。同时培养施工团队成员的沟通协调能力、风险规避意识和解决问题的能力。

任务实施

1.1 通信工程项目基本知识

1.1.1 通信工程项目

工程项目是指以工程建设为载体的项目，作为被管理对象的一次性工程建设任务。它以建筑物或构筑物为目标产出物，需要支付一定的费用，按照一定的程序，在一定的时间内完成，并应符合质量要求。

通信工程项目是工程项目的一类，建设范围包括通信设施新建、改建、扩建和拆除，例如宽带网络接入工程、光缆布放工程、移动通信网络建设工程等，其特点主要包括以下几方面：

1. 通信技术设备更新换代快

通信工程建设随着技术发展日益更新，设备技术更新换代极其迅速，使得其工作科技含量必然随之提高，装备及其技术要求也随之提高。

2. 通信设施科技含量高

随着现代技术的日益发展，设施装备的日益精密及其高端化，通信设施及其技术随之提高。例如，交换设施，光传输设施，甚至是目前第五代通信设备的更新，都需要更高技术含量的测试装备，对于操作人员也要求更高的技术操作水平，因此，企业应具备相应的高水平的技术人才、科学的管理和施工方法。

3. 工程建设协同作业

通信工程建设需要多种器材设备组合而成，这些器材需要经过加工、组装、连接、调控等步骤进行完善，最终形成完整、严密、综合的系统，使其具备通信的功能。

同时，通信工程也是一个多工程、多专业共同努力而建立起来的一个整体性网络，比如较大的跨省市线路工程，全程达到数百数千公里，施工环境也不相同，因此，在整个过程中工地分散，需要各部门人员共同协作，分工合作，对设备和系统的兼容性以及操作人员的综合素质提出了很高的要求。

4. 工程维护量大

不像某些其他类型建设工程，其运行阶段可以有计划地进行维护，而通信工程运行阶段存在设备断电、光缆损坏、天气灾害等不确定因素，随时可能导致突发性的网络故障，给人民群众生活造成不便，因此通信工程建设单位通常需要聘请专门的人员进行维护，保障整个通信网络的通畅。

1.1.2 通信工程项目的分类

1. 按建设工程的单项工程划分

根据原邮电部〔1995〕945号《关于发布〈通信建设工程类别划分标准〉的通知》，通信工程按建设工程的单项工程划分为一类工程、二类工程、三类工程、四类工程，见表1-1-1。

表1-1-1 按建设工程单项工程划分

工程分类	符合下列条件之一
一类工程	1）大、中型项目或投资在5000万元以上的通信工程项目 2）省际通信工程项目 3）投资在2000万元以上的部定通信工程项目
二类工程	1）投资在2000万元以下的部定通信工程项目 2）省内通信干线工程项目 3）投资在2000万元以上的省定通信工程项目
三类工程	1）投资在2000万元以下的省定通信工程项目 2）投资在500万元以上的通信工程项目 3）地市局工程项目
四类工程	1）县局工程项目 2）其他小型项目

2. 按照通信工程的施工内容划分

1）通信线路工程

通信线路是保证信息传递的通路，目前我国省际及省内长途干线中，有线线路主要使用大芯数的光缆，另有卫星、微波等无线线路。通信线路是国家通信网的重要组成部分，担负着党政军民的国内、国际通信任务，在社会主义现代化建设和巩固国防中起着重要作用。通信线路工程在内容上又可以分为架空线路、直埋线路、管道线路、综合布线。

2）通信管道工程

通信管道工程是指在城区为了建设通信线路而专门修建管道的工程，达到避开在街道两旁建电杆架线以保证城区美观的目的。通信管道按照其在通信网中所处的位置和用途可分为进出局管道、主干管道、中继管道、分支管道和用户管道。目前常用的管材有水泥管、钢管和塑料管。

3）通信电源工程

通信电源是通信系统的心脏，稳定可靠的通信电源供电系统，是保证通信系统安全、可靠运行的关键，一旦通信电源系统故障引起对通信设备的供电中断，通信设备无法运行，通信电路中断、通信系统瘫痪，从而造成极大的经济和社会效益损失。因此，通信电源工程在通信系统中占据十分重要的位置。常见的通信电源工程施工包括：配电设备的安装、蓄电池的安装、发电机组的安装、新型能源发电系统的安装。

4）蜂窝移动通信工程

移动通信是有线通信网的延伸，由无线和有线两部分组成，无线部分提供用户终端的接入，利用有限的频率资源在空中可靠地传送语音和数据，有线部分完成网络功能，包换交换和信息传输等，蜂窝移动通信工程在施工内容上可以分为机房设备安装、天馈系统安装、承载设备安装和核心网设备安装。

1.1.3 工程管理和工程项目管理

1. 工程管理的概念

工程的全寿命周期包括决策阶段、实施阶段和使用阶段（也可称为运营阶段或运行阶段）。工程管理就是对工程的全寿命周期的管理，包括：

1）决策阶段的管理，即项目前期的开发管理。
2）实施阶段的管理，即项目管理。
3）使用阶段的管理，即设施管理。

在通信领域，对通信工程进行管理的单位，包括中国移动、中国联通、中国电信、中国广电、中国铁塔和需要完成通信工程建设的企业或个人，统称为建设单位（也可称为业主或发包人）。通信工程管理涉及参与工程项目的各个参建单位对工程的管理，即包括投资方、开发方、设计方、施工方、供货方和使用阶段的管理方的管理，如图1-1-1所示。

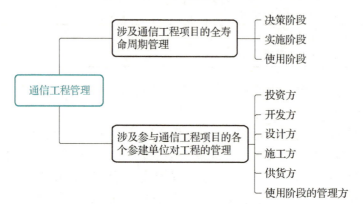

图1-1-1 通信工程管理内容

2. 工程项目管理的概念

中华人民共和国住房和城乡建设部2017年发布的《建设工程项目管理规范》（GB/T 50326—2017）对建设工程项目管理解释为：运用系统的理论和方法，对建设工程项目进行的计划、组织、指挥、协调和控制等专业化活动，简称为项目管理。工程项目管理的时间范畴是工程项目全寿命周期的实施阶段。

3. 工程项目管理的分类

按工程项目不同参与方的工作性质和组织特征划分，工程项目管理分如下几种类型：

1）建设单位的项目管理。

2）设计方的项目管理。

3）施工方的项目管理（施工承包方、分包方的项目管理）。

4）物资供货方的项目管理（材料和设备供应方的项目管理）。

5）项目总承包（或称通信项目工程总承包）方的项目管理，如设计和施工任务综合的承包，或设计、采购和施工任务综合的承包（简称 EPC 承包）的项目管理等。

由于工程参建单位的工作性质、工作任务、利益和目标不尽相同，因此项目管理的任务、服务对象、涉及阶段也不相同。例如，建设单位的进度目标是工程何时可以动用；而施工方的项目管理的进度目标是工程竣工验收。在整个实施阶段由于建设单位是工程项目实施过程中的总集成者、总组织者，因此建设单位的项目管理往往是该项目的项目管理的核心。

从施工方的项目管理角度来看，由于施工方受建设单位的委托承担通信工程建设任务，施工方必须树立服务观念，为工程建设服务，为业主提供建设服务；另外，合同也规定了施工方的任务和义务，因此施工方作为工程项目建设的一个重要参与方，其项目管理不仅应服务于施工方本身的利益，也必须服务于工程项目的整体利益。项目的整体利益和施工方本身的利益是对立统一的关系，两者有其统一的一面，也有其矛盾的一面。

施工方项目管理的目标应符合合同的要求，包括：

1）施工的成本目标。

2）施工的安全管理目标。

3）施工的质量目标。

4）施工的进度目标。

4. 工程项目管理的任务

项目实施阶段管理是通过管理使项目的目标得以实现，其核心任务是项目的目标控制，因此按项目管理学的基本理论，没有明确目标的建设工程不是项目管理的对象。在工程实践意义上，如果一个通信工程没有明确的投资目标、进度目标和质量目标，就没有必要进行管理，也无法进行定量的目标控制。

通信工程施工方项目管理的任务包括：

1）施工成本控制。

2）施工进度控制。

3）施工质量控制。

4）施工安全管理。

5）施工合同管理。

6）施工信息管理。

7）与施工有关的组织与协调。

施工方的项目管理工作主要在施工阶段进行，但由于设计阶段和施工阶段在时间上往往是交叉的，因此，施工方的项目管理工作也会涉及设计阶段。另外在建设单位动用前的准备阶段和保修期期间，还有可能出现涉及工程安全、费用、质量、合同和信息等方面的问题，因此，施工方的项目管理还涉及动用前的准备阶段和保修期。

1.2 通信工程建设流程

1.2.1 通信工程建设流程概述

建设流程是指通信工程从设想、评估、决策、设计、施工到竣工验收、投入生产整个建设过程中，各项工作必须遵循的先后顺序的规则，这个规则是在人们认识客观规律的基础上制定出来的，是通信工程科学决策和顺利进行的重要保证，是多年来工程管理经验的高度概括，也是取得较好投资效益必须遵循的工程建设管理方法。按照通信工程进展的内在联系和过程，建设程序分为若干阶段，这些进展阶段有严格的先后顺序，不能任意颠倒，违反它的规律就会使建设工作出现严重失误，甚至造成建设资金的重大损失。

通信工程的投资金额、建设规模等尽管有所不同，但建设过程中的主要程序基本相同。从前期的决策阶段到建设中的实施阶段，再到建设后期的运行阶段，整个过程一般要经过项目建议书、可行性研究、初步设计、年度计划安排、技术设计、施工图设计、工程勘测、施工招投标、开工报告、施工准备、设备供货、安装调试、初步验收、试运转、竣工验收、投产运营等环节，通信工程建设流程如图 1-1-2 所示。

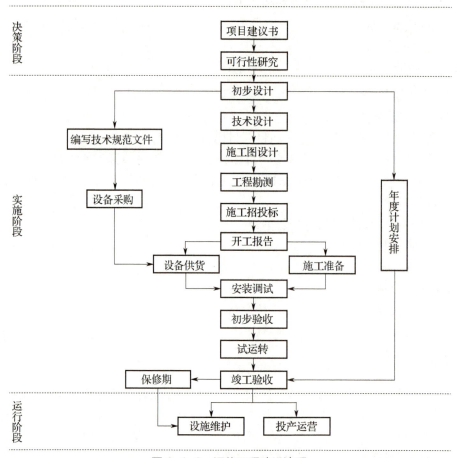

图 1-1-2　通信工程建设流程

1.2.2　通信工程建设决策阶段的主要工作任务

从建设意图的酝酿开始，调查研究、编写和报批项目建议书、编制和报批项目的可行性研究等项目前期的组织、管理、经济和技术方面的论证都属于项目决策阶段的工作。项目立项（立项批准）是项目决策的标志。决策阶段管理工作的主要任务是确定项目的定义，一般包括如下内容：

1）确定项目实施的组织。
2）确定和落实建设地点。
3）确定建设目的、任务和建设的指导思想及原则。
4）确定和落实项目建设的资金。
5）确定建设项目的投资目标、进度目标和质量目标等。

通信工程投资目标，就是在通信工程项目的投资决策阶段、设计阶段、施工阶段以及竣工阶段，把通信工程投资控制在批准的投资限额内，随时纠正发生的偏差，以保证投资目标的实现，以求在通信工程中合理使用人力、物力、财力，取得较好的投资效益和社会效益。例如，中国移动某市 5G 网络建设项目投资目标为 5000 万元，那么在整个工程建设过程中，把投资控制在批准的限额内。

进度目标对于建设单位指项目的动用时间目标，包含完成整个项目所需要的时间，具体见甲乙双方合同中约定的工期，例如，某通信工程计划开工日期为 2023 年 1 月 1 日，竣工日期为 2023 年 12 月 31 日，则工期总天数为 365 天。

质量目标不仅涉及施工质量，也包括设计质量、材料质量、设备质量和影响工程建设和运行的环境质量等，还包括满足相应的技术规范和技术标准，以及满足建设单位的质量要求。建设单位质量目标的建立可以为所有参与建设的单位和个人提供质量方面关注的焦点，也可以帮助参建单位有目的地、合理地分配和利用资源，以达到理想的质量结果。对于技术含量高、工程质量优、使用寿命长，以及可靠性、安全性、经济性优异的通信工程，还可以参加中国建设工程鲁班奖的评比。

1.2.3　通信工程建设实施阶段的主要任务

一个通信工程项目往往由许多参与单位承担不同的建设任务和管理任务，如勘测、土建设计、工艺设计、工程施工、设备安装、工程监理、建设物资供应、业主方管理、政府主管部门的管理和监督等。

通信工程项目的实施阶段由初步设计、年度计划安排、施工准备、施工图设计、施工招投标、开工报告和施工七个步骤组成。

根据通信工程建设的特点及工程建设管理的需要，一般通信建设项目的工程设计分初步设计和施工图设计两个阶段进行；对于技术上复杂的或采用新设备和新技术的项目，可增加技术设计阶段，按初步设计、技术设计、施工图设计三个阶段进行；对于规模较小，技术成熟，或套用标准的通信工程项目，可直接做施工图设计。

1. 初步设计

项目可行性研究报告批准后，由建设单位委托具备相应资质的勘察企业对建设地点的地理环境进行勘察，工程勘察是研究和查明通信工程建设场地的地质地理环境特征，确定地基承载力。

工程勘察完成后编制勘察报告，由建设单位委托具备相应资质的设计单位进行初步设计，设计单位通过实际勘察取得可靠的基础资料，经技术经济分析并进行多方案论证比较，进而确定采取合适的基础形式、施工方法、设备选型及项目投资概算。

初步设计文件应符合项目可行性研究报告、有关的通信行业设计标准和规范的要求，同时应包含未采用方案的主要情况及采用方案的选定理由。

2. 年度计划安排

建设单位应根据批准的初步设计和投资概算，经过资金、物资、设计、施工能力等的综合平衡后，做出年度计划安排。年度计划中应包括通信基本建设拨款计划、设备和主要材料储备（采购）计划、工期组织配合计划等内容，另外，还应包括单个工程项目的年度投资进度计划。

经批准的年度建设项目计划是进行基本建设拨款或贷款的主要依据，也是编制保证工程项目总进度要求的重要文件。

3. 施工准备

在施工准备过程中，建设单位应根据通信建设项目或单项工程的技术特点，适时组建管理机构，做好工程实施的各项准备工作，特别应做好建设项目的各项报批手续和设备材料的订货工作。施工准备是通信基本建设程序中的重要环节，是衔接基本建设和生产的桥梁。

4. 施工图设计

建设单位委托设计单位进行施工图设计。设计人员在对现场进行详细勘察的基础上，根据批准的初步设计文件和主要通信设备订货合同对初步设计做必要的修正，绘制施工详图，标明通信线路和通信设备的结构尺寸、安装设备的配置关系和布线走向，明确施工工艺要求，可以体现具体实施意图，以必要的文字说明表达设计意图，在施工阶段指导施工。同时施工图设计文件也是确定与控制工程造价的重要文件，是办理价款结算和考核工程成本的主要依据。施工图设计是否经济合理，对通信工程项目造价的确定与控制具有十分重要的意义。

5. 施工招投标

招投标是一种市场经济的商品经营方式，在国内外项目实施中广泛采用。这种方式是在货物、工程和服务的采购行为中，招标人通过事先公布的采购和要求，吸引众多的投标人按照同等条件进行平等竞争，按照规定程序并组织技术、经济和法律等方面专家对众多的投标人进行综合评审，从中择优选定项目的中标人的行为过程。通过招投标方式，招标人可以以较低的价格获得最优的货物、工程和服务。

建设单位应依照《中华人民共和国招标投标法》和《通信工程建设项目招标投标管理办法》（工信部〔2014〕第27号），进行公开或邀请形式的招标，选定技术和管理水平高、信誉可靠且报价合理、具有相应通信工程施工等级资质的通信工程施工企业。建设单位与中标单位签订施工承包合同，明确各自的责任、权利和义务，依法组成合作关系。

6. 开工报告

建设单位应在落实了年度资金拨款、通信设备和通信专用的主要材料供货厂商及工程管理组织，与承包商签订施工承包合同后，在建设工程开工前一个月，向主管部门提出开工报告。

7. 施工

施工承包单位应根据施工合同、批准的施工图设计文件和施工组织设计组织施工，工程项目应满足设计文件和验收规范的要求，确保通信工程施工质量、工期、成本、安全等目标实现。

在施工过程中，每道工序完成后应由建设单位随工代表或委托的监理工程师进行随工验收，验收合格后才能进行下道工序，通信工程项目完工并自检合格后，承包商方可向建设单位提交完工报告。

1.2.4 通信工程建设运行阶段的主要任务

在我国通信行业内，当项目工程竣工验收后，建设单位在使用阶段主要任务是进行电信的业务运营和设施维护。电信业务运营主要分为基础电信业务运营和增值电信业务运营两个部分；电信设施维护包括通信设施及相关设备的日常维护保养、计划性维修、故障性维修等工作，确保设备的良好使用状态，为通信设备运行提供支持。需要维护的设施包括机房、塔桅、天馈线、开关电源、蓄电池、移动通信设备、传输设备、光缆、综合机柜、空调、配电箱、电源监控系统、灭火器等。例如，对机房的维护，不会出现墙面破裂和漏水，灭火器在正常使用年限内等。

学习足迹

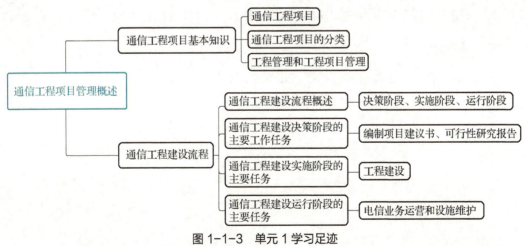

图 1-1-3 单元 1 学习足迹

拓展训练

一、填空题

1. 建设工程管理就是对建设工程项目全寿命周期的管理，包括_____、_____和使用阶段管理。
2. 项目决策的标志是_____。
3. 项目实施阶段管理主要包括了_____项目管理、_____项目管理、_____项目管理、_____项目管理。
4. 建设单位的进度目标是_____；施工方的项目管理的进度目标是_____。
5. 通信工程项目管理的目标包含施工的安全管理目标、_____、施工的进度目标、_____。

二、判断题

1. 建设工程项目是为完成依法立项的新建、扩建、改建工程而进行的，有起止日期、达到规定要求的工程建设活动。（　　）
2. 施工方的项目管理是工程建设项目的项目管理的核心。（　　）
3. 建设工程项目的全寿命周期包含三阶段，分别为设计阶段、实施阶段和使用阶段。（　　）
4. EPC承包指的是设计和施工任务综合的承包。（　　）
5. 对建设工程项目全寿命周期的实施阶段的管理，称为项目管理。（　　）

三、简答题

1. 通信工程项目建设流程包括哪些步骤？
2. 通信工程项目的特点有哪些？

通信工程项目管理实训手册

机械工业出版社

目 录

项目 1　项目承接与管理 ……………………………………………………… 001
　任务 1.1　熟悉通信工程项目管理 ……………………………………………… 001
　任务 1.2　通信工程概预算 ……………………………………………………… 004
　任务 1.3　工程招投标与合同订立 ……………………………………………… 014

项目 2　工程勘测管理 ………………………………………………………… 018
　任务 2.1　了解项目团队职责 …………………………………………………… 018
　任务 2.2　典型通信工程组网 …………………………………………………… 022
　任务 2.3　现场勘测 ……………………………………………………………… 029

项目 3　设备安装与管理 ……………………………………………………… 039
　任务 3.1　通信设备安装与光缆施工 …………………………………………… 039
　任务 3.2　项目实施进度控制 …………………………………………………… 043
　任务 3.3　项目实施成本控制 …………………………………………………… 046
　任务 3.4　项目实施质量控制 …………………………………………………… 050
　任务 3.5　安全与环境管理 ……………………………………………………… 053

项目 4　工程验收管理 ………………………………………………………… 057
　任务 4.1　合同管理 ……………………………………………………………… 057
　任务 4.2　工程验收交付 ………………………………………………………… 061

项目 1　项目承接与管理

任务 1.1　熟悉通信工程项目管理

1.1.1　任务描述

某通信工程建设单位计划在西北地区某市建设一项城市管道线路工程,建设单位在决策阶段进行了工程的可行性研究并编制了报告,确定和落实建设地点以及项目建设的资金,计划工期为 180 天,之后通过招投标选定了一家施工单位,建设单位在工程开工一周前,向主管部门提交了开工报告。

工程开工前,施工单位明确了施工成本控制、施工进度控制、施工质量控制三个项目管理的任务,并如期进场开始施工。

开工后由于工程施工量大、工期紧,施工进行了赶工,进行到快结尾的时候,施工单位项目经理考虑到施工成本已超出计划额,将原设计的水泥管道改成塑料管道,工程监理在巡视时认为不符合要求,要求施工单位拆除后重新施工。

最终经过施工单位多次调换工程设备、材料,完成了全部工程。

1.1.2　任务目标

1. 提升学生对工程项目的认识,作为项目的统筹者,认真做好项目前期的准备工作,并对项目整体进行把控。

2. 培养良好的职业素养、解决问题的能力、提升项目团队的工作和协作能力。

1.1.3　任务工单

工作任务书					
姓名		班级		学号	
小组		组长		分数	
任务编号	1-1		实施方式		案例分析
考核方式	过程与结果综合考评				

（续）

考核点	通信工程施工规范和工程项目管理内容
教学实施方法	通过案例分析，结合考核点，以小组为单位，开展任务实施，通过分析、阐述、总结写出个人分析结果
任务内容	1. 建设单位在决策阶段的工作环节是否完整，说明原因 2. 施工单位项目管理的任务还缺少哪些 3. 工程进行到快结尾的时候，工程监理在巡视后要求施工单位拆除后重新施工的做法是否正确，说明原因 4. 通信工程按照施工内容划分，可以划分哪些工程 5. 线路工程除了管道线路外，还有哪些线路工程

1.1.4 任务指导

【任务分析】

1. 分析通信工程建设决策阶段的主要工作任务包括的内容。

2. 项目实施阶段管理是通过管理使项目的目标得以实现，其核心任务是项目的目标控制，通信工程施工方项目管理的任务包括的内容。

3. 施工方项目管理的规范和要求。

4. 项目经理对通信工程项目管理的认识和应具备的能力。

【任务准备】

1. 清楚通信工程项目基本概念，如工程项目和通信工程项目的概念，通信工程项目是工程项目的一类，以及通信工程的特点和分类。

2. 区分工程管理和工程项目管理的区别，工程管理是对工程的全寿命周期的管理，包括决策阶段、施工阶段的管理、使用阶段的管理，而工程项目管理仅是对施工阶段的管理，称为项目管理。

3. 清楚通信工程管理涉及的参与方，即包括投资方、开发方、设计方、施工方、供货方和项目使用期的管理方的管理等。掌握工程项目管理的分类，包括建设单位的项目管理、设计方的项目管理、施工方的项目管理、物资供货方的项目管理、项目总承包方的项目管理。

4. 掌握工程施工方项目管理的任务，包括施工成本控制、施工进度控制、施工质量控制、施工安全管理、施工合同管理、施工信息管理、与施工有关的组织与协调七大任务。

5. 清楚通信工程项目建设流程，一般要经过项目建议书、可行性研究、工程勘测、初步设计、年度计划安排、施工准备、施工图设计、施工招投标、开工报告、设备供货、安装调试、初步验收、试运转、竣工验收、投产运营等环节。

6. 熟悉 GB/T 50326—2017《建设工程项目管理规范》管理标准。

1.1.5 任务实施

1. 以小组为单位，在规定时间内完成工作任务书中任务内容的组内讨论。

2. 分析讨论的结果并在下面的分析结果项写出个人结果。
3. 总结阐明对通信工程项目管理的基本认识。

【分析结果】

1.1.6 考核评价

【评价要求】
职业素养、项目管理规范两方面评价。

【评价方式】
学生互评和老师点评相结合。

【评价标准】
任务评价表见表 1-1-1。

表 1-1-1 任务评价表

任务要求	评价标准	得分情况
职业素养 （50 分）	1. 发言人语言简洁、思路严谨；言行举止大方得体（20 分） 2. 对通信工程项目管理的基本认识（30 分）	
管理规范 （50 分）	1. 完成任务实施中分析结果的内容（25 分） 2. 个人对通信工程项目管理的基本认识（25 分）	
评价人	评价级别（√）	备注
个人	不及格☐　及格☐　良好☐　优☐	
老师	不及格☐　及格☐　良好☐　优☐	

1.1.7 巩固拓展

一、选择题

1. 施工项目管理的核心主体是（　　）。
   A. 建设行政管理部门　　B. 建设单位　　C. 设计单位　　D. 施工单位
2. 施工方作为项目建设的参与方，其项目管理主要服务于（　　）的利益。
   A. 建设单位　　B. 施工单位　　C. 建设单位和施工单位　　D. 维护单位
3. （　　）不属于施工项目管理的内容。
   A. 环境管理　　B. 质量控制　　C. 成本控制　　D. 投资控制

4. 下列关于决策阶段管理工作的主要内容的说法错误的是（　　）。
   A. 确定项目实施的组织
   B. 确定和落实建设地点
   C. 确定建设目的、任务和建设的指导思想及原则
   D. 建设的资金全部到位
5. 省内通信干线工程项目属于（　　）。
   A. 一类工程　　　　B. 二类工程　　　　C. 三类工程　　　　D. 四类工程

二、思考题
1. 简述工程管理和工程项目管理的区别。
2. 简述通信工程项目管理的任务。

任务 1.2　通信工程概预算

1.2.1　任务描述

某市人民路 5G 移动通信基站设备安装工程，主要安装设备包括 AAU 和 BBU 及其配套设备的安装、相关线缆的布放等。现要对该 5G 移动通信基站编制工程概预算表，已知该基站安装工程安装设备和线缆材料的数量等信息见工程概预算表，根据表中提供的信息完善概预算表中空缺的部分，最终计算该设备安装工程总预算。

1.2.2　任务目标

1. 正确理解工程造价和工程概预算的区别和联系。
2. 掌握通信建设工程概预算文件的组成和编制方法，同学们可以独立完成概预算表格的编制。

1.2.3　任务工单

工作任务书					
姓名		班级		学号	
小组		组长		分数	
任务编号	1-2		实施方式	编制通信工程概预算表	
考核方式	过程与结果综合考评				
考核点	通信工程概预算文件的编制				
教学实施方法	通过分析概预算表格，分析费用组成部分，补充概预算表中空白部分，编制通信工程概预算文件。				
任务内容	按表中给出的已知信息，计算表中标号处空缺的信息，完善工程概预算表。（计算结果保留两位小数点）				

工程概（预）算总表（表一）

工程名称：****市人民路5G移动通信基站　　建设单位：中国移动通信集团**省有限公司　　表格编号：B1　　第　页

序号	表格编号	各费用名称	小型建筑工程费	需要安装的设备费	不需安装的设备、工器具费	建筑安装工程费	其他费用	预备费	总价值（元）			其中外币（　）
									除税价	增值税	含税价	
I	II	III	IV	V	VI	VII	VIII	IX	X	XI	XII	XIII
1	B2	建筑安装工程费				④			④	⑤	⑥	
2	B4J	需要安装的设备费		214256.00					214256.00	27843.04	24099.04	
3		工程费=建筑安装工程费+需要安装的设备费		214256.00		④			225613.86	28865.25	254479.11	
4	B5J	建设工程其他费					7306.73		7306.73	445.22	7751.95	
5		预备费										
6		建设期利息										
		总计		214256.00		④	7306.73		⑦	⑧	⑨	

设计负责人：　　　　　审核：　　　　　编制：　　　　　编制日期：　　年　　月

建筑安装工程费用概（预）算表（表二）

工程名称：****市人民路5G移动通信基站
建设单位：中国移动通信集团**省有限公司 表格编号：B2 第 页

序号	费用名称 II	依据和计算方法 III	合价（元） IV	序号	费用名称 II	依据和计算方法 III	合价（元） IV
I	建安工程费（含税价）	一+二+三+四	⑥	7	夜间施工增加费	人工费×夜间施工增加费率(2.1%)	116.47
	建安工程费（除税价）	一+二+三	④	8	冬雨季施工增加费	人工费×冬雨季施工增加费率(1.8%)	99.83
一	直接费		①	9	生产工具、用具使用费	人工费×生产工具、用具使用费率(0.8%)	44.37
（一）	直接工程费		5546.10	10	施工用水电蒸气费	不计列	
1	人工费		5546.10	11	特殊地区施工增加费	不计列	
(1)	技工费	技工日×114元/日		12	已完工程及设备保护费	人工费×使用费率(1.5%)	83.19
(2)	普工费	普工日×61元/日		13	运土费	不计列	
2	材料费			14	施工队伍调遣费	不计列	
(1)	主要材料费			15	大型施工机械调遣费	不计列	
(2)	辅助材料费			（二）	间接费		②
3	机械使用费			1	规费	不计列	1868.48
4	仪表使用费			1	工程排污费	不计列	
（二）	措施项目费		1314.43	2	社会保障费	人工费×社会保障费率28.5%	1580.64
1	文明施工费	人工费×文明施工费率(1.1%)	61.01	3	住房公积金	人工费×住房公积金费率4.19%	232.38
2	工地器材搬运费	人工费×工地器材搬运费率(1.1%)	61.01	4	危险作业意外伤害保险费	人工费×危险作业意外伤害保险费率1%	55.46
3	工程干扰费	人工费×工程干扰费率(4%)	221.84	2	企业管理费	人工费×企业管理费率27.4%	1519.63
4	工程点交、场地清理费	人工费×工程点交、场地清理费率(2.5%)	138.65	三	利润	人工费×利润率20%	③
5	临时设施费	人工费×临时设施费率(3.8%)	210.75	四	销项税额	（一+二+三）×9%	⑤
6	工程车辆使用费	人工费×工程车辆使用费率(5%)	277.31				

设计负责人： 审核： 编制： 编制日期： 年 月

建筑安装工程量概(预)算表(表三)甲

工程名称:****市人民路5G移动通信基站
建设单位:中国移动通信集团**省有限公司
表格编号:B3J 第 页

序号	定额编号	项目名称	单位	数量	单位定额值			合计值		
					技工(工日)	普工(工日)		技工(工日)	普工(工日)	
I	II	III	IV	V	VI	VII		VIII	IX	
1	TSW1-010	安装电源分配架(柜)、箱架顶式	架	1.00	0.60			0.60		
2	TSW1-053	放、绑软光纤-设备机架间放、绑15m以下	条	10.00	0.29			2.90		
3	TSW1-058	布放射频拉远单元(AAU)用光缆	米条	180.00	0.04			7.20		
4	TSW1-060	室内布放电力电缆(单芯相线截面积)16mm²以下	十米条	1.80	0.15			0.27		
5	TSW1-068	室内布放电力电缆(单芯)16mm²以下	十米条	1.70	0.18			0.31		
6	TSW1-060	室内布放电力电缆(双芯)16mm²以下	十米条	5.30	0.17			0.90		
7	TSW1-068	室外布放电力电缆(双芯)16mm²以下	十米条	9.00	0.20			1.80		
8	TSW2-016ZA	安装AAU(抱杆上)	副	3.00	5.49			16.47		
9	TSW2-023	安装调测卫星全球定位系统(GPS)天线	副	1.00	1.80			1.80		
10	TSW2-027	布放射频同轴电缆1/2英寸以下4m以下	条	1.00	0.20			0.20		
11	TSW2-028	布放射频同轴电缆1/2英寸以下每增加1m	米条	16.00	0.03			0.48		
12	TSW1-032	安装防雷器	个	1.00	0.25			0.25		
13	TSW2-048	配合调测天、馈线系统电缆	扇区	1.00	0.47			0.47		
14	TSW2-052	安装基站设备主设备箱嵌入式	台	1.00	1.08			1.08		
15	TSW2-071	扩装设备板件	块	1.00	0.50			0.50		
16	TSW2-081	配合基站系统调测定向(本端)	扇区	3.00	1.41			4.23		
17	TSW2-094	配合联网调测	站	1.00	2.11			2.11		
18	TSW2-095	配合基站割接、开通	站	1.00	1.30			1.30		
19	TXL7-029	机架(箱)内安装光分路器(安装高度1.5m以上)	台	4.00	0.40			1.60		
20	TXL7-030	光分路器与光纤线路插接	端口	4.00	0.03			0.12		
21	TSY1-079	放、绑软光纤-设备机架之间放、绑-15m以下	条	14.00	0.29			4.06		
	合 计			260.80	16.99			48.65		

设计负责人: 审核: 编制: 编制日期: 年 月

建筑安装工程机械使用概(预)算表(表三)乙

工程名称：****市人民路5G移动通信基站　　建设单位：中国移动通信集团**省有限公司　　表格编号：B3Y　　第　　页

序号	定额编号	项目名称	单位	数量	仪表名称	单位定额值		合计值	
						消耗量(台班)	单价(元)	消耗量(台班)	合价(元)
I	II	III	IV	V	VI	VII	VIII	IX	X
1									
2									
3									
4									
5									
6									
7									
8									
9									
10									
11									
12									
13									
14									
15									
16									
17									
18									
合计									

设计负责人：　　　　审核：　　　　编制：　　　　编制日期：　　年　　月

建筑安装工程仪器仪表使用费概（预）算表（表三）丙

工程名称：****市人民路5G移动通信基站　　　　　表格编号：B3B　　　第　页

建设单位：中国移动通信集团**省有限公司

序号	定额编号	项目名称	仪表名称	单位	数量	单位定额值		合计值	
						消耗量（台班）	单价（元）	消耗量（台班）	合价（元）
I	II	III	VI	IV	V	VII	VIII	IX	X
1									
2									
3									
4									
5									
6									
7									
8									
9									
10									
11									
12									
13									
14									
15									
16									
17									
18									
合　计									

设计负责人：　　　　　审核：　　　　　编制：　　　　　编制日期：　　年　　月

国内器材概(预)算表(表四)甲

工程名称:****市人民路5G移动通信基站
建设单位:中国移动通信集团**省有限公司
表格编号:B4J 第 页

序号	名称	规格程式	单位	数量	单价(元)			合计(元)			备注
					除税价	增值税	含税价	除税价	增值税	含税价	
I	II	III	IV	V	VI	VII	VIII	IX	X	XI	XII
1	中兴主设备	64通道	站	1.00	190000.00	24700.00	214700.00	190000.00	24700.00	214700.00	
2	中兴主设备	开网网络优化	站	1.00	10000.00	1300.00	11300.00	10000.00	1300.00	11300.00	
3	新增BBU	中兴BBU	台	1.00							价格含在主设备内
4	新增AAU	中兴AAU	台	3.00							价格含在主设备内
5	新增GPS天线	中兴GPS	个	1.00							价格含在主设备内
6	新增5G设备板件	新增设备板件	个	1.00							
7	无源波分	无源波分16型号	套	1.00	14000.00	1820.00	15820.00	14000.00	1820.00	15820.00	
8	尾纤	LC-LC(5米)尾纤	条	12	18.00	1.62	19.62	216.00	19.44	235.44	
9	尾纤	LC-FC(10米)尾纤	条	2.00	20.00	1.80	21.80	40.00	3.60	43.60	
10											
11											
12											
13											
14											
15											
16											
17											
18		合 计						214256.00	27843.04	242099.04	

设计负责人: 审核: 编制: 编制日期: 年 月

工程建设其他费用概(预)算表(表五)甲

工程名称：****市人民路5G移动通信基站

建设单位：中国移动通信集团**省有限公司 表格编号：B5J 第 页

序号	费用名称	计算依据及方法	金额（元）			备注
			除税价	增值税	含税价	
I	II	III	IV	V	VI	VII
1	建设用地及综合赔补费					不计取
2	项目建设管理费					不计取
3	可行性研究费					不计取
4	研究试验费					
5	勘察设计费	已知条件	6105.48	366.33	6471.81	
6	环境影响评价费					不计取
7	建设工程监理费	已知条件	974.09	58.45	1032.54	
8	安全生产费	建安工程费（除税价）×2%	227.16	20.44	247.60	含税安全生产费=不含税安全生产费×(1+9%)
9	引进技术及引进设备其他费					不计取
10	工程保险费					不计取
11	工程招标代理费					不计取
12	专利及专利技术使用费					不计取
13	其他费用费					不计取
14	生产准备及开办费					
15						
16						
17						
18						
	合计		7306.73	445.22	7751.95	

设计负责人：　　　　　　审核：　　　　　　编制：　　　　　　编制日期：　年　月

1.2.4 任务指导

【任务分析】

1. 分析通信工程概预算表的编制顺序。

2. 通信工程概预算各个表中费用的计算方法

【任务准备】

1. 清楚工程造价的概念，知道工程造价对于业主（投资者）和承包商的作用和意义。

2. 掌握工程造价多次性计价特征，一般工程建设周期长，不确定因素多，工程的价格不能一次可靠确定，要到竣工决算后才能最终确定工程造价，一般要经过投资估算、工程概算、工程预算、合同价、结算价、决算价几个环节，同时也要清楚工程价款的控制方法。

3. 理解通信工程概预算的含义和概预算文件的组成，重点掌握概预算文件组成内容中表格部分的 10 张表格作用和编制内容。

4. 清楚概预算的编制原则和编制依据，必须由持有勘察设计证书的单位编制，同时预算定额应套用工信部通信〔2016〕451 号关于信息通信建设工程预算定额、工程费用定额及工程概预算编制规程的通知文件。

5. 掌握概预算表格的编制顺序，顺序为（表三）甲→（表三）乙→（表三）丙→（表四）甲→（表二）→（表五）甲→（表一）。

6. 通信工程费用的组成包括工程费、工程建设其他费、预备费、建设期利息，重点掌握工程费中的建筑安装工程费的组成，包括人工费、材料费、机械使用费、仪表使用费、企业管理费、利润、规费、销项税额、措施项目费，清楚其中各项费用的组成明细以及计算方法，可以正确区分直接费和间接费。

1.2.5 任务实施

1. 以小组为单位，在规定时间内完成工作任务书中任务内容的组内讨论。

2. 分析讨论的结果并在下面的分析结果项写出个人结果。

3. 总结通信工程概预算文件编制过程中遇到的问题和编制经验。

【分析结果】

1.2.6 考核评价

【评价要求】

职业素养、概预算文件编制两方面评价。

【评价方式】

学生互评和老师点评相结合。

【评价标准】

任务评价表见表1-2-1。

表1-2-1 任务评价表

任务要求	评价标准	得分情况
职业素养（50分）	1. 发言人语言简洁、思路严谨；言行举止大方得体（20分） 2. 分析工程概预算编制具备能力（30分）	
管理规范（50分）	1. 分析通信工程概预算文件编制步骤（25分） 2. 准确完成概预算表的编制（25分）	
评价人	评价级别（√）	备注
个人	不及格□ 及格□ 良好□ 优□	
老师	不及格□ 及格□ 良好□ 优□	

1.2.7 巩固拓展

一、选择题

1. 施工现场安装的临时防护栏杆所需的费用应计入（　　）费用。
   A. 企业管理费项目　　B. 规费项目　　C. 材料费项目　　D. 措施项目
2. 企业按规定为职工缴纳的基本养老保险属于（　　）。
   A. 规费　　B. 企业管理费　　C. 措施费　　D. 人工费
3. 下列支出中应计入建筑安装工程人工费的是（　　）。
   A. 项目经理部人员的节假日加班工资　　B. 为生产工人发放的劳动保护用具的费用
   C. 高寒地区作业的临时津贴　　D. 大型塔吊操作工人的工资
4. 在竣工验收前，施工企业对已经安装完成的设备采取必要的保护措施所发生的费用应计入（　　）。
   A. 措施项目费　　B. 其他项目费　　C. 文明施工费　　D. 企业管理费
5. 监理单位实施工程监理收取的费用应计入（　　）。
   A. 预备费　　B. 工程建设其他费　　C. 措施项目费　　D. 建设单位管理费

二、思考题

1. 某建设项目设备及工器具购置费为600万元，建筑安装工程费为1200万元，其中包括人工费600万元，工程建设其他费为100万元，建设期贷款利息为20万元，企业管理费率为27.4%，利润费率为20%，计算该项目编制概预算表的时候利润费应是多少。

2. 某通信工程建筑安装工程费由下列项目组成，人工费为200万元，机械使用费50万元，企业管理费54.8万元，利润为40万元，规费为60万元，措施项目费为38.5万元，增值税税率为9%，计算该建筑安装工程的直接费、间接费、建筑安装工程含税价分别是多少。

任务 1.3　工程招投标与合同订立

1.3.1　任务描述

某建设单位新建移动通信汇聚机房工程，对其中的交换设备安装项目按单价合同计价进行招标，采用公开招标方式选择施工单位。招标人于 2022 年 3 月 1 日发出招标公告，定于 3 月 30 日开标。先后有 A、B、C、D、E 共 5 家施工单位计划参与投标，招标人于 3 月 6 日发出了招标文件，投标单位收到招标文件后，其中 E 施工单位发现设计图中通信设备安装位置不合理，提出质疑。招标人经设计单位确认并修改后，3 月 12 日向提出质疑的 E 单位发出了澄清。

3 月 30 日，招标人在专家库中随机抽取了 3 名技术经济专家和 2 名业主代表一起组成评标委员会，准备按计划组织开标。被招标监督机构制止，并指出其招标过程中的错误，招标人修正错误后进行了开标。

最终，整个招标过程顺利结束，评标委员会确定了 2 名中标候选人。

1.3.2　任务目标

根据任务内容描述，分析总结招投标涉及的重要知识和技能点，阐述案例包含的重点信息。

1. 熟悉日常工程项目招投标的重要意义，熟悉甲乙双方招投标文件包含的主要内容。
2. 清楚招投标时间节点。能够按照项目工程进度及时完成项目招投标涉及文件的准备，核查项目招投标过程对具体实施产生的影响。
3. 掌握通信工程项目招投标流程及各环节开展的整体把控能力。
4. 掌握招标文件内容勘测要点及发现标书问题的解决方法。

1.3.3　任务工单

工作任务书					
姓名		班级		学号	
小组		组长		分数	
任务编号	1–3		实施方式	案例分析	
考核方式	实施过程与实施结果综合考评				
考核点	通信工程项目招投标流程				
教学实施方法	通过案例分析，结合考核点，以小组为单位，开展任务实施，通过分析、阐述、总结写出个人分析结果				
任务内容	1. 阐述通信工程项目招投标的含义 2. 阐述项目工程招标方式及相互区别 3. 阐述投标单位进行项目工程招标文件的勘测作用，发现问题的解决思路 4. 阐述项目招投标的时间节点 5. 阐述项目评标的主要作用				

1.3.4 任务指导

【任务分析】

1. 项目招投标的重要性

通信工程项目实施首要任务就是甲乙双方完成项目招标和投标工作,招投标是否顺利开展直接影响后期项目实施的进度和质量。

2. 通信工程项目招标的主要流程

通信工程项目招标主要包括:成立招标机构、招标备案、编制招标文件、发售资格预审文件和招标文件、组织现场踏勘。

3. 项目招投标甲乙双方的主要工作内容

招投标一般可分为工程招投标、货物招投标、服务招投标。

工程招标指的是甲方根据实际项目内容和预期的目标进行工程的扩建、新建、改造、维修方面的施工或工程总承包招标。服务招标主要包括通信工程的规划、勘测、设计、监理,以及其他项目的审计、造价、物业服务、保洁保安等。货物招标指甲方运营中需要的包括设备、物资和材料招标。

投标指的是乙方按照招标文件中评标要求,提交企业资质、业绩、财务状况、以往履行表现、公司技术和质量标准、投标价格等组成的投标文件按时限进行提交,与其他公司共同参与竞标事宜。

4. 招投标具体环节实施中问题处理

熟悉具体项目投标时限要求,在规定时间内出现问题应及时作出解决方案并通知甲乙双方公司,在招投标文件中补充修改。

【任务准备】

1. 掌握招投标的概念和流程。
2. 清楚招标文件和投标文件的主要内容。
3. 熟悉招投标的时间节点对项目能否顺利实施的重要意义。
4. 熟悉工作任务书的考核内容和实施要求,做好任务准备。

1.3.5 任务实施

1. 以小组为单位,在规定时间内完成组内讨论。
2. 任务执行项写出问题分析讨论的结果。
3. 总结阐明参与工程招投标应具备的方法和能力。

【分析结果】

1.3.6 考核评价

【评价要求】

重点从招投标流程、问题响应、职业素养三方面进行评价。

【评价方式】

学生互评和老师点评相结合。

【评价标准】

任务评价表见表 1-3-1。

表 1-3-1 任务评价表

任务要求	评价标准	得分情况
职业素养 （50分）	1. 发言人语言简洁、思路严谨；言行举止大方得体（20分） 2. 分析招投标过程问题处理思路和标书文件资料整理规范性（30分）	
管理规范 （50分）	1. 招标人在招投标中的准备工作（25分） 2. 投标人在招投标中的主要任务内容（25分）	
评价人	评价级别（√）	备注
个人	不及格□ 及格□ 良好□ 优□	
老师	不及格□ 及格□ 良好□ 优□	

1.3.7 巩固拓展

一、选择题

1. 工程施工招标通常最常见的方式为邀请招标和（　　）。
   A. 公开招标   B. 总承包招标
   C. 二阶段招标   D. 竞标

2. 项目工程公开招标的优点（　　）。
   A. 申请投标人较多，一般要设置资格预审程序，评标的工作量较小，所需招标时间短，费用低。
   B. 不需要发布招标公告和设置资格预审程序，节约费用和节省时间。
   C. 招标人可以在较广的范围内选择中标人，投标竞争激烈，有利于将工程项目的建设交予可靠的中标人实施并取得有竞争性的报价。
   D. 了解核查投标人资质、以往的业绩和履约能力，减少了合同履行过程中承包方违约的风险。

3. 关于招标文件的内容描述，以下说法错误的是（　　）。
   A. 招标文件应准确详细地反映项目的客观真实情况，招标文件应涉及招标者须知、合同条件、规范、工程量表等多项内容。
   B. 招标文件的编制力求统一和规范用语，坚持公正原则，不受部门、行业、地区限制。

C. 招标文件中可以不包含涉及项目场地图纸、施工设计图纸，设备安装图纸等信息，可以待中标方现场勘察后再确定。

D. 标底由招标人为准备招标的工程计算出的一个合理的项目基本价格，标底是招标人的绝密资料，在开标前严禁向任何无关人员泄露。

4. 关于施工方现场踏勘，以下说法正确的是（　　）。

　　A. 现场踏勘是投标者必须经过的投标程序，是指招标人组织投标申请人对工程现场场地和周围环境等客观条件进行的现场勘察。

　　B. 招标人承担投标申请人踏勘现场发生的费用。

　　C. 投标人在踏勘现场中所发生的人员伤亡和财产损失由招标人负责。

　　D. 投标人踏勘现场后涉及对招标文件进行澄清修改的，招标人应当在招标文件要求提交投标文件的截止时间至少 10 日前以书面形式通知所有招标文件收受人。

5. 施工单位中标后完成合同签订，关于合同签订以下说法正确的是（　　）。

　　A. 招标人和中标人应当自中标通知书发出之日起 15 日内，按照招标文件和中标人的投标文件订立书面合同。

　　B. 中标人按照合同约定完成项目施工包含所有内容，不得将中标项目的部分非主体、非关键性工作分包给他人完成。

　　C. 甲乙双方唯一解除合同的前提是双方未经过对方同意转包或者分包合同。

　　D. 工程价款结算中，保修金按照合同工程付款价的 3% 扣除，等保修期到满后，付完尾款。无特殊约定保修时间，按照国家工程建设保修期一年止计算。

二、思考题

1. 通信项目工程招投标时间上有哪些具体要求？

2. 通信项目工程招投标流程和参与招投标过程的注意事项是什么？对参与人员有哪些要求？

项目 2　工程勘测管理

任务 2.1　了解项目团队职责

2.1.1　任务描述

根据通信工程 5G 站点机房建设进度，目前尚云通信技术有限公司负责此项目的建设，本年度的工作目标是完成某区县所有站点 5G 设备替换，即完成所有移动网络覆盖的县区无线站点设备安装任务。因此，为了保证此项工程顺利保质完成，要建立施工项目部，明确各成员的职责。该项目部由项目经理、质量负责人、质量安全员、技术负责人、施工人员、成本控制人、造价师 6 人组成。

根据所学知识，分析该 5G 建设项目部采用哪种组织结构比较合适，完成图 2-1-1，进而阐述要按要求保质保量完成 5G 站点建设，通信工程项目目标管理的注意事项。另外，组织团队建设已经完成，在正式进入项目实施过程中，施工人员小张在进行线缆施工时，为了提前完成当日工作，在主管不知情的情况下，私自携带其他人员进入机房，帮助其一起施工，且提前完成了当日工作。

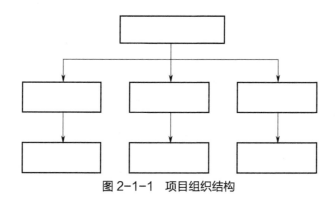

图 2-1-1　项目组织结构

2.1.2　任务目标

根据任务内容描述，分析项目团队组建的重要性，总结项目团队组建的方式及项目团队管理要点，能够阐述项目团队分工和对应职责。

1. 清楚项目团队建设在项目实施全过程的重要性。
2. 熟悉项目团队组织结构特点，项目团队组建方式。
3. 掌握通信工程项目管理的必要条件和项目管理要点。
4. 掌握通信工程项目团队的建设过程。
5. 掌握通信工程项目团队人员职业规范和素质要求。

2.1.3 任务工单

工作任务书					
姓名		班级		学号	
小组		组长		分数	
任务编号	2-1		实施方式	案例分析	
考核方式	实施过程与实施结果综合考评				
考核点	通信工程项目组织结构、团队建设和管理				
教学实施方法	通过案例分析，结合考核点，以小组为单位，开展任务实施，通过分析、阐述、总结写出个人分析结果。				
任务内容	1. 阐述项目组织架构的重要作用 2. 阐述项目组织的实施模式及相互区别 3. 阐述项目组织的设置条件和设置程序 4. 阐述移动工程项目管理的要点 5. 分析案例描述中存在的问题，阐述项目团队岗位职责和行为规范				

2.1.4 任务指导

【任务分析】

通过任务描述，本次任务实施需要清楚通信工程项目组织架构的作用，项目组织设置的方式和原则，要熟悉项目团队之间的职责分工，这对后期项目建设意义重大。

1. 项目组织的作用

项目组织管理的好与坏直接影响项目目标的实现，合理的管理组织可以提高项目团队的工作效率；项目组织任务分工管理，有利于项目目标的分解和完成；合理的项目组织有利于优化资源配置，避免浪费；有利于项目工作的管理和项目内外关系协调。

2. 项目组织设置的原则

项目组织的设置要从项目的实际情况考虑，选择合适的项目管理组织模式，保证项目能够稳定、高效、经济地运行。职能式组织结构一般适用于小型企事业单位，职能主管权限一般；项目式组织结构一般应用于大型企事业单位分派到不同区域的项目办事处或者分部，各项目主管权限一般，但在所属区域内权限最高；矩阵组织结构适宜于大的组织系统，大型的通信工程网络建设。

3. 通信工程项目组织设置程序

按项目组织设置顺序包含：确定工程项目管理目标、划分项目管理职责任务、确定工程项目管理流程、建立规章制度、设计管理信息系统。

  4. 通信工程项目管理的要点

  首先项目计划管理,通过项目建设和检查相结合的方式,实时发现并规避通信工程建设管理期间所存在质量问题,达到通信工程建设质量管理。

  其次安全及造价管理,安全管理指的是施工方应周期性地对施工现场环境、设备进行实时检测与维修,保证项目施工场地安全。安全管理是通信工程项目管理的一项重要指标。在进行施工造价管理方面,必须全程做好专业把控,针对施工材料,可安排专人进行全程跟踪,确保材料质量达标。通信工程系统项目竣工后,应第一时间进行计划造价与实际造价的比对工作,如果项目施工期间造价管理出现问题,应及时对其施工分项进行分析,合理设定修正方案,避免通信工程整体经济效益受损。

  最后通信设计及流程管理,项目设计期间避免轻设计、重施工的传统观念,设计以及勘察虽然在整个通信项目中周期较短,但是对于项目建设进度和成本管理至关重要。通信工程系统项目管理过程中必须要对管理流程进行专业划分,对参与项目承包商、供应商、设计院等进行合理确定,将项目执行计划、组织结构、项目人员职责、通信工程项目进度、成本资源管理等进行梳理,以此保证通信工程系统项目管理效果能够达到预期目标。

  5. 通信工程项目团队的建设

  通信工程项目团队的形成首先是项目经理按照项目建设管理需求建立的一个团队,即形成阶段。随后完成团队成员之间、与上级和客户之间的磨合,即磨合阶段。经过磨合阶段,团队人员的状态逐渐稳定,工作开始进入有序化状态,团队的各项规章制度也逐渐完善,形成了比较规范合理的团队文化、工作规范,即规范阶段。经过以上三个阶段后,团队经过相互磨合,相互了解后,清楚工作分工、执行力强,即进入表现休整阶段,到此完成项目团队的建设。

  6. 通信工程人员行为规范

  对于通信工程师而言,一定要做到细心、耐心、专业、严谨的工作态度。

  进入机房要经用户同意,并严格登记,写清楚进出时间,进入机房所带物品,具体事项,严禁私自带其他非本团队的人员进入机房,如果工作需要,需要向上级和机房管理人员请示。

  严格遵守机房各项规章制度。不乱动通信设备,对相关设备进行维护操作时,须经向用户主管进行说明,经过同意后方可进行作业。

【任务准备】

  1. 清楚项目组织的概念,设置的作用。
  2. 清楚项目组织实施的模式和特点。
  3. 熟悉项目组织机构设置的程序。
  4. 掌握通信搞成项目团队组成、任务分工和职责。

2.1.5 任务实施

  1. 以小组为单位,在规定时间内完成组内讨论。

2. 写出案例分析问题讨论的结果。
3. 阐述 5G 站点工程项目组织建设管理要点和职素要求。
4. 请分析小张的工作行为是否正确，分析阐述存在问题。

【分析结果】

2.1.6 考核评价

【评价要求】

重点从通信工程项目组织实施模式、管理要点和工程人员职业规范进行分析。

【评价方式】

学生互评和老师点评相结合。

【评价标准】

任务评价表见表 2-1-1。

表 2-1-1 任务评价表

任务要求	评价标准	得分情况
工程项目组织结构（50 分）	1. 发言人语言简洁、思路严谨；言行举止大方得体（20 分） 2. 分析 5G 站点工程建设项目组织结构、项目管理要点（30 分）	
工程人员职业规范（50 分）	1. 项目团队岗位职责（25 分） 2. 施工人员的行为规范要求及违规操作的影响分析（25 分）	
评价人	评价级别（√）	备注
个人	不及格□ 及格□ 良好□ 优□	
老师	不及格□ 及格□ 良好□ 优□	

2.1.7 巩固拓展

一、选择题

1. 关于项目组织的作用，下列说法正确的是（　　）。
   A. 项目组织管理的好与坏与项目目标的实现，没有直接关系。
   B. 项目组织管理优良可以提高项目团队的工作效率。
   C. 项目组织任务分工到人，无需再进行管理。
   D. 合理的项目组织有利于项目内外关系协调，对优化资源配置，避免浪费关系不大。
2. 关于项目组织设置的原则，以下说法错误的是（　　）。
   A. 项目组织的设置要从项目的实际情况考虑，选择合适的项目的管理组织模式，保证项目能够稳定、高效、经济地运行。

  B. 职能式组织结构一般适用于小型企事业单位,职能主管权限一般。

  C. 项目式组织结构一般应用于中型企事业单位分派到不同区域的项目办事处或者分部,各项目主管权限最高。

  D. 矩阵组织结构适宜用于大的组织系统,大型的通信工程网络建设。

3. 通信工程项目团队人员的状态逐渐稳定,工作开始进入有序化状态,团队的各项规章制度也逐渐完善,形成了比较规范合理的团队文化、工作规范,这个阶段属于( )。

  A. 形成阶段   B. 磨合阶段   C. 规范阶段   D. 表现休整阶段

4. 通信工程项目管理中,关于安全管理,以下说法错误的是( )。

  A. 安全管理指的是施工方应周期性地对施工现场环境、设备进行实时检测与维修,保证项目施工场地安全。

  B. 安全管理是通信工程项目管理的一项重要指标。

  C. 要定期及时对施工人员进行安全施工教育。

  D. 通信工程项目安全管理主要涉及施工现场管理,不包含施工人员的安全教育。

5. 关于通信施工人员的行为规范,以下错误的是( )。

  A. 对于通信工程师而言,一定要做到细心、耐心、专业、严谨的工作态度。

  B. 进入机房要经机房管理人员同意,并严格登记,写清楚进出时间,进入机房所带物品,具体事项。

  C. 严禁私自带其他非本团队的人员进入机房,除非工作需要,做好出入登记即可。

  D. 严格遵守机房各项规章制度。不乱动通信设备,对相关设备进行维护操作时,须经向用户主管进行说明,经过同意后方可进行作业。

二、思考题

1. 通信工程项目组织架构更适合哪种模式。
2. 思考通信工程项目团队之间的关系,日常项目开展中应如何做好部门间的配合工作。

任务 2.2 典型通信工程组网

2.2.1 任务描述

  通信工程 5G 站点机房待电源系统、动力环境监控系统、消防设施等基础配套调试完成后,正式进入开站阶段,具体步骤包含光路检测、硬件设备安装、软件调试。本次任务主要是熟悉 5G 基站通信设备组网,完成 5G 站点光缆线路的检测。

  在通信工程项目现场,经常会进行网络布线、光纤熔接和光路测试。经常可以见到工程人员携带光功率计、光纤熔接机等常用设备仪器进行光路检测。其中对于通信网工程人员,光路检测是几乎每天进行现场施工或者故障处理必须进行的一项程序。

  本次任务要求进入 5G 站点实训机房,利用光功率计完成通信机房光纤熔接盘 ODF 至任意通信设备光口板接口的至少 2 路的光路检测，保证设备光接口接收到来自 ODF 的光信号。

2.2.2 任务目标

根据任务内容描述，分析实训机房光路布线的路由，通过光缆线路的检测，进而熟悉通信机房设备组网，深刻理解光缆线路在网络组网中的重要作用，能够阐述光缆线路检测要点、利用仪器仪表进行测试的注意事项。

1. 熟悉实训机房 5G 站点设备组网，对蜂窝移动通信网和光传输网有一定认识，清楚基站无线设备至光传输设备的线路连接。
2. 熟悉常见光路检测设备的功能。
3. 掌握光路检测设备的使用方法，能够完成至少 2 路 ODF 至设备的光路测试，调通光路。
4. 分析检测结果，准确判断光缆线路的性能。
5. 总结并阐述仪器仪表使用规范和实训技能掌握情况。

2.2.3 任务工单

工作任务书					
姓名		班级		学号	
小组		组长		分数	
任务编号	2-2		实施方式	机房演练	
考核方式	实施过程与实施结果综合考评				
考核点	掌握通信网络光缆线路的检测方法				
教学实施方法	1. 进行 5G 机房实训练习，结合考核点，以小组为单位，开展任务实施，输出实训结果。 2. 通过分析、阐述、总结写出个人技能提升结果				
任务内容	1. 概述蜂窝移动通信网和光传输网之间的概念，相互之间的联系 2. 阐述 5G 实训机房组网，画出 5G 实训机房通信组网图 3. 概述光功率计的功能和使用场所 4. 阐述展示光功率计使用方法，重点阐述仪器仪表参数设置的含义，准确快速完成参数设置 5. 概述光纤结构和使用特性 6. 阐述跳纤的选择要求 7. 分析任务实施过程中存在的问题，阐述解决问题的思路和个人收获及小组成员的参与情况 8. 总结本次任务实训对个人能力提升及就业方面的影响				

2.2.4 任务指导

【任务分析】

本次任务实训涉及光缆线路检测，光缆线路完成通信网络从接入层到汇聚层、核心层最后到骨干层的全网连接。不同层次网络承担的主要功能均不同，通过光缆线路完成通信双方在任何时间、任何地点和任何人乃至物联网的信息共享和交互。

本次任务实施前要求熟悉通信网络基本组网，站点机房包含哪些设备，机房光缆连接路由、光纤结构、使用特性及仪器仪表的规范使用。

1. 蜂窝移动通信系统概述

移动通信网是指在移动用户通过无线电磁波接入网络，实现和另一移动用户之间或固定用户之间的通信过程，通信双方至少有一方通过无线电磁波接入网络。

蜂窝移动通信是指构成网络覆盖的各通信基站信号覆盖区域呈六边形，使整个网络像一个蜂窝而得名。这样设计可以节约建站成本、提高切换和漫游的效率。从而使整个网络像一个蜂窝而得名。

2. 光传输系统概述

光纤通信是利用光波作为载体、利用光导纤维作为传输媒质传递信息的有线光波通信。

当前通信系统为数字光纤通信系统。数字光纤通信系统指的是由光发射机、光纤、光接收机三大部分组成的，完成发送端到接收端的信息传递网络。

光纤或者光缆构成光传输的通路，其功能就是将发信端发出的已调光信号，经过光纤或者光缆进行远距离传输后，送入光接收机。光纤通信系统如图 2-2-1 所示。

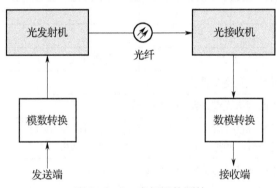

图 2-2-1　光纤通信系统

3. 光纤传输特性

连接通信设备之间的线缆主要为光缆，一根光缆由成对光纤组成，也就是 2 芯、4 芯、6 芯、8 芯、12 芯等，最多 288 芯。光缆质量轻，施工方便。

信号在光缆中以光波的形式传递，具备更大带宽，更远的传输距离和更高的传输速率。所以，光缆是目前通信系统中最常用的传输媒介之一。

（1）光纤的分类

光纤可以按照不同的使用特性进行分类，根据项目工程使用情况，按具体传输距离和信号传输效果来分，主要分为单模光纤和多模光纤。

单模光纤指光波在纤芯中给定的工作波长上以单一模式传输，因此光信号的损耗小，频带宽，适合远距离传输，是目前光通信网中使用最广泛的光纤。单模光纤使用的工作波长是 1310nm 和 1550nm，工程上常见的单模光纤颜色为黄色。

多模光纤指在给定的工作波长上，光在纤芯中能以多个模式同时传输的光纤。由于传播路径是多个模式，所以散射大，频带窄，适合近距离传输，一般使用在局域网中网线超过100m 的楼与楼之间的信号传递。多模光纤使用的工作波长是 850nm。工程上常见的多模光纤颜色为橘色。

在利用光功率计进行光纤检测时，根据测试光缆的模式特性，注意选择合适的跳纤，并且在光功率计上设置合适波长的光波。

（2）跳纤

5G 站点机房光纤熔接盒 ODF 至设备的连接通过跳纤完成，从而实现信号的接入或者输出。光纤熔接盒如图 2-2-2 所示。

所以跳纤的选择要根据 ODF 盘接头的不同选择不同接口，常见的为 SC/PC 型（方头）、FC/PC 型（圆头）、LC/PC 型（小方头），如图 2-2-3 所示。

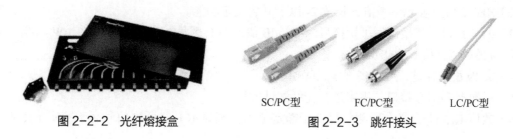

图 2-2-2　光纤熔接盒　　　　　图 2-2-3　跳纤接头

4. 5G 站点机房组网

目前 5G 站点机房采用 NSA（非独立组网）方式，如图 2-2-4 所示。

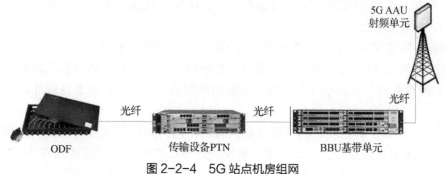

图 2-2-4　5G 站点机房组网

5. 光功率计的使用方法

（1）设备介绍

光功率计用于测量绝对光功率或通过一段光纤的光功率相对损耗，是最常用的光纤调测设备。实际进行光缆线路检测时，包含光源和光功率计。光源用于发光端，完成特定波长的光波发送，中间用光纤进行光波传送，到达接收端后用光功率计接收光波，检测光波通过光纤传送的衰减和损耗情况，以此判断此根光纤能否满足光纤传输的要求。光源和光功率计外观，任何厂家的设备，仪表按键功能均相同，如图 2-2-5 所示。

光源　　　　光功率计

图 2-2-5　光源与光功率计

（2）设备按键主要功能

涉及光源主要功能按键说明如下：

1）POWER 电源指示灯，用来开启电源。

2）LOW 低电量指示灯。

3）ON/OFF 电源开关，长按 2s 以上。

4）1310/1550 波长切换键，可切换 1310nm 波长与 1550nm 波长。

5）可以进程 2kHz 波切换键，切换调制波与连续波。

6）适配器 FC/PC 接口，用来进行光纤测试的接头。

涉及光功率计按键的主要功能说明如下：

1）ON/OFF 电源开关，长按 2s 以上。

2）REF 设定 / 显示参考值，长按 2s 以上开启设定功能。

3）μW/dB 显示切换键，可切换显示 μW/dB 值，在 B 区显示相应值。mW、μW、nW、dB 绝对值与相对值，按 μW/dB 切换。

4）λ 波长选择键，可在多种波长间切换。

5）适配器 FC/PC 接口，用来进行光纤测试的接头。

6）数值 L_0、H_1 含义：所测信号低于额定范围值则显示 L_0，所测信号高于额定范围则显示 H_1。

（3）利用光功率计进行光路检测方法

1）用清洁笔对光功率计接口和跳纤接头进行清洁。

2）根据机房光缆布放情况选择合适的跳纤，比如单模或是多模，方头或者圆头，参考实际机房 ODF 熔接情况。

3）跳纤一端连接光源，另一端连接光功率计，以此测得损耗值。

4）按光功率计 REF 键把测试数据清空，然后通过匹配接头的耦合器把跳线与被测光纤连接起来，静待几秒，光功率计会出现一个稳定的数值，这个数值就是这段光缆所测光纤的损耗值。

5）单模光纤和多模光纤光功率测试范围有所不同，如果实际测试光功率计测得数值显示范围如下则表示光路正常，可以使用：单模光纤的光功率计测试范围通常为 −70~10dBm；对于多模光纤而言，由于其传输距离较短，因此其光功率计测试范围通常为 −50~0dBm。

6. 光功率计使用注意事项

（1）安全操作

当测量高功率光源时，一定要规范操作，遵循相关的安全操作规程。在光源已经打开的情况下，禁止用眼直对纤芯，强光可以对眼睛造成伤害，条件允许的情况下可以佩戴激光安全眼镜等个人防护装备。

（2）正确设置参数

光功率计进行功率设置时要与被测光源的功率范围一致。如果测量超出光功率计的测量范围，可能会导致测量结果错误甚至损坏仪器。

（3）校准和周期检查

为了保证光功率计测量准确可靠，定期要对光功率计进行校准和检查。如果发现的测量结果不准确或仪器故障,应及时联系供应商进行维修。

(4)仪器接口清洁和保养

保持光功率计和连接接口的清洁,以避免灰尘、污垢等对测量结果产生影响。定期检查和更换配件,如探头和光纤,确保其完好无损。

(5)周围环境条件

在使用光功率计时,要注意周围环境对测量结果的影响,避免在高温或者潮湿的环境下进行作业,强烈的振动、温度和湿度变化等均会影响测量结果的准确性。

【任务准备】

任务实施工具见表 2-2-1。

表 2-2-1 任务实施工具

准备工具	数量
KLS-25M 光源	1 台
KPM-25m 光功率计	1 台
2.5mm 光纤清洁笔	1 支
SC-SC 接口跳纤	1 根
SC-FC 接口跳纤	2 根
SC-SC 耦合器	1 个

注:光纤清洁笔没有,实验室可以用酒精棉代替,但需要注意酒精棉清洁不彻底,可能影响测试结果,需要多次尝试,避免酒精棉重复使用。

2.2.5 任务实施

1. 以小组为单位,在规定时间内完成组内讨论。
2. 提前做好仪器仪表校准,进行功率、波长等参数设置。
3. 在 ODF 选择 2 芯光纤接口,正确测试通信实训机房线路光衰情况。
4. 总结小组任务实施完成情况,分析获得和不足。
5. 总结阐述光缆线路检测工具的作用和使用方法、使用心得。

【分析结果】

2.2.6 考核评价

【评价要求】

重点从仪器仪表使用方法、工程人员职业规范进行评价。

【评价方式】

学生互评和老师点评相结合。

【评价标准】

任务评价表见表 2-2-2。

表 2-2-2 任务评价表

任务要求	评价标准	得分情况
仪器仪表使用（50分）	1. 实施人员条理清晰，规范操作（25分） 2. 顺利准确完成光缆线路检测任务（25分）	
工程人员职业规范（50分）	1. 仪器仪表提前校准，安全规范操作，测试过程有计划有步骤地进行、流程清晰、实施过程思路严谨（30分） 2. 发言过程语言简洁、严谨；言行举止大方得体（20分）	
评价人	评价级别（√）	备注
个人	不及格☐ 及格☐ 良好☐ 优☐	
老师	不及格☐ 及格☐ 良好☐ 优☐	

2.2.7 巩固拓展

一、选择题

1. 关于蜂窝移动通信系统的描述，说法正确的是（　　）。
   A. 蜂窝移动通信系统属于承载网。
   B. 蜂窝移动通信系统的设计可以节约建站成本，但频带资源利用率低。
   C. 蜂窝移动通信是指构成网络覆盖的各通信基站信号覆盖区域呈六边形，使整个网络像一个蜂窝而得名。
   D. 蜂窝移动通信系统在 4G 网络无线组网比较常见。
2. 关于光传输的描述，以下说法错误的是（　　）。
   A. 光纤通信是利用光波作为载体、利用光导纤维作为传输媒质传递信息的有线光波通信。
   B. 当前通信系统为数字光纤通信系统。
   C. 光纤通信系统主要是由光发射机、光纤、光接收机三大部分组成的，完成发送端到接收端光信号传递。
   D. 光纤或者光缆构成光传输的通路，其功能就是进行光电转换。
3. 在实际工作中，关于光纤和接头的选择，错误的是（　　）。
   A. 如果信号传输距离为几公里到几十公里，就要选择单模光纤，对应跳纤常见颜色为黄色。

B. 为了解决网线超过 100m 无法通信的问题，可以用多模光纤进行替换，多模光纤对应跳纤常见颜色为橘色。

C. ODF 盘光纤熔接头为大方接口，进行光路测试时，选择与光功率计进行对接的跳纤为 FC-SC。

D. 在进行光路检测时耦合器可有可无。

4. 光功率计进行功率设置时要与被测光源的功率范围一致。如果测量超出光功率计的测量范围，可能会导致测量结果错误甚至损坏仪器。以下那项是单模光纤测试中光信号衰减正常范围（　　）。

A. -70~10dBm B. -50~0dBm
C. -60~10dBm D. -60~10dBm

5. 利用光功率计进行光路检测，以下哪项操作是错误的（　　）。

A. 通常用酒精棉可以替代清洁笔对光功率计接口和跳纤接头进行清洁。

B. 根据机房光缆布放情况选择合适的跳纤，比如单模或是多模，方头或者圆头，参考实际机房 ODF 熔接情况。

C. 跳纤一端连接光源，另一端连接光功率计，以此测得损耗值。

D. 按光功率计 REF 键把测试数据清空，然后通过匹配接头的耦合器把跳线与被测光纤连接起来，静待几秒，光功率计会出现一个稳定的数值，这个数值就是这段光缆所测光纤的损耗值。

二、思考题

1. 总结进行光路检测前和线路检测过程中需要注意的事项。
2. 如果 ODF 盘光路检测时没有可用光路，应该如何处理才能保证实际工作任务顺利完成。

任务 2.3　现场勘测

2.3.1　任务描述

通信工程 5G 站点机房建设涉及前期机房选址、土建或租赁机房、室内外机房环境勘测，后期的设备安装和调试。5G 站点机房的施工环境勘测包含两大方向：一是站点机房至上游承载机房、周边用户方光缆资源及铺设方式勘测；二是机房天馈施工、机房内部供电、布线、设备安装及辅助设备安装情况勘测。

本次任务顺利完成需要掌握机房勘测内容和勘测流程，能够选择合适的仪器仪表，完成 5G 站点机房室内的环境条件勘测和设备布局测量设计，输出测量记录表，阐述总结机房勘测心得。

2.3.2　任务目标

根据任务内容描述，思考站点机房环境勘测的内容，勘测的意义，清楚机房勘测的流程，能够选择合适的仪器仪表顺利完成勘测，完成机房内部设备布局测量设计，阐述机房内环境勘测步骤和注意事项。

1. 熟悉5G站点工程勘测流程。
2. 熟悉5G站点室内环境工程勘测内容。
3. 掌握机房勘测常见仪器仪表的使用。
4. 熟悉机房勘测设备安装和走线规范要求。
5. 掌握机房环境勘测的方法，能够选择合适仪器仪表完成5G站点环境勘测。
6. 能够完成勘测资料整理，绘制站点机房设备安装图。
7. 阐述机房勘测注意事项和任务实施心得。

2.3.3 任务工单

工作任务书					
姓名		班级		学号	
小组		组长		分数	
任务编号	2-3		实施方式		机房演练
考核方式	实施过程与实施结果综合考评				
考核点	掌握移动站点机房室内环境勘测的方法				
教学实施方法	1. 利用仪器仪表，完成移动机房现场勘测，结合考核点进行测量、拍照、输出勘测记录表 2. 小组讨论、分析、阐述、总结写出勘测方法，注意事项和个人技能提升点				
任务内容	1. 清楚5G站点勘测准备工作的内容 2. 熟悉5G站点勘测流程 3. 学习机房常用测量工具的使用方法 4. 熟悉机房勘测涉及的安装设备的功能 5. 能够借助仪器仪表正确测量机房设备布局的位置，如机柜、蓄电池、走线架、动力环境监控设备、消防设施、电源、通信主设备等，记录勘测数据 6. 分析任务实施过程中存在的问题，阐述解决问题的思路和个人收获及小组成员的参与情况 7. 总结本次任务实训对个人能力提升及就业方面的影响				

2.3.4 任务指导

【任务分析】

本次任务实训内容主要涉及环境勘测和测量，站点机房环境勘测虽然在整个站点机房建设中周期较短，但是站点机房勘测设计合理与否，直接影响后期建站进度，一个合理的站点机房勘测设计，极大地节约了工程建设成本，维护成本和运营成本。

本次任务实施前要熟悉5G站点机房室内勘测要点，勘测流程，做好勘测准备，学习并掌握常见勘测工具、仪器仪表的操作方法，有条理地逐步完成勘测任务。

1. 站点勘测重要性

现场勘查是工程设计工作的重要阶段，也是工程设计的基础。只有在工程现场勘查工作中做到收集资料齐全，数据准确，真实性强，内容细致，并在现场勘查工作结束后，及时与建设单位沟通，详细了解建设单位的需求，才能确保工程设计文件对工程建设的实际指导作用。

2. 站点勘测准备工作

准备与 5G 站点勘测相关的资料，制定机房勘测实施计划，具体如下：

1）收集机房现有的技术参数。
2）收集整理机房当前在建或者使用情况。
3）收集站点周边地理环境情况。
4）根据室内勘测任务，制定合理的勘测计划，及时整理勘测数据。
5）保证机房可以进入，在实际工程当中，现场勘测前要清楚到达目的地的地址，联系人及联系电话，去之前做好联系沟通。在郊区和农村地区，由于通信基站往往都修建在海拔较高的高山上，勘测人员经常会进入人烟稀少的丛林地区，且有可能遇到刮风、下雨等恶劣天气。为保证人身安全，勘测人员外出时还应携带手电筒、雨伞/雨衣、高筒牛皮靴、橡胶雨靴，以及各种应急药品等。

3. 室内常用勘测工具

1）卷尺。最好是 10m 钢制卷尺，如图 2-3-1 所示，主要用于测量机房面积、设备间距离。

2）激光测距仪，如图 2-3-2 所示，用于利用光的传播特性测量距离，在卷尺较难操作的时候可以代替。可使用高像素手机代替，主要用于拍照、采集勘测现场情况。

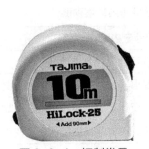 

图 2-3-1　钢制卷尺　　图 2-3-2　激光测距仪

3）绘图笔和绘图本。绘图笔用于绘制现场图或工程方案设计草图，为了方便修改，一般情况下使用铅笔进行绘制，但由于通信机房内设备较多，所以会配置多种颜色绘图笔进行区分。绘图本用于绘制现场设计草图，项目结束后作为项目资料进行保存。

4）便携式数码相机。可使用高像素手机代替，主要用于拍照、采集勘测现场情况。

4. 勘测注意事项

在勘测过程中，勘测人员还应注意以下问题：

1）现场实地勘测时，勘测前召开协调会：项目负责人、勘测人员与甲方就勘测分组、勘测进程、车辆和甲方陪同人员安排等问题进行沟通，做到各方思想统一后，共同制定勘测计划，合理安排勘测路线，合理进行分配资源。

2）勘测过程中如对配套清单、网络规划方案等内容有疑问，应及时与相关人员沟通；发现配套清单中有关配置、工程材料等方面存在的问题，应及时与工程项目负责人联系沟通。

3）勘测内容、设计方案（设备安装草图）、新增设备安装位置等信息需现场与甲方沟通确认。

4）严禁随意触动机房原有设备，特别是运行中的设备，与个人工作任务无关的设备严禁触动，同时注意施工后及时打扫施工现场，保持环境整洁。

5）勘测人员须提前准备次日勘测所需要的工具、材料，确保次日勘测工作顺利进行。

6）勘测人员当日现场工作结束后当天整理本日勘测资料，将本日资料进行汇总，并填写勘测报告，确保各种勘测资料的准确性，并将勘测后采集的信息提交至对应管理平台，严禁资料拖拉，勘测数据一旦不准确，就会影响勘测效果，甚至对后期工程施工产生严重影响。

7）完成勘测后需要求甲方运维部经理签字确认勘测成果，在工程设计查勘结果确认表中完善本次勘测的相关信息。

5. 机房内环境勘测内容

基站机房须满足结构承载及消防的安全要求，并具有良好的适用性。基站机房分为自建机房和租赁机房两类。其中，自建机房又可分为土建机房、彩钢板机房、一体化（集装箱）机房以及室外机柜。不具备自建机房条件但有可利用建筑物房屋时，选用租赁机房。

进出基站机房前，应与负责监控中心联系，做好出入机房登记。然后，进行机房及室内应具备的施工环境勘测。站址机房内环境勘测一般包括表 2-3-1 中的内容。

表 2-3-1　站址机房内环境勘测

机房内部检查内容	
机房整体	机房内各种设备位置、高度是否符合设计要求
	机房整体干净，空间满足扩容要求。无施工垃圾，各种孔洞封堵严实
	馈线窗位置、高度、尺寸等符合设计要求，馈线窗空孔洞数量满足要求
消防	消防设施布置合理，机房内放置灭火器并保证能够正常使用
电源	开关电源运行正常无故障（否决项）
	电源柜整流模块和直流墩子满足配置
	电源接线端子数量、规格符合要求
	交流配电箱内标签齐全
	其他问题
蓄电池	电池无漏液、鼓包、破裂等，梯次电池无告警（否决项）
	电池架使用膨胀螺钉固定在地面，电池连接线（连接片）紧固美观

（续）

机房内部检查内容		
接地	走线架、交流配电箱、综合柜、防雷器、开关电源等设备接地良好	
	室内（外）地排正确安装、连接	
	接地电阻测试正常（否决项）	
监控	门禁可正常使用	
	与监控中心确认摄像头是否正常工作，拍摄位置角度是否合理	
	智能空调、开关电源、蓄电池（梯次电池）、停电、环境类告警现场测试通过	
	传感器安装位置合理，对应传感器及主机侧标签安装正确，规范	
传输	传输光缆到位，传输设备接口数量满足使用要求	
空调	空调安装及运行正常	
照明	室内照明安装及运行正常，插座正常	
其他		

6. 机房内施工条件勘测

（1）新建基站机房条件勘测

在进行基站勘测之前，首先需要取得运营商主管部门的同意，填写基站机房勘测审批表并递交至运营商主管部门。待主管部门允许之后，便可与运维部门配合人员一起进站勘测。

1）进入机房前，在勘测记录表格中记录所选站址建筑物的地址信息。

2）进入机房后，在勘测记录表格中记录建筑物的总层数、机房所在楼层，并结合室外天面草图画出建筑内机房所在位置的侧视图。

3）在机房草图中标注机房的指北方向，机房长、宽、高（梁下净高），门、窗、立柱和主梁等的位置和尺寸，以及其他非通信设备物体的位置、尺寸信息。

4）要注重机房的整体性和美观性，尽量将功能类似的设备设计在一起，同时考虑设备使用的安全性。

5）设备布局应有利于提高机房面积的使用率。

6）设备的布置应便于操作、维护、施工。

7）机房中一般不考虑下走线方式，尽量使用上走线。

8）一般情况下走线架需要整齐规划，一次安装到位。

9）确定机房内走线架、馈线窗的位置和高度，在机房草图中标注馈线窗位置尺寸、馈线孔使用情况。

10）机房内设备区查勘时，根据机房内现有设备的摆放图、走线图，在机房草图中标注原有设备、本期新建设备摆放位置。若本期工程要在机房中新增设备，需要在对应位置粘点位标签。

11）了解传输系统情况，对于已有基站，需了解现有基站的传输情况，包括传输的方式、容量、路由情况等。

12）不同电压等级的线缆不宜布放在同一个走线架，若线缆数量较少，可以布放在同一个走线架内,但要充分考虑不同线缆间的间距。

13)了解机房内交流、直流供电的情况,在勘测记录表格中记录开关源整流模块、空气开关、熔丝等使用情况,做好标记并拍照存档。

14)了解机房内蓄电池、UPS、空调、通风系统情况,在勘测记录表格中记录这些设备的参数信息,并现场拍照存档。

15)确定机房接地情况,对于租用机房,尽可能了解租用机房的接地点信息,在机房草图中标注室内接地铜排的安装位置、接地母线的接地位置、接地母线的长度。

16)从不同角度拍摄机房照片,记录馈线窗、封洞板、室内接地铜排、走线架、馈线路由和预安装设备等的位置。

室内施工条件勘测记录参考机房环境勘测表进行记录。

(2)室内走线架条件勘测

1)室内走线架安装方式有吊装、地面支撑、三脚架支撑等。

2)室内走线架及槽道的安装位置、高度符合设计要求,偏差不超过 50mm。

3)室内走线架宽度、横档间距符合要求。宽度不小于 0.4m,横档间距不大于 0.8m。

4)室内走线架及槽道应保持水平,水平度每平方米偏差不应超过 2mm。

5)室内走线架及槽道应与地面保持垂直,无倾斜现象,垂直度偏差不应超过 3mm。

6)室内走线架拼接处的水平度偏差不应超过 2mm,拼接处应保持良好电气连接。

7)室内走线架及槽道接地体应符合设计要求,并保持良好电气连接。

8)室内走线架需有足够的支撑力承重。

室内走线架勘测见表 2-3-2。

表 2-3-2 室内走线架勘测

	站址周围检查内容	现场记录	是否达标
室内走线架安装	走线架需有足够的承重支撑力		
	走线架宽度、横档间距符合要求		
	走线架安装位置、高度符合要求		

【任务准备】

工程勘测准备见表 2-3-3。

表 2-3-3 工程勘测准备

准备工具	数量
10m 钢制卷尺	1 个
激光测距仪(可选)	1 台
绘图笔	1 支
绘图本	1 本
数码相机/高像素手机	1 台
室内环境勘测/施工条件勘测记录表	2 份
室内走线架勘测记录表	1 份

2.3.5 任务实施

1. 以小组为单位,在规定时间内完成实训任务。
2. 完成机房内部动力环境监控勘测(电源、消防、接地、馈线窗等)。
3. 完成机房内部设备安装勘测设计(机柜、走线架、设备安装位置、走线等)。
4. 根据测量结果登记并输出测量记录表。
5. 总结小组任务实施完成情况,分析获得和不足。

【分析结果】

1)机房环境检查记录表见表2-3-4。

表2-3-4 机房环境检查记录表

		站址周围检查内容	现场记录	是否达标
机房整体检查	机房引电	外电引入是否合格		
		具备发电条件,设施安装位置是否合理		
	土建机房	机房周围无易燃易爆或塌方等安全隐患		
		机房墙面平整无脱落、无沉降、无裂缝		
		机房防水防火设计符合要求		
机房及室内检查	机房整体	机房内各种设备位置、高度是否符合要求		
		机房整体干净,空间满足扩容要求。无施工垃圾,各种孔洞封堵严实		
		馈线窗位置、高度、尺寸等符合设计要求,馈线窗空孔洞数量满足要求		
	消防	消防设施布置合理,机房内放置灭火器并保证能够正常使用		
	电源	开关电源运行正常无故障(否决项)		
		电源柜整流模块和直流墩子满足配置		
		电源接线端子数量、规格符合要求		
		交流配电箱内标签齐全		
	蓄电池	电池无漏液、鼓包、破裂等,梯次电池无告警(否决项)		
		电池架使用膨胀螺钉固定在地面,电池连接线(连接片)紧固美观		
	接地	走线架、交流配电箱、综合柜、防雷器、开关电源等设备接地良好		
		室内(外)地排正确安装、连接		
		接地电阻测试正常(否决项)		

（续）

	站址周围检查内容		现场记录	是否达标
机房及室内检查	监控	门禁可正常使用		
		与监控中心确认摄像头是否正常工作，拍摄位置角度是否合理		
		智能空调、开关电源、蓄电池（梯次电池）、停电、环境类告警现场测试通过		
		传感器安装位置合理，对应传感器及主机侧标签安装正确、规范		
	传输	传输光缆到位，传输设备接口数量满足使用要求		
	空调	空调安装及运行正常		
	照明	室内照明安装及运行正常，插座正常		
	其他			

勘测人员签字：

勘测日期：

2）机房设备勘测记录表见表 2-3-5。

表 2-3-5　机房设备勘测记录表

设备、配套设施检测					
类别	高 /mm	宽 /mm	深 /mm	布线	试运行情况
无线设备					
配电箱					
蓄电池					
无线设备					
传输设备					
综合柜					
空调					
其他工程勘测信息（是否符合要求）					
馈线窗		接地排		开关电源模块	
无线机柜		传输机柜		室内走线架	

勘测人员签字：

勘测日期：

2.3.6　考核评价

【评价要求】

重点从仪器仪表使用方法、勘测方法、勘测记录表、工程人员职业规范进行评价。

【评价方式】
学生互评和老师点评相结合。

【评价标准】
任务评价表见表 2-3-6。

表 2-3-6 任务评价表

任务要求	评价标准	得分情况
任务实施过程（50 分）	1. 实施人员条理清晰，规范操作（25 分） 2. 顺利进行机房环境和设备安装勘测，准确记录测试结果（25 分）	
工程人员职业规范（50 分）	1. 任务实施流程规范、内容清晰，测量准确。（30 分） 2. 发言过程语言简洁、严谨；言行举止大方得体（20 分）	
评价人	评价级别（√）	备注
个人	不及格□ 及格□ 良好□ 优□	
老师	不及格□ 及格□ 良好□ 优□	

2.3.7 巩固拓展

一、选择题

1. 关于 5G 站点勘测，说法正确的是（　　　）。
   A. 现场勘查工作中除了做到收集资料齐全，数据准确，内容细致外，还要注意在工程勘测结束后及时与建设单位沟通，详细了解建设单位的需求。
   B. 站点勘测前需要收集机房现有相关材料和技术指标。
   C. 收集整理机房当前在建或者使用情况。
   D. 无需收集站点周边地理环境情况信息。

2. 机房内部环境勘测和设备安装条件勘测常用的工具有（　　　）。
   A. 手持 GPS、激光测距仪、数码相机、勘测记录表。
   B. 罗盘、激光测距仪、数码相机、勘测记录表。
   C. 10m 钢制卷尺、绘图笔、绘图本、高像素手机、勘测记录表。
   D. 激光测距仪、指南针、高像素手机、勘测记录表。

3. 在现场勘测过程中，关于需要注意的事项，以下哪项说法是错误的（　　　）。
   A. 现场实地勘测时，勘测前召开协调会，共同制订勘测计划，合理安排勘测路线，合理进行分配资源。
   B. 勘测过程中如发现配套清单中有关配置、工程材料等方面存在的问题，应及时与工程项目负责人联系沟通。
   C. 勘测内容、设计方案（设备安装草图）、新增设备安装位置等信息需现场与甲方沟通确认。
   D. 不能随意触动机房原有设备，特别是运行中的设备，除非发现重大故障，如果自己懂可以进行处理。

4. 关于机房内环境勘测，以下说法正确的是（　　）。
   A. 机房内电源勘测涉及整流模块、直流端子、交流配电箱和电源接线规格和开关电源运行情况检查。
   B. 机房监控主要做到与监控中心确认摄像头是否正常工作，拍摄位置角度是否合理就行。
   C. 机房走线架不需要接地。
   D. 机房消防设施安装位置靠近窗户。
5. 室内走线架施工条件勘测中，需要注意的是（　　）。
   A. 室内走线架及槽道的安装位置、高度符合设计要求，偏差不超过100mm。
   B. 室内走线架宽度、横档间距符合要求。宽度不小于0.8m，横档间距不大于1m。
   C. 室内走线架及槽道应保持水平，水平度每平方米偏差不应超过5mm。
   D. 室内走线架及槽道接地体应符合设计要求，并保持良好电气连接，室内走线架需有足够的支撑力承重。

二、思考题
1. 移动通信站点机房勘测前需要提前考虑和准备的事项。
2. 站点勘测数据精确度对后期施工带来的影响。

项目 3　设备安装与管理

任务 3.1　通信设备安装与光缆施工

3.1.1　任务描述

某施工单位承接了一项 5G 移动通信室内宏基站设备安装工程，主要包括利旧原有管道布放光缆 3km，新建架空光缆 2km，传输设备、电源设备、基站设备及天馈线系统的安装、测试和开通。

工程开始后，传输施工队发现该段管道有单孔管和多孔管，设计图纸中利旧的多孔管管孔被占用，施工单位随即反馈给建设单位，建设单位要求施工单位视现场实际情况选定管孔。

新建架空光缆的 2km 线路工程顺利完工，其中一段架空线路图如图 3-1-1 所示。

设备安装施工队决定用一天时间完成该基站设备安装，在出发前，施工队根据图纸发现该基站为塔高 35m 的 S111 扇区安装工程，部分铁塔设计图纸如图 3-1-2 所示，施工队领取了足够的材料后进场施工。到现场后，决定先安装室内部分，然后安装室外部分。早上室内

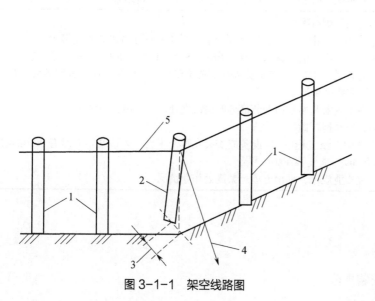
图 3-1-1　架空线路图

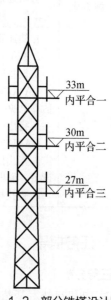
图 3-1-2　部分铁塔设计图低

部分施工时，施工队将走线架用 10mm² 的线缆进行复接，复连接地处去漆，打磨并固定好以后做防锈处理；选用 4×16mm² 三相四线多股铜线连接配电箱和电源柜；电池架使用 35mm² 黑色线单独接至室内接地排，室内部分顺利安装完毕，由于标签打印机没电，施工队决定使用手写标签粘贴在各个线缆处，所有标签粘贴可靠，朝向一致。

下午安装室外部分时，施工队将设备吊上铁塔，随后布放了塔上野战光缆和电源线，线缆在进入馈线窗处做了滴水湾，施工队检查了抱杆的质量后准备将 AAU 安装到抱杆上，天空突发开始下起了雨，预报大雨将持续到天黑，于是施工队快速保护好现场后决定暂停施工，次日继续完成安装。最终在所有人员的全力配合下，工程如期完成并验收合格。

3.1.2 任务目标

1. 掌握通信线路工程的分类和相关施工技术，提高施工单位人员职业技能和通信工程项目的建设水平。

2. 作为项目管理者，掌握基础施工技术，具备通信工程项目设备的安装、调试和故障排除能力。

3.1.3 任务工单

工作任务书				
姓名		班级	学号	
小组		组长	分数	
任务编号	3-1		实施方式	案例分析
考核方式	过程与结果综合考评			
考核点	通信设备安装和光缆敷设规范			
教学实施方法	分析通信设备安装和光缆铺设过程存在的问题，通过案例分析，结合考核点，以小组为单位，开展任务实施，通过分析、阐述、总结写出个人分析结果			
任务内容	1. 简述管孔的选用原则有哪些 2. 在架空线路图 3-1-1 中，1、2、4、5 的名称是什么；图中 3 的距离是多少 3. 设备安装施工队在出发前，领取 AAU、BBU、SPN、GPS、DCPD 各多少个 4. AAU 安装的时候若领取的为 45m 成品野战光缆和双芯电源线，说出分别需要几根，估算电源线总长度需要多少米 5. 指出施工队在室内宏基站室内安装部分的错误之处，并写出正确做法 6. AAU 安装前，应对抱杆做哪些检查 7. 指出图 3-1-2 中，该工程中 5G 设备应安装在哪个平台，若该基站同时有 2G 和 4G 设备，说出 2G 和 4G 可能安装在哪个平台 8. 查找相关工程作业规范，列出五项严禁高处作业情况			

3.1.4 任务指导

【任务分析】

1. 室内和室外宏基站的安装规范。

2. 施工前的准备工作内容。
3. 管道线路工程和架空线路工程的施工技术规范。
4. 5G 设备的安装规范和要求。

【任务准备】

1. 知道一个通信基站的开通运营,包括基站选址、土建施工、市电引入、铁塔和相关通信设备等基础配套设施,还有运营商负责的传输系统和无线设备安装。
2. 清楚室内/室外机房设备安装和天馈线系统施工前,物资和其他准备工作内容及主要责任人,施工过程中的技术规范,施工收尾阶段的工作要求。
3. 清楚通信光缆施工技术分类,包括通信管道工程施工技术、架空线路工程施工技术、直埋线路工程施工技术、管道线路工程施工技术和综合布线工程施工技术,熟悉各施工技术的具体要求。
4. 熟悉 GB 51171—2016《通信线路工程验收规范》文件内的标准规范。

3.1.5 任务实施

1. 以小组为单位,在规定时间内完成工作任务书中任务内容的组内讨论。
2. 分析讨论的结果并在下面的分析结果项写出个人结果。
3. 总结阐明对设备安装和线路工程的掌握情况。

【分析结果】

_____
_____
_____
_____
_____
_____
_____
_____
_____
_____
_____
_____

3.1.6 考核评价

【评价要求】

职业素养、设备安装、线路施工技术规范三方面评价。

【评价方式】

学生互评和老师点评相结合。

【评价标准】

任务评价表见表 3-1-1。

表 3-1-1　任务评价表

任务要求	评价标准	得分情况
职业素养 （50分）	1. 发言人语言简洁、思路严谨；言行举止大方得体（20分） 2. 管理施工前的准备工作，施工过程中和施工收尾阶段的工作要求（30分）	
管理规范 （50分）	1. 完成任务实施中分析结果的内容（25分） 2. 个人对设备安装和线路工程的掌握（25分）	
评价人	评价级别（√）	备注
个人	不及格□　　及格□　　良好□　　优□	
老师	不及格□　　及格□　　良好□　　优□	

3.1.7　巩固拓展

一、选择题

1. 通信电源的交流供电系统不包括（　　）。
   A. 交流配电屏　　B. 蓄电池　　C. 燃油发电机　　D. UPS
2. 建设单段长度为 300m 的管道，宜采用的管材是（　　）。
   A. 栅格管　　B. 梅花管　　C. ABS 管　　D. 硅芯管
3. 关于光缆线路布放，下列中说法正确的是（　　）。
   A. 高低差在 0.6m 及以上的沟坎处，应设置护坎保护
   B. 光缆离电杆拉线较近时，应穿放不小于 10m 的塑料管保护
   C. 光缆在各类管材中穿放时，管材内径应不小于光缆外径的 1.6 倍
   D. 光缆埋深不足时，可以采用水泥包封
4. 在架空线路施工时，下列地锚铁柄的出土点符合要求的是（　　）。
   A. 100mm　　B. 200mm　　C. 400mm　　D. 700mm
5. 架空线路的标称距高比为（　　）。
   A. 0.75　　B. 1　　C. 1.25　　D. 2

二、思考题

1. 分析架空线路施工时，在不同距高比的情况下，对于角杆拉线的要求。
2. 查阅相关资料，写出 12 芯光缆的颜色。
3. 通信工程中常见架空光缆工程或者管道光缆工程的人手孔处经常需要悬挂光缆吊牌，查阅相关资料写出光缆吊牌需要标注哪些内容。
4. 直埋光缆在铺设完成之后需要埋设标石，查阅相关资料，写出标石的制作要求和常见标石的类型。

任务 3.2　项目实施进度控制

3.2.1　任务描述

某工程公司承接了一项光缆线路工程，线路全长 120km，其中利用市区原有管道放光缆 80km，市区架空光缆 10km，新埋设硅芯管道并放光缆 30km。合同约定光缆、硅芯管、接头盒由建设单位提供，其他材料由施工单位提供。

接到施工任务后，项目部对工作进行了分解，并依据资源状况对每项工作的工期进行了计算，见表 3-2-1。

表 3-2-1　工期计划表

序号	工作代号	工作名称	工期
1	A	路由复测	8
2	B	单盘检验	3
3	C	光缆配盘	1
4	D	市区原有管道布放光缆	20
5	E	市区原有管道段接续	8
6	F	新建硅芯管管道	10
7	G	新建硅芯管管道段布放光缆	5
8	H	新建硅芯管管道段光缆接续	8
9	I	市区架空光缆布放	4
10	J	市区架空段光缆接续	2
11	K	中继段测试	1

项目部依据表及各工作的工艺关系制定了本项目的进度计划，绘制双代号图如图 3-2-1 所示。

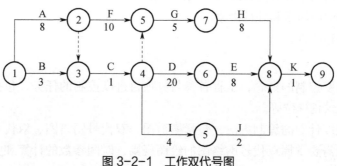

图 3-2-1　工作双代号图

项目部按照工作的原定计划有序进行，最终经过所有人员的共同努力，按时完成了该工程。

3.2.2　任务目标

1. 掌握工程项目进度控制的基本理论、方法。
2. 掌握双代号网络图的绘制和时间参数的计算。
3. 熟悉进度计划的调整方法。

3.2.3　任务工单

工作任务书

姓名		班级		学号	
小组		组长		分数	
任务编号	3-2		实施方式	案例分析	
考核方式	过程与结果综合考评				
考核点	通信工程进度控制				
教学实施方法	分析通信项目实施过程中，进度计划的变化和调整，结合考核点，以小组为单位，开展任务实施，通过分析、阐述、总结写出个人分析结果				
任务内容	1. 图 3-2-1 工作双代号图绘制是否正确，简述双代号图绘制规则 2. 用六时标注法写出 D、F、H、I 的六个时间参数 3. 该工程的关键工作有哪些，计算工期为多少天 4. 假如 H 工作因为某些原因延误了 10 天，判断是否会对工期造成影响，说明原因 5. 简述可能影响进度的内部因素和外部因素分别有哪些 6. 当工程出现延误以后，进度计划调整的方法有哪些				

3.2.4　任务指导

【任务分析】

1. 六时标注的时间参数的计算和表示方法。
2. 在双代号网络图中寻找关键线路和关键工作。
3. 影响进度的内部因素和外部因素。
4. 进度计划调整的方法。

【任务准备】

1. 清楚项目进度控制的概念，工程各参与方项目进度控制的任务，包括建设单位、设计单位、施工单位、供货单位等。
2. 清楚项目进度计划的编制方法，包括横道图、双代号网络图、双代号时标网络图、单代号网络图，重点需要掌握双代号网络图的绘图规则，时间参数的计算和关键工作、关键线路的确定方法。

3. 清楚影响通信工程进度的因素，主要从施工单位内部因素和外部因素分析。

4. 当计算工期不满足计划工期时，清楚可以压缩关键工作的方法；当工程的工期延误或者提前时，掌握进行进度计划调整的方法并且能够调整计划。

5. 熟悉 JGJ/T 121—2015《工程网络计划技术规程》规范内容。

3.2.5 任务实施

1. 以小组为单位，在规定时间内完成工作任务书中任务内容的组内讨论。
2. 分析讨论的结果并在下面的分析结果项写出个人结果。
3. 总结阐明对通信工程进度控制的掌握情况。

【分析结果】

_____

_____

_____

_____

_____

_____

3.2.6 考核评价

【评价要求】

职业素养、进度控制管理两方面评价。

【评价方式】

学生互评和老师点评相结合。

【评价标准】

任务评价表见表 3-2-2。

表 3-2-2 任务评价表

任务要求	评价标准	得分情况
职业素养 （50分）	1. 发言人语言简洁、思路严谨；言行举止大方得体（20分） 2. 分析进行进度控制的必要性（30分）	
管理规范 （50分）	1. 完成任务实施中分析结果的内容（20） 2. 工程进度网络图的绘制规则（10分） 3. 进度控制过程中关注的时间参数都包括哪些内容（10分） 4. 不同情况下进度计划调整的方法（10分）	
评价人	评价级别（√）	备注
个人	不及格□　及格□　良好□　优□	
老师	不及格□　及格□　良好□　优□	

3.2.7 巩固拓展

一、选择题

1. 下列属于施工方进度控制的任务的是（　　）。
   A. 设计准备阶段的工作进度、设计进度、施工进度、物资采购进度、项目动用前准备阶段的工作进度
   B. 依据委托合同要求控制设计工作进度
   C. 若进度出现偏差，分析产生的原因和对工期的影响程度，并纠正偏差
   D. 按计划履行合同的义务，如采购、加工制造、运输等

2. 下列关于横道图的说法错误的是（　　）。
   A. 适用于手工编制计划
   B. 各工作之间的逻辑关系不易表达清楚
   C. 不能确定计划的关键工作
   D. 可以直接看出计划的关键工作

3. 关于双代号网络图绘制说法，正确的是（　　）。
   A. 起点可以有多个
   B. 工艺关系可以逆转
   C. 至少有一条关键线路
   D. 虚箭线消耗资源和时间

4. 某工程网络计划中，工作 M 的自由时差为 4 天，计划执行过程中检查发现，工作 M 的工作时间延后了 2 天，其他工作均正常，此时（　　）。
   A. 工作 M 的总时差不变
   B. 总工期不会延长
   C. 工作 M 将影响紧后工作
   D. 工作 M 的自由时差减少 4 天

5. 下列影响通信工程进度的内部因素中，属于管理方面的是（　　）。
   A. 设备检测人员技术不熟
   B. 人员操作不熟练
   C. 现场资金紧缺
   D. 发生了安全事故

二、思考题

将实训任务 3.2.1 任务描述中的双代号网络图转化为横道图。

任务 3.3　项目实施成本控制

3.3.1 任务描述

某公司承接了一项汇聚机房设备安装工程，合同约定工期为 35 天，施工单位将工作内容进行了分解，包括：设备安装、走线架及光纤槽安装、底座制作安装、电源线及光纤布放、设备加电调测。施工准备阶段，项目部编制了成本计划及进度计划，项目人工成本按平均 400 元/天计算，材料费和进度计划横道图如图 3-3-1 所示。

项目实际发生的材料费与表中所列材料费一致，由施工单位采购，并按照工作量平均分摊。工程进行到第三周末的时候，项目队对前期工作进行了总结，项目部每周实际参加人数及周末统计的已完成工作比例见表 3-3-1。

工作名称	工作内容	参加人数/人	材料费（元）	工作进度（周）				
				1	2	3	4	5
A	走线架及光纤槽安装	10	3000	━━	━━			
B	底座制作安装	4	5000		━━			
C	设备安装	8	1000			━━		
D	电源线及光纤布放	4	80000				━━	
E	设备加电调测	2	600					━━

图 3-3-1　材料费和进度计划横道图

表 3-3-1　参加人数及完成工作比例统计表

工作名称	工作内容	实际参加人数/人			已完成工作比例		
		第1周	第2周	第3周	第1周	第2周	第3周
A	走线架及光纤槽安装	14	10		70%	100%	
B	底座制作安装		4	2		60%	80%
C	设备安装			9			90%
D	电源线及光纤布放						
E	设备加电调测						

项目经理对前三周的工程进度的成本进行了分析，并及时纠正了偏差，完成了工程项目的施工内容，提交了竣工资料。

3.3.2　任务目标

1. 使项目管理者清楚地知道项目管理的内容，培养项目管理者对于项目成本管理的意识。
2. 会编制施工成本计划，能够进行施工成本的控制和核算。

3.3.3　任务工单

工作任务书					
姓名		班级		学号	
小组		组长		分数	
任务编号	3-3		实施方式	案例分析	
考核方式	过程与结果综合考评				
考核点	通信工程成本管理				
教学实施方法	分析通信项目实施过程中，进度计划的变化和调整，以小组为单位，开展任务实施，通过分析、阐述、总结写出个人分析结果				
任务内容	1. 计算本工程每周的计划工作预算成本（BCWS） 2. 绘制时间—计划预算成本累计曲线并在曲线中标明每周末的累计值 3. 计算第三周末的已完工作预算费用 BCWP、已完工作实际费用 ACWP 4. 计算第三周末的 CV、SPI，并分析第三周末进度与费用偏差情况 5. 对于该工程，项目经理可以用哪些措施控制施工成本				

3.3.4 任务指导

【任务分析】

1. 项目进度计划的编制方法。

2. 当无法找到准确的工作量和价的时候,理解已完工作预算费用的含义,已经完成的工作计划价格计算方法。

3. 注意案例背景中材料费的计算,即实际材料费 = 计划材料总费用 × 完工百分比。

4. CV、SV、CPI、SPI 的计算方法和代表的含义。

5. 项目成本的控制方法和措施。

【任务准备】

1. 清楚施工成本的概念,是指施工单位在进行项目的施工过程中所发生的全部生产经营费用支出的总和,直接成本包括人工费、材料费、施工机具使用费等,间接成本指准备施工、组织和管理施工生产的全部费用支出。

2. 清楚成本管理的任务,包括成本计划编制、成本控制、成本核算、成本分析、成本考核。

3. 熟悉工程项目施工成本计划的类型,掌握成本计划的编制方法,包括按成本组成编制成本计划、按项目组成编制施工成本计划、按工程进度编制施工成本计划。

4. 掌握赢得值法的计算方法和评价指标,掌握施工成本控制措施。

5. 熟悉成本核算、成本分析、成本考核的方法。

3.3.5 任务实施

1. 以小组为单位,在规定时间内完成工作任务书中任务内容的组内讨论。

2. 分析讨论的结果并在下面的分析结果项写出个人结果。

3. 总结阐明对通信工程项目成本管理的掌握情况。

【分析结果】

_____
_____
_____
_____
_____
_____

3.3.6 考核评价

【评价要求】

职业素养、项目成本管理两方面评价。

【评价方式】

学生互评和老师点评相结合。

【评价标准】

任务评价表见表 3-3-2。

表 3-3-2　任务评价表

任务要求	评价标准	得分情况
职业素养 （50分）	1. 发言人语言简洁、思路严谨；言行举止大方得体（20分） 2. 通信工程项目成本管理的重要性（30分）	
管理规范 （50分）	1. 完成任务实施中分析结果的内容（25分） 2. 项目成本控制的方法（25分）	
评价人	评价级别（√）	备注
个人	不及格□　　及格□　　良好□　　优□	
老师	不及格□　　及格□　　良好□　　优□	

3.3.7　巩固拓展

一、选择题

1. 通信工程项目施工成本是指（　　）在进行项目的施工过程中所发生的全部生产经营费用支出的总和。
   A. 建设单位　　　　　　　　　　　B. 施工单位
   C. 设计单位　　　　　　　　　　　D. 监理单位

2. 成本分析是在（　　）的基础上，按照一定的原则，采用一定的方法对成本的形成过程和影响成本升降的因素进行分析。
   A. 成本核算　　　　　　　　　　　B. 成本计算
   C. 成本考核　　　　　　　　　　　D. 成本控制

3. 火灾、严重自然灾害属于影响通信工程项目施工成本中（　　）的因素。
   A. 施工企业的技术装备水平　　　　B. 操作的熟练程度
   C. 施工环境方面　　　　　　　　　D. 意外事件方面

4. 对总量 1000 万元的工程项目进行期中检查，截止检查时已完成工作预算费用 410 万元，计划工作预算费用为 400 万元，已完工作实际费用为 430 万元，则其进度绩效指数为（　　）。
   A. 0.430　　　　B. 0.930　　　　C. 0.953　　　　D. 1.025

5. 某工程项目截至 10 月末的有关费用数据为：BCWP 为 980 万元，BCWS 为 820 万元，ACWP 为 1050 万元，则其 SV 为（　　）万元。
   A. -160　　　　B. 160　　　　　C. 70　　　　　　D. -70

二、思考题

1. 分析成本计划的编制的方法有哪些。
2. 分析产生费用偏差的原因有哪些。

任务 3.4　项目实施质量控制

3.4.1　任务描述

某地运营商计划新建一项 5G 机房设备安装工程，含新建机房、设备安装和直埋光缆线路工程。建设单位向该工程的设计单位提供了真实、准确、齐全的原始资料，设计单位按照规定的时间绘制完成施工图设计文件，并将设计文件中选用的通信设备及材料、建筑构配件等注明了规格、型号、性能等技术指标，同时全部指定了生产厂家和供应商。建设单位通过招投标确定了施工单位，合同约定工期 60 天。开工前，建设单位将未审查批准的施工图设计文件下发给监理单位和施工单位。

由于工期紧张，施工单位将设备安装和直埋光缆线路工程分包，并与分包单位签订分包合同。工程进行到第 20 天，机房已经新建完成并合格，分包单位开始设备安装，包括机房内走线架、电源柜、蓄电池、无线通信设备系统安装等内容，监理工程师在现场检查发现对地固定的走线架不垂直，要求现场进行整改。工程进行到第 25 天，开始安装无线通信设备系统，在当天收工阶段，2 人下塔时不慎滑落，1 人当场死亡，1 人重伤，塔下人员立即进行了上报，项目部收到后编写了事故报告，内容包括事故发生的时间、地点，简要经过，事故原因的初步判断。

工程进行到第 40 天，在开挖光缆沟工作进行中，项目部从天气预报中得知下午有强降雨将来临，于是在没有通知监理工程师的情况下，决定赶在强降雨来临前把光缆布放在还在开挖的光缆沟中，并立即回填，以免光缆沟被冲毁。事后，监理工程师拒绝为沟深和放缆的隐蔽工程签字。之后施工单位按照工程设计图纸和施工技术标准施工，严格工序管理，坚持"三检"制度，顺利完成了整个工程。

在竣工验收时，监理单位发现机房门口设置的工程永久性标牌，上面公示了施工单位、监理单位的名称和主要责任人，监理单位认为不全，要求补充，最终工程通过验收。

3.4.2　任务目标

1. 知道工程参与各方的质量责任和义务，影响工程质量的因素。
2. 理解全面质量管理的重要性，施工质量控制的基本环节。
3. 事故发生后，能进行施工质量事故报告和知道调查处理程序。
4. 提升项目管理者对待项目质量重要性的认识，提高管理者对待项目质量的控制能力。

3.4.3 任务工单

<table>
<tr><td colspan="6" align="center">工作任务书</td></tr>
<tr><td>姓名</td><td></td><td>班级</td><td></td><td>学号</td><td></td></tr>
<tr><td>小组</td><td></td><td>组长</td><td></td><td>分数</td><td></td></tr>
<tr><td>任务编号</td><td colspan="2">3-4</td><td>实施方式</td><td colspan="2">案例分析</td></tr>
<tr><td>考核方式</td><td colspan="5">过程与结果综合考评</td></tr>
<tr><td>考核点</td><td colspan="5">通信工程施工质量控制</td></tr>
<tr><td>教学实施方法</td><td colspan="5">通过案例分析，结合考核点，以小组为单位，开展任务实施，通过分析、阐述、总结写出个人分析结果。</td></tr>
<tr><td>任务内容</td><td colspan="5">1. 该案例中建设单位、设计单位、施工单位有哪些不妥之处，分别写出正确做法
2. 采用因果分析法画出走线架不垂直的因果分析图
3. 判定事故等级，补充事故上报的报告还应包含的内容
4. 监理工程师拒绝为沟深和放缆的隐蔽工程签字，是否正确，说明理由。
5. "三检"制度指的是什么
6. 写出工程永久性标牌缺失的内容</td></tr>
</table>

3.4.4 任务指导

【任务分析】

1. 建设单位、设计单位、施工单位的质量责任和义务。
2. 因果分析图从影响因素的"人、机、料、法、环"方面入手，考虑可能影响的因素。
3. 隐蔽工程的验收要求，监理工程师不签字，施工单位不得进入下一道工序施工。

【任务准备】

1. 清楚项目质量控制的概念，工程质量终身责任制的含义。
2. 掌握建设单位、勘察单位、设计单位、监理单位、施工单位质量责任和义务。
3. 熟悉工程建设标准的分类，包括国家标准、行业标准、地方标准、团体标准、企业标准。
4. 掌握项目质量的影响因素，可以进行项目质量风险分析并控制，当发生质量问题后，可以从"人、机、料、法、环"五个方面进行分析产生的原因，确定首要因素并及时控制。
5. 理解全面质量管理思想对质量的影响，企业进行全面质量管理的措施。
6. 掌握施工质量事故报告和调查处理程序和施工质量不合格的处理方式。
7. 熟悉《中华人民共和国建筑法》《生产安全事故报告和调查处理条例》《关于落实建设单位工程质量首要责任的通知》等建筑行业相关法律法规和规章制度对质量的要求。

3.4.5 任务实施

1. 以小组为单位，在规定时间内完成工作任务书中任务内容的组内讨论。
2. 分析讨论的结果并在下面的分析结果项写出个人结果。

3. 总结阐明对通信工程质量控制的认识和掌握情况。

【分析结果】

_____
_____
_____
_____
_____

3.4.6 考核评价

【评价要求】

职业素养、质量控制两方面评价。

【评价方式】

学生互评和老师点评相结合。

【评价标准】

任务评价表见表3-4-1。

表 3-4-1　任务评价表

任务要求	评价标准	得分情况
职业素养 （50分）	1. 发言人语言简洁、思路严谨；言行举止大方得体（20分） 2. 对通信工程项目管理的基本认识（30分）	
管理规范 （50分）	1. 完成任务实施中分析结果的内容（25） 2. 项目质量控制的过程和方法（25）	
评价人	评价级别（√）	备注
个人	不及格□　及格□　良好□　优□	
老师	不及格□　及格□　良好□　优□	

3.4.7 巩固拓展

一、选择题

1. 质量控制活动包括：①设定目标；②纠正偏差；③测量检测；④评价分析。正确的顺序是（　　）。
   A. ①②③④　　　　　B. ②①④③　　　　　C. ②①③④　　　　　D. ①③④②
2. 下列属于施工单位责任和义务的是（　　）。
   A. 提供真实的地质、测量、水文等勘察成果
   B. 限制不合格的干预行为
   C. 履行工程质量保修义务
   D. 对工程质量实行旁站监督

3. 对保障人身健康和生命财产安全、国家安全、生态环境安全以及满足经济社会管理基本需要的技术要求，应当制定（　　）。
   A. 行业标准　　　　　　　　　　　　B. 地方标准
   C. 团体标准　　　　　　　　　　　　D. 强制性国家标准
4. 国内实行建筑企业资质管理制度，属于控制建设工程项目质量影响因素的（　　）。
   A. 人的因素　　　　　　　　　　　　B. 管理因素
   C. 方法的因素　　　　　　　　　　　D. 环境因素
5. 根据施工质量事故调查处理的一般程序，事故处理的最后一步工作是（　　）。
   A. 提出事故鉴定结论　　　　　　　　B. 提交事故处理结果
   C. 提交事故处理报告　　　　　　　　D. 提出事故处理方案

二、思考题
1. 简述事故上报的流程。
2. 简述施工单位的质量责任和义务。

任务 3.5　安全与环境管理

3.5.1　任务描述

某施工单位承担一项运营商市中心新建核心机房工程施工项目，该项目总投资 2000 万元。该施工单位原已依法取得安全生产许可证，但在开工 5 个月后有效期满。因当时正值施工高峰期，该公司忙于组织施工，未能按规定办理延期手续。当地政府监管机构发现后，立即责令其停止施工，限期补办延期手续，但该公司为了赶工期，既没有停止施工，到期后也未办理延期手续。

施工到后期，天气预报提示本地即将有暴风雪，冬天提前来临，施工单位为赶在暴风雪来临之前完成施工，决定在夜间进行加班作业，当日夜 24 时，市生态环境主管部门接到居民投诉，称该工地有夜间施工噪声扰民情况。执法人员立刻赶赴施工现场，并在施工场界进行了噪声测量。经现场勘查：施工噪声源主要是挖掘机、推土机等设备的施工作业噪声，施工场界噪声经测试为 70dB（A）。最终执法人员对该事件进行了合理的处置。

为赶工期，施工单位又从其他工地调配来一批工人，但未经安全培训教育就安排到有关岗位开始作业。2 名工人被安排上高处作业吊篮到 6 层处从事外墙装饰作业。他们在作业完成后为图省事，直接从高处作业吊篮的悬吊平台向 6 层窗口爬去，结果失足从 10 多米高处坠落在地，事故造成 1 死 1 重伤。

3.5.2　任务目标

1. 理解建设工程中安全生产的重要性，清楚施工现场常见的危险因素和防治措施。
2. 清楚施工现场环境污染的类型和防治的规定，掌握环境管理的方法。

3.5.3 任务工单

工作任务书					
姓名		班级		学号	
小组		组长		分数	
任务编号		3-5		实施方式	案例分析
考核方式	过程与结果综合考评				
考核点	通信工程安全和环境管理				
教学实施方法	通过分析通信项目实施过程中，对安全和环境的管理，以小组为单位，开展任务实施，通过分析、阐述、总结写出个人分析结果				
任务内容	1. 该工程项目至少应当配备几名专职安全生产管理人员 2. 安全生产许可证到期前正确做法是什么 3. 施工单位在夜间作业的做法是否正确，说明原因，写出哪些情况可以在夜间进行作业 4. 建筑施工场界环境噪声排放限值是多少 5. 施工单位从其他工地调配来一批工人后，应该进行的安全生产教育内容包括哪些 6. 个人的不安全因素包括哪些内容 7. 项目安全管理人员，针对施工现场违章作业行为，应该如何处置				

3.5.4 任务指导

【任务分析】

1. 建筑施工企业安全生产管理机构专职安全生产管理人员配备要求。
2. 安全生产许可证制度的申请和有效期。
3. 企业安全生产教育培训制度的含义和内容。
4. 不安全因素的内容，生产安全事故隐患排查和治理的内容。
5. 通信建设工程项目中噪声控制、电磁辐射防护、生态环境保护和废旧物品回收及处置等环境保护要求和涉及的内容。

【任务准备】

1. 清楚建设工程职业健康安全管理的目的，我国在安全方面"安全第一、预防为主、综合治理"方针的含义。
2. 通信工程安全生产管理的措施，包括安全生产责任制度、安全生产许可证制度、政府监管、安全生产教育培训制度的含义和要求。
3. 人的不安全因素和物的不安全状态的内容以及生产安全事故隐患排查和治理的要求。
4. 环境保护是保护和改善施工现场的环境，环境保护作为我国的一项基本国策，管理人员要清楚通信工程在环境管理方面涉及的内容和预防措施。
5. 熟悉 GB/T 51391—2019《通信工程建设环境保护技术标准》中标准环境保护要求和《中华人民共和国安全生产法》的相关内容。

3.5.5 任务实施

1. 以小组为单位,在规定时间内完成工作任务书中任务内容的组内讨论。
2. 分析讨论的结果并在下面的分析结果项写出个人结果。
3. 总结阐明对安全和环境管理的掌握情况。

【分析结果】

3.5.6 考核评价

【评价要求】

职业素养、安全管理、环境管理三方面评价。

【评价方式】

学生互评和老师点评相结合。

【评价标准】

任务评价表见表 3-5-1。

表 3-5-1 任务评价表

任务要求	评价标准	得分情况
职业素养 (50分)	1. 发言人语言简洁、思路严谨;言行举止大方得体(20分) 2. 对安全和环境管理的重要性认识(30分)	
管理规范 (50分)	1. 完成任务实施中分析结果的内容(20) 2. 分析通信工程安全生产管理的制度内容(10分) 3. 分析安全生产的影响因素和解决方法(10分) 4. 分析环境管理规范和要求(10分)	
评价人	评价级别(√)	备注
个人	不及格□　及格□　良好□　优□	
老师	不及格□　及格□　良好□　优□	

3.5.7 巩固拓展

一、选择题

1. 建设工程项目职业健康安全管理的目的是（　　）。
   A. 找出所有危险源　　　　　　　B. 评估危险源可能造成的危害
   C. 防止和减少生产安全事故　　　D. 事故应急处理

2. 安全生产许可证是由（　　）领取。
　　A. 建设单位　　　　　　B. 施工单位　　　　　C. 监理单位　　　　　D. 设计单位
3. 下列不属于人的不安全行为的是（　　）。
　　A. 使用不安全设备　　　　　　　　　　B. 手代替工具操作
　　C. 冒险进入危险场所　　　　　　　　　D. 生产场地环境缺陷
4. 对于施工现场既要设防护栏及警示牌，又要设照明及夜间警示红灯属于安全事故隐患的（　　）治理原则。
　　A. 冗余安全度　　　　　　　　　　　　B. 单项隐患综合治理
　　C. 预防与减灾并重　　　　　　　　　　D. 重点治理
5. 下列关于环境保护的说法错误的是（　　）。
　　A. 在施工发现一般地下文物时，在保护好现场的情况下可以继续施工。
　　B. 通信设施不得危害国家和地方保护动物的栖息、繁衍。
　　C. 通信局（站）使用的柴油发电机、油汽轮机的废气排放应符合环保要求。
　　D. 严禁向江河、湖泊、运河、渠道、水库及其最高水位线以下的滩地和岸坡倾倒、堆放固体废弃物。

二、思考题
1. 简述安全生产教育培训制度的内容。
2. 说出通信工程常见的环境污染和危害有哪些？分别应采取哪些措施预防和治理？

项目 4 工程验收管理

任务 4.1 合同管理

4.1.1 任务描述

某建设单位计划在本市内新建一条 40km 管道光缆工程,在与某施工单位商谈通信工程施工合同时,建设单位要求该施工单位必须先行垫资施工,该施工单位为了获得签约,答应了建设单位的要求,之后双方签订了《通信工程施工合同》,合同的内容包括了工作内容和数量,合同价款为 100 万元,双方约定合同工期自 2023 年 4 月 1 日至 5 月 10 日,共 40 天,施工单位若提前完工则每天奖励 1000 元,若延迟完工则每天罚款 1500 元;同时合同约定建设单位提供材料,但合同中对垫资作何处理没有做出特别约定。

到了开工日,建设单位的材料已全部到位,由于施工单位人员尚未到位,经过协调,施工单位于 4 月 5 日进场施工,现场施工人员工资为 300 元/天,开挖缆沟采用租赁机械,机械进场后到施工结束租赁费用为 500 元/天。施工过程中发生了如下事件:

事件一:工程进行到 4 月 10 日早上时,开挖管道沟遇到了地下岩石,无法越过,因此建设单位对施工图纸进行了修改,方案为绕开岩石重新开挖路线,致使工程量增加 2km。设计变更导致工期耽误 2 天,窝工期间施工单位 4 人停工,停工期间工资为正常工作时的 50%,机械租赁费不变。

事件二:工程进行到 4 月 15 日下班时,施工单位租赁的机械损坏,导致现场停工 3 天,机械维修费为 1000 元,施工单位于 4 月 25 日下班时,缆沟开挖结束,将机械退回。

事件三:5 月 5 日晚上 11 点,突降暴雨导致停工 4 天,已敷设完的管道线路被冲毁造成 15 万损失;导致施工单位采购的水泥无法使用,损失 2000 元,施工单位 10 名工人全部停工,施工单位按照建设单位要求保护现场设施和材料花费 3 万元。

之后,经过多方的协调,该工程最终于 5 月 20 日完工,施工单位于 5 月 30 日向建设单位提出书面索赔意向通知。

竣工验收时,建设单位对部分工程质量提出了异议,而施工单位则认为工程质量没有问题,同时要求建设单位除支付工程款外,还应将先前的工程垫资款按照借款处理,并支付相应的利息,双方之间争执不下。

4.1.2　任务目标

1. 使项目管理者熟悉合同的相关知识和建设工程施工合同的基本概念。
2. 当工程出现变更或其他原因导致合同履行出现偏差时，具备合同的跟踪和纠偏的能力。
3. 使项目管理者在日常项目管理，面对工程上的纠纷和争议，知道应该如何解决。
4. 工程项目出现索赔事件后，可以正确并及时进行相关工期和费用索赔。
5. 培养契约精神，具备的合同管理能力。

4.1.3　任务工单

工作任务书					
姓名		班级		学号	
小组		组长		分数	
任务编号	4-1		实施方式	案例分析	
考核方式	过程与结果综合考评				
考核点	通信工程合同管理的内容				
教学实施方法	分析通信管道项目在管理上存在的问题，结合考核点以小组为单位实施任务，通过分析、阐述、总结写出个人分析结果				
任务内容	1. 该工程的实际开工日期为哪一天，说明原因 2. 写出当事人订立合同可以采取哪些形式，同时本案例中合同必须采取哪种形式和施工合同中还缺少哪些内容 3. 事件一中，施工单位能否进行索赔，说明原因，若可以索赔，计算索赔工期和费用 4. 事件二中，施工单位能否进行索赔，说明原因，若可以索赔，计算索赔工期和费用 5. 事件三中，施工单位能否进行索赔，说明原因，若可以索赔，计算索赔工期和费用 6. 施工单位提交索赔意向通知是否符合程序，说明理由，索赔还应提交哪些资料 7. 施工单位要求建设单位将工程垫资按借款处理并支付相应的利息是否可以得到法律的支持 8. 对于建设单位和施工单位的纠纷，可以有哪些解决途径 9. 假设该工程竣工验收通过，判断该工程最终是提前还是延误竣工，施工单位可以获得的奖励或者罚款应该是多少				

4.1.4　任务指导

【任务分析】

1. 分析建设工程领域对工程开工日期和工程垫资的规定。
2. 索赔的起因和责任划分，属于建设单位过错的可以提起索赔，属于施工单位过错的不能索赔，属于不可抗力原因的，费用不可以索赔，工期可以索赔，同时要清楚索赔的程序。
3. 建设工程领域常见的纠纷和解决措施。
4. 项目经理对通信工程施工合同内容掌握，合同跟踪和应具备的合同管理能力。

【任务准备】

1. 清楚合同的特征和建设工程合同的概念,建设工程合同是承包人进行工程建设,发包人支付价款的合同。

2. 熟悉合同的分类和合同的效力等级,效力等级中有效合同、无效合同、可撤销合同、效力待定合同的特点。

3. 掌握订立合同的形式和建设工程施工合同的法定形式。

4. 掌握建设工程领域常见的开工和竣工日期、工程价款结算、工程垫资、竣工工程质量等争议的解决规定;区分民事纠纷和行政纠纷,清楚两种纠纷的处理方式。

5. 熟悉施工合同跟踪的内容,作为项目的管理者,当发现合同实施出现偏差时,应当及时分析偏差产生的原因,制定纠偏措施并落实跟踪。

6. 掌握工程索赔产生的起因和索赔成立的条件,掌握索赔的程序和费用与工期索赔的计算方法,保护自身的合法权益。

7. 熟悉 GF 2017–0201《建设工程施工合同(示范文本)》的内容。

4.1.5 任务实施

1. 以小组为单位,在规定时间内完成工作任务书中任务内容的组内讨论。
2. 分析讨论的结果并在下面的分析结果项写出个人结果。
3. 总结阐明对合同管理的掌握情况。

【分析结果】

4.1.6 考核评价

【评价要求】

合同管理、工程纠纷处理、索赔方法三方面评价。

【评价方式】

学生互评和老师点评相结合。

【评价标准】

任务评价表见表 4-1-1。

表 4-1-1　任务评价表

任务要求	评价标准	得分情况
职业素养（50分）	1. 发言人语言简洁、思路严谨；言行举止大方得体（20分） 2. 充分说明合同管理的重要性（30分）	
管理规范（50分）	1. 分析合同的内容（20分） 2. 分析建设工程纠纷处理方式（10分） 3. 分析工程索赔成立的条件和索赔的程序（20分）	
评价人	评价级别（√）	备注
个人	不及格☐　及格☐　良好☐　优☐	
老师	不及格☐　及格☐　良好☐　优☐	

4.1.7　巩固拓展

一、选择题

1. 下列关于分包合同的说法，错误的是（　　）。
   A. 分包人不得将其承包的分包工程转包给他人。
   B. 分包人经承包人同意可以将劳务作业再分包给具有相应劳务分包资质的劳务分包企业。
   C. 分包人应对再分包的劳务作业的质量等相关事宜进行督促和检查。
   D. 在我国，一般允许建设单位直接指定分包商。
2. 因重大误解订立的合同，其效力属于（　　）。
   A. 有效合同　　　　　　　　　　B. 无效合同
   C. 效力待定合同　　　　　　　　D. 可撤销合同
3. 时间特别紧迫，如抢险、救灾工程，来不及进行详细的计划和商谈的情况下，可以订立（　　）。
   A. 单价合同　　　　　　　　　　B. 成本加酬金合同
   C. 固定总价合同　　　　　　　　D. 变动总价合同
4. 当事人对建设工程实际竣工日期有争议的，下列关于实际竣工日期的说法正确的是（　　）。
   A. 建设工程经竣工验收合格的，以提交竣工验收申请之日为竣工日期。
   B. 承包人已经提交竣工验收报告，发包人拖延验收的，以承包人提交验收报告之日为竣工日期。
   C. 建设工程未经竣工验收，发包人擅自使用的，以提交竣工验收申请之日为竣工日期。
   D. 承包人已经提交竣工验收报告，发包人拖延验收的，以承包人起诉之日为竣工日期。

5. 根据 GF 2017—0201《建设工程施工合同（示范文本）》，发生下列情形之一的，不属于发包人违约的有（　　）。
   A. 发包人以其行为表示不履行合同主要义务
   B. 因罕见暴雨导致合同无法履行连续超过了 20 天
   C. 因发包人原因未能在计划开工日期前 7 天下达开工通知的
   D. 因发包人违反合同约定造成暂停施工

二、思考题
1. 合同实施偏差的调整措施有哪些？
2. 索赔文件的编制内容有哪些？

任务 4.2　工程验收交付

4.2.1　任务描述

　　通信工程 5G 站点工程验收交维阶段是在完成机房建设和业务调试全部完成之后，是整个 5G 站点工程建设的最后阶段。通信项目工程验收的好处在于能够及时发现工程建设过程中存在的各种问题，并及时通知建设方进行整改，以此保证通信网络运行的质量，同时大大提高网络使用者的服务品质，降低第三方网络维护公司的压力，降低维护成本。

　　本次主要任务是完成通信工程 5G 站点机房验收交付。本次实训内容是完成移动实训通信机房单站工程验收，完成室内外安装设备的工艺检查，输出测量记录表，阐述总结机房单招验收心得。

4.2.2　任务目标

　　根据任务内容描述，思考站点机房单站工程验收的意义，单站验收的内容，清楚机房单站验收的流程，能够选择合适的仪器仪表顺利完成单站验收工作。通过任务实施，总结阐述单站验收步骤，主要内容和注意事项。

1. 掌握 5G 站点工程验收准备工作。
2. 掌握 5G 单站验收的流程。
3. 熟悉单站验收规范指标。
4. 能够选择合适的仪器仪表准确进行数据收集，做好验收记录表。
5. 能够完成 5G 站点机房设备工艺和业务检测的初步验收。
6. 熟悉工程质量缺陷和保修处理措施。
7. 清楚竣工资料验收审核的内容。
8. 通过工程验收，培养一定的组织协调能力，严谨的工作态度和责任意识。
9. 阐述总结单招验收任务实施心得。

4.2.3 任务工单

工作任务书					
姓名		班级		学号	
小组		组长		分数	
任务编号	4-2		实施方式		机房演练
考核方式	实施过程与实施结果综合考评				
考核点	掌握站点工程验收程序，完成站点验收				
教学实施方法	1. 利用仪器仪表，严格按照单站验收指标完成 5G 机房验收任务，输出验收记录表，存在问题项提出处理措施 2. 小组讨论、分析、阐述、总结写出站点验收方法，注意事项和个人技能提升点				
任务内容	1. 清楚 5G 站点单站验收准备工作的内容 2. 熟悉 5G 站点单招验收流程 3. 熟悉单站验收规范指标 4. 学习机房基站验收工具的使用方法 5. 能够按照验收流程顺利完成单站验收任务，输出验收记录表 6. 分析任务实施过程中存在的问题，阐述解决问题的思路和个人收获及小组成员的参与情况 7. 阐述验收过程中发现的问题，分析整改措施				

4.2.4 任务指导

【任务分析】

本次任务实训内容主要内容是 5G 站点工程单站验收，此阶段是整个 5G 站点工程项目建设的最后阶段，站点工程验收的质量和整改效果直接影响网络服务质量，减轻了维护压力，保证网络健壮性。

本次任务实施前要熟悉单站验收规范和指标要求，清楚项目工程验收的重要性，掌握单站验收的程序，能够参照施工工艺标准和业务测试指标顺利完成单站验收工作，并且对存在的质量缺陷和保修内容采取具体的处理措施，整理提交验收资料。

1. 单招验收流程

单站验证是指在 5G 基站硬件安装调试完成后，对单站点的设备功能和覆盖能力进行的自检测试和验证。单站验收流程如图 4-2-1 所示。

2. 辅助设施验收规范和指标

（1）环境检验

1）机房内空调设备应安装正牢固，运行正常，空调制冷量应满足设计相关要求，同时须根据实际

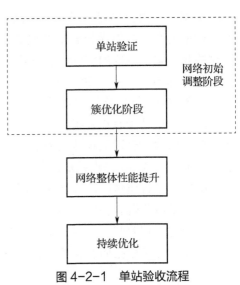

图 4-2-1 单站验收流程

新增设备散热量进行相应增容。空调电源必须在交流配电箱中设置独立空开，电源线走线应整齐统一，明线应外加 PVC 套管，严禁空调电源线出现飞线、吊线现象。

2）严禁在高温、易燃、易爆、易受电磁干扰的环境下进行无线通信室内覆盖系统建设，严禁在此环境下使用通信器件及材料。

3）无线通信室内覆盖系统使用的器件及材料安装环境应保持干燥、通分、少尘，杜绝出现渗水、滴漏等现象。

4）建筑物楼内电源系统和防雷接地设施应满足室内覆盖系统工程需求，不符合规范的应按相关规范要求进行改造建设。

5）无线通信室内覆盖系统工程防火要求应满足 YD 5002—1994《邮电建筑防火设计标准》的规定。

（2）线缆布放检验

机房线缆布放验收标准见表 4-2-1。

表 4-2-1　机房线缆布放验收标准

序号	检查项	是否合格
1	线缆表面清洁，无施工记号，护套绝缘层无破损及划伤	是 / 否
2	各种线缆分开布放，线缆的走向清晰、顺直，相互间不要交叉，捆扎牢固，松紧适度，无明显起伏或歪斜现象，没有交叉和空中飞线现象	是 / 否
3	室外线缆在室外走线时应沿楼面和走线架布放，或沿墙壁走线并固定牢固，不允许悬空跨接走线	是 / 否
4	在走线架内并行布放时，信号电缆、直流电源线、交流电源线、馈线应分开走线，保持 10cm 以上的距离	是 / 否
5	室外线缆不得系挂或紧贴避雷区走线，需在避雷区下方走线，且与避雷区间距不小于 20cm	是 / 否
6	室外线缆，包含户外直流电缆、户外交流电缆或户外光纤进入机房前，如果线缆高于馈线窗下沿，必须在室外馈线窗处做个滴水弯，每根线缆做滴水弯后的最低点必须低于馈线窗下 10~15cm。如果线缆低于馈线窗下沿，则不需要做滴水弯	是 / 否
7	室内线缆在墙面、地板下布放时应安装线槽	是 / 否
8	线缆布放时应不影响机房设备或机架的散热通道	是 / 否
9	线缆转弯处应有弧度，弯曲半径不小于线缆外径的 20 倍	是 / 否
10	多余的光纤盘绕在绕线盘上，并固定牢固	是 / 否
11	不应有其他重型线缆压在光纤上，已经布放的光纤不得碰触到锋利的边缘	是 / 否
12	馈线布放时应留有适当余量，绑扎力度适宜，布放顺直、整齐。避免出现走线斜，空中飞线、交叉线等情况。若走线管无法靠墙布放（如地下停车场），馈线走线管可与其他线管一起走线，并用扎带与其他线管固定	是 / 否
13	室外馈线进入室内前必须设置滴水弯，波纹管的滴水弯底部必须剪切一个漏水口，以防止雨水沿馈线进室内，入线孔必须用防火泥密封	是 / 否
14	对于在线井和天花吊顶中布放的馈线，应套用 PVC 管。要求所有走线管布放整齐、美观，转弯处要使用 PVC 软管连接	是 / 否

当馈线需要弯曲布放时，要求弯曲角保持圆滑，工程馈线弯曲要求见表 4-2-2。

表 4-2-2　工程馈线弯曲要求

序号	线径	一次弯曲半径 /mm	二次弯曲半径 /mm
1	1/2" 软馈线	—	40
2	1/4" 软馈线	—	30
3	1/2"	70	210
4	1/4"	50	100
5	3/8"	50	150
6	7/8"	120	360

（3）室内信号源设备检验

无线通信室内覆盖系统的信号源基站设备安装工程验收以基站设备安装验收规范为准。无线通信室内覆盖系统的信号源直放站设备安装工程验收应符合下列要求：

1）设备安装位置应符合工程设计要求，设备机架安装垂直、牢固。

2）安装挂壁式设备时，主机底部距地面距离应保证设备维护时最低维护空间高度要求。

3）设备上的各种板件、走线的标志要求清晰、正确、齐全。

4）要求机框内所有设备单元安装位置正确、牢固、无损坏、掉漆现象，无设备单元的机架空位应装有盖板。

5）设备电源安装应满足 GB 51194—2016《通信电源设备安装工程设计规范》相关规定。

6）设备应做接地处理，防雷接地系统应满足 GB 50689—2011《通信局（站）防雷与接地工程设计规范》的规定。

（4）有源器件检验

有源器件主要指干线放大器，光纤分布系统的主机单元、远端单元等器件。有源器件的安装应满足下列要求：

1）有源器件的安装位置要和设计文件完全一致，符合文件要求。

2）设备安装位置确保无强电、强磁和强腐蚀性干扰。

3）器件安装严格按照说明书的介绍进行安装，使用合理的工具，安装牢固平整，安装时应用相应的安装件进行固定，并且器件上应有清晰明确的标志。

4）有源器件的电源插板至少有两芯及三芯插座各一个，在工作状态下放置于不易触摸到的安全位置。

5）有源器件应接地良好，并应用 $16mm^2$ 的接地线与建筑物的主地线连接。

（5）室内天线检验

无线通信室内覆盖系统工程中常见的天线有全向吸顶天线、定向吸顶天线、板状天线、八木天线。天线的安装应满足下列要求：

1）室内天线的安装位置应符合设计方案的规定范围，并尽量安装在吊顶的中央。

2）对于全向吸顶天线或板状天线，均要求用天线固定件牢固安装在墙壁或天花板上，其附近无遮挡物存在；对于室内定向板状天线，可采用壁挂安装方式或利用定向天线支架安装方式，同时也要避免周围遮挡物遮挡，天线主瓣方向应正对目标覆盖区，并尽量远离消防喷淋头。

3）室内天线尽量采用吊架固定方式，为了保证天线的辐射强度，天线吊挂高度应略低于梁、通风管道、消防管道等障碍物。吊架和支架安装应保持垂直、整齐、牢固，无倾斜现象。

4）如有特殊要求，天线安装在天花板内，需要进行固定，不得随意摆放。

5）天线安装要做到整体布局合理、美观。安装天线的过程中不能弄脏天花板或其他设施，室外天线的接头必须使用防水胶带，然后用塑料黑胶带缠好，胶带做到平整、少皱、美观，安装完天线后要擦拭天线，保证清洁干净。

（6）设备通电测试前检验

设备正常工作电压：直流工作电压标称值为 –48V，允许波动范围为 –57~–40V。交流工作电压标称值为 220V，频率为 50Hz，允许波动范围为 220V×（1±10%）、50Hz×（1±5%），波形失真小于 5%。

通电测试前设备检查主要包括以下几方面：

1）检查标志齐全、正确。

2）设备接地良好各种零件、配件安装数量齐全，位置正确。

3）各类熔丝的规格应符合设备技术说明书的要求。

4）各种零件、配件安装数量齐全，位置正确。

5）电源引入线极性正确，连接牢固可靠。

6）设备通电前，应在熔丝盘有关端子上测量主电源电压，确认正常，方可逐级加电。按设备厂家提供的操作程序开机，设备应正常工作。检查设备各种告警系统，应工作正常、告警准确。

3. 机房主设备检验

（1）BBU 安装检查

BBU 设备安装验收标准见表 4-2-3。

表 4-2-3　BBU 设备安装验收标准

序号	检查项	验收标准
1	设备环境及运行情况检查	检查设备能否正常运行，检查网管中一个月内的设备告警情况，有无温高、温低告警
2	BBU 直流分配单元，所在机柜及挂墙安装件安装位置	安装位置符合设计要求，禁止安装在馈线窗及壁挂式空调正下方，禁止安装在有水渍的墙面上或屋顶下
3	BBU 安装空间	BBU 机柜进风口 20cm 内无遮挡物，机柜不能太靠近其他散热体，设备安装严格按照机柜高度尺寸的设定进行
4	BBU、直流电源柜，落地机柜及挂墙安装件外观完整、清洁度	表面无损伤、无划痕，整齐完整、板件设备表面清洁，无灰尘污渍
5	BBU 单板和扣板安装要求	单板安装规范，与机框准确固定，未安装槽位使用扣板进行防尘处理
6	GPS 防雷安装及接地	安装齐全，规范、牢固，避雷器接地良好

(续)

序号	检查项	验收标准
7	所有机房设施接地情况	BBU、交直流电源，配电盒、机柜等设备均作接地处理，接地线径和铜鼻子使用正确
8	BBU、直流电源柜，落地机柜及挂墙安装件可靠性	安装螺母齐全，安装可靠；膨胀螺栓、绝缘垫片、平垫、弹垫等安装正确，无松动现象
9	设备电源线连接情况	电源线线径合理，空开/熔丝符合要求，无铜线裸露，端子压接牢固，弹垫、平垫齐全
10	直流分配单元管状端子使用	各型号线缆必须使用合适的管状端子进行连接，不能露铜，管状端子制作规范，使用专用压线钳压制
11	防静电手环安装	配备齐全，安装位置正确，安装可靠

（2）机房外设备安装检查

机房外设备安装及布线验收标准见表 4-2-4。

表 4-2-4　机房外设备安装及布线验收标准

序号	检查项	验收标准
1	AAU 安装位置	安装位置符合设计要求，散热空间和维护空间预留合理
2	AAU 安装可靠性	安装紧固，螺钉与螺母、平垫、弹垫齐全，弹垫压平，绝缘垫片齐全
3	AAU、天线、GPS	AAU、天线和 GPS 抱杆必须在避雷针的 45° 保护范围之内，并且抱杆可靠接地
4	AAU 操作维护窗施工密封	AAU 操作维护窗施工完成后必须拧紧螺钉，未使用的端口必须使用橡胶塞进行封堵，电源线屏蔽层在操作维护窗内做接地压接
5	AAU 机壳接地	保护地线必须接地良好，铜鼻子需用同色热缩套管包裹，无铜线裸露，端子压接牢固，弹垫、平垫齐全，AAU 保护地线不能超过 2m
6	AAU 电源连接器连接	AAU 电源连接器必须用管状端子连接电源线，管状端子制作符合规范要求，必须压接电源线屏蔽层。连接器连接后必须扣下扳手
7	AAU、天线、室外防雷箱底部空间预留	各设备底部预留 200mm 以上的空间，各种线缆从接口/接头出来后 200 mm 范围内应保持垂直，不能弯曲受力
8	多余户外光缆处理	多余户外光缆盘留成直径 30~40cm 的圆环后固定在室外抱杆上
9	室外线缆布放	在室外走线架上走线要求平直，无交叉，绑扎距离合理，GPS 馈线应使用馈线卡进行固定
10	室外扎带使用	室外采用黑色扎带，扎带尾需预留 2~3 扣（3~5mm）余量（防止高温扣）

（续）

序号	检查项	验收标准
11	室外标牌和色环使用	室外标牌和色环齐全，颜色符合工程规范要求，位置合理
12	施工仪器配置	施工队配备便携式光端面检测仪和光端面清洁工具（如光端面清洁笔、专用光端面清洁棉签等）
13	设备防护	上站或下站的设备必须按照规范带防护（BBU板件用泡沫填充吸塑盒，AAU搬运过程中关闭维护窗并将扳手卡到位。拧紧固定螺钉，壳体防止磕碰）
14	设备仓储	上站或下站设备仓储必须符合规范要求（有序放置、禁止堆积积压）
15	光器件防护	光器件防护到位（光连接器不用时，必须戴上保护帽，任何时候、任何情况下，光纤弯曲直径必须大于60mm。光纤和光连接头部分的弯曲半径大于30mm，不要弯折光纤成尖角、锐角。器件拔插符合规范）
16	光面清洁	光面清洁手法正确。判断光缆、光模块故障前，必须按正确手法做光面清洁，避免污染
17	GPS馈线屏蔽层接地	只在馈线窗外1m处接地
18	GPS天线接头防水	GPS馈线与CPS天线连接处做1+1+1防水，自带不锈钢套管下部管口与馈线连接处严禁做防水处理
19	电源线屏蔽层接地	只在馈线窗外1m处接地
20	接地端子复接	各地线端子不复接，在不得已的情况下，复接最多2个，复接需符合规范
21	滴水湾制作	馈线和电源线进入机房前须做滴水弯，滴水弯的最低点要求低于馈线窗进线口下沿10~15cm，馈线窗需用防火材料密封
22	接地点防锈	保护地线接地端子和接地排连接前要进行除锈除污处理，保证连接可靠，接地完成后需涂防锈漆

（3）抱杆安装检验

AAU抱杆安装工艺验收标准见表4-2-5。

表4-2-5 AAU抱杆安装工艺验收标准

序号	检查项	是否合格
1	设备按工程设计图纸位置安装，并在避雷针的45°保护范围内。在高山以及多雷地区（一年雷暴日超过180d），保证设备应在避雷针30°保护范围内	是/否
2	AAU抱杆安装时，抱杆不宜安装避雷针，建议在该抱杆的附近另外设立独立的避雷针保护。如果抱杆上安装避雷针，建议将避雷针单独引下并直接接地	是/否
3	AAU应安装在通风良好的位置。如有条件应安装在阳光直射较少的位置，如背阴处。AAU不得安装在排烟管出口处，不得安装在雨棚等流水经过的位置	是/否

（续）

序号	检查项	是否合格
4	AAU抱杆必须牢固、不可推动，满足抗风要求（不小于12级风速或按工程设计要求）	是/否
5	AAU抱杆竖直，垂直误差应小于±2°	是/否
6	设备外观清洁、无污迹	是/否
7	设备不得有严重损伤或变形，不得有划痕和刮伤、掉漆，掉漆应补同色漆	是/否
8	AAU要求竖直安装，确保外部线缆接口朝下。AAU下方应有不小于300mm的安装空间	是/否
9	AAU安装时应采用专用安装件，不得采用其他方式代替	是/否
10	设备安装固定牢靠，无晃动现象	是/否
11	所有接头、螺栓应拧紧，有紧固力矩要求的，按相应力矩要求紧固	是/否
12	所有螺栓安装正确，各种绝缘垫、平垫、弹垫、螺母安装顺序正确，无缺失、垫反现象	是/否
13	AAU所有未使用的接口必须拧紧防尘盖，并做好防水处理	是/否
14	线缆布放时应不影响BBU或机架的散热通道	是/否
15	线缆转弯处应有弧度，弯曲半径满足线缆的最小弯曲半径要求（不小于线缆外径的20倍）	是/否
16	多余的光纤盘绕在绕线盘上（如盘放在AAU附近），并固定牢固	是/否
17	户外光纤布放后不应有其他重型线缆压在光纤上，不得碰触到锋利的边缘	是/否

（4）设备上电检验

1）BBU上电检验。BBU上电步骤如图4-2-2所示。

BBU电压和面板指示灯排查标准见表4-2-6。

表4-2-6　BBU电压和面板指示灯排查标准

序号	检查项	结果
1	测出电压为DC -57~-40V	电压正常，继续下一步
2	测出电压大于DC 0V	电源接反，重新安装电源线后再测试
3	其他情况	输入电压异常，排查配电单元和电源线的故障
4	BBU面板指示灯	1. 电源模块单板正常状态：RUN指示灯常亮 2. FAN单板正常状态：STATE指示灯闪烁（1s亮，1s灭）； 3. 其他单板：RUN指示灯闪烁（慢闪：1s亮，1s灭；快闪：0.125s亮，0.125s灭）

2）AAU上电检验。AAU设备上电步骤如图4-2-3所示。

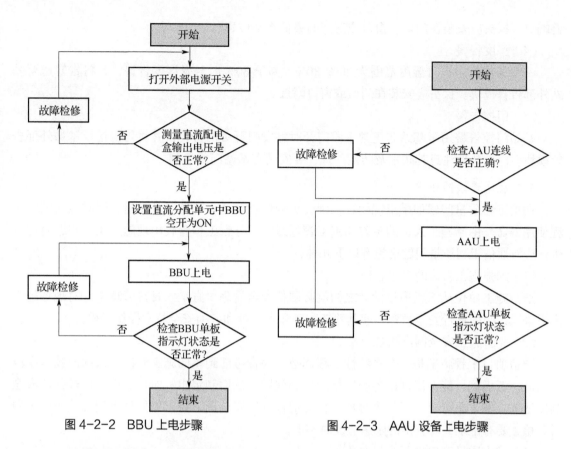

图 4-2-2　BBU 上电步骤　　　　图 4-2-3　AAU 设备上电步骤

AAU 电压和面板指示灯排查标准见表 4-2-7。

表 4-2-7　AAU 电压和面板指示灯排查标准

设备	供电正常时指示灯
AAU	1. AAU 的输入电压范围为 DC −57~−36V 2. AAU 模块：RUN 指示灯：1s 亮，1s 灭；ALM 指示灯：常灭

4. 外部告警检验

外部告警是告警上传的信号采集模块，所有基站外部告警在触发时，告警信息能够在操作维护子系统上读取。

（1）温度告警

机房温度一般在 10~30℃之间，IDC 机房在 20~25℃，超过 31℃时，触发温度告警，并将告警送至基站外部告警模块。控制设备安装于 ODF 架旁，探头应安装于机架顶的走线梯上。

（2）烟感告警

机架顶部探头感应到烟雾浓度超过设定值 30s 后，立刻触发烟雾告警，并将告警送至基站外部告警模块。

（3）水浸告警

机房地面放置有水浸传感器，在机房发生水淹时触动传感器，并将告警送至基站外部告警端口。探头应安装在门口、窗口或房间的最低水平位置。

（4）湿度告警

一般通信机房正常湿度范围为 20%~80%，高于 80% 时触发湿度告警，并将告警送至基站外部告警模块。探头应安装在门口或窗口附近。

（5）门控告警

基站门控告警用于基站非正常手段门开时触发门开关的告警，并将告警送至基站外部告警模块。门控装置注意其防水及防潮处理，要安装在基站门的内侧。

5. 工程质量缺陷处理

通信工程质量问题如果出现问题，则会影响信息互通，降低服务质量，同时也会缩短工程使用寿命。由于施工人员的疏忽和施工管理漏洞，导致工程验收出现施工质量问题时有发生。应对通信工程质量问题措施有以下几种：

（1）加强施工人员的安全意识

通信施工单位从工程项目设计之初就必须将安全管理事宜纳入日常管理中。对现场施工人员来说，必须进行安全教育，使其熟知和遵守本工种和各项安全技术操作规程。

（2）完善施工安全制度法规

通信项目工程施工是一个系统性工程，必须综合考虑到不同施工时期所采用的技术手段与措施，考虑到可能会出现的各类安全隐患和问题，从而制定出针对性、操作性较强的安全制度法规。施工单位要实行每个分项工程均配备专职安全员，要求他们每天例行检查施工项目，检查要有记录，对查出的隐患应及时整改。

（3）加大质量管理协调控制力度

通过完善质量管理制度来提高施工质量的协调控制力度，从而达到对施工质量的有效管理。要建立施工责任管理制度，将施工质量责任落实到各分部工程、各施工小组甚至是各施工人员中去，做到事事有人管，层层有人抓，形成横向到边、纵向到底的管理网络，为建筑工程质量提供保障。

6. 通信工程质量保修

（1）通信工程质量保修范围

在保修期间，施工单位应对由于施工方原因而造成的质量问题进行无偿修复，并请建设单位按规定对修复部分进行验收。施工单位对由于非施工单位原因而造成的质量问题，应积极配合建设单位、运行维护单位分析原因，进行处理。工程保修期间的责任范围如下：

1）由于施工单位的施工责任、施工质量不良或其他施工方原因造成的质量问题，施工单位负责修复并承担费用。

2）由于多方的责任原因造成的质量问题，应协商解决，商定各自的经济责任，施工单位负责修复。

3）由于设备材料供应单位提供的设备、材料等质量问题，由设备、材料提供方承担修复费用，施工单位协助修复。

4）如果质量问题的发生是因为建设单位或用户的责任，修复费用应由建设单位或用户承担。

（2）工程质量保修的期限

根据《建设工程质量管理条例》的规定，在正常使用条件下，建设工程的最低保修期限为：

1）基础设施工程、房屋建筑的地基基础工程和主体结构工程，为设计文件规定的该工程的合理使用年限。

2）建筑保温工程，五年。屋面防水工程、有防水要求的卫生间、房间和外墙面的防渗漏为五年。

3）供热与供冷系统，为两个采暖期、供冷期。

4）电气管线、给排水管道、设备安装和装修工程为两年。

5）其他工程的保修期限由建设单位与施工单位约定。建设工程的保修期，自竣工验收合格之日起计算。

【任务准备】

任务准备工具见表4-2-8。

表4-2-8 任务准备工具

准备工具	数量
手持GPS	1台
测试终端	1台
测试电脑	1台
万用表	1台
数码相机/高像素手机	1台
验收记录表	1份

4.2.5 任务实施

1. 以小组为单位，在规定时间内完成实训任务。
2. 完成机房内环境设施检验和设备安装工程验收，输出验收记录表。
3. 记录存在的质量缺陷，输出整改措施。
4. 总结小组任务实施完成情况，总结阐述站点机房验收心得。

【分析结果】

1）机房单站验收结果记录表：

机房和天面勘测项目见表4-2-9。

表 4-2-9　机房和天面勘测项目

站点基础信息					
设备厂家			覆盖区域		
经度		纬度		海拔	
机房类型		塔杆类型		机房用电	
机房所在层数/房屋总层数/层高			走线架米数/距地		
交流配电箱厂家/数量/端子					
开关电源厂家/数量/模块/端子					
蓄电池厂家/数量/年限					
接地排数量/安装位置			馈线窗信息		
运营商/网络信息					
运营商			网络位置		
机柜类型			对应机柜数量		
天面信息					
类别	A		B		C
天线数		天线挂高		/ / /	
方向角	/ / /	下倾角		/ / /	
已有天线的类型/数量				天线支架	
新增天线的类型/数量				新增支架	
设备、配套设施规格					
类别	高/宽/高/mm	布线情况	接地处理	加电运行情况（面板指示灯）	
无线设备					
配电箱/屏					
蓄电池					
无线设备					
传输设备					
综合柜					
空调					
其他					

2）工程验收整改表：

工程验收整改表见表 4-2-10。

表 4-2-10 工程验收整改表

序号	问题描述	类别	整改完善措施	计划完成时间
1				
2				
3				
4				
5				
6				
7				
8				
9				
10				

4.2.6 考核评价

【评价要求】

重点从验收规范、仪器仪表掌握情况进行评价。

【评价方式】

学生互评和老师点评相结合。

【评价标准】

任务评价表见表 4-2-11。

表 4-2-11 任务评价表

任务要求	评价标准	得分情况
仪器仪表使用（50分）	1. 实施人员条理清晰，规范操作（20分） 2. 利用工具顺利准确采集数据，完成机房工程验收（30分）	
项目操作规范性（50分）	1. 任务实施流程规范、内容清晰，记录准确。（30分） 2. 总结阐述过程语言简洁、严谨；言行举止大方得体（20分）	
评价人	评价级别（√）	备注
个人	不及格□ 及格□ 良好□ 优□	
老师	不及格□ 及格□ 良好□ 优□	

4.2.7 巩固拓展

一、选择题

1. 关于 5G 站点工程验收的说法，以下哪项是正确的（　　）。

　　A. 工程验收的阶段与工程的大小或性质无关。

  B. 大部分工程验收可分为三个阶段：随工验收、初步验收、竣工验收。
  C. 在验收过程中，验收人员应认真填写隐蔽工程验收记录，监理工程师对此必须进行认真审核并在隐蔽工程验收记录上签字认可，如有遗留问题，应要求承包商处理合格后方可进行后续项目的施工。
  D. 竣工验收是在工程完工时组织的验收，它是承包商完成合同工程规定任务的最后一道程序。

2. 单站验收常用的工具有（　　　）。
  A. 手持 GPS、激光测距仪、数码相机、验收记录表。
  B. 罗盘、激光测距仪、数码相机、验收记录表。
  C. 测试终端、测试笔记本电脑、绘图本、高像素手机、验收记录表。
  D. 测试终端、手持 GPS、数码相机、万用表、测试电脑、验收记录表。

3. 关于工程线缆的布放标准，以下说法错误的是（　　　）。
  A. 安装电缆走道应平直，无明显起伏或歪斜现象。
  B. 电缆走道穿过楼板孔洞或墙洞处可以不加保护框，但是当电缆放绑完毕，应用阻燃材料封住洞口。
  C. 信号电缆与电源线、地线应分开布放，在同电缆走道上布放时，间隔应不小于 50mm。
  D. 线缆沿墙布放时要使用 PVC 管（槽）进行布放，尾纤要使用波纹管保护至光缆护套处。

4. 关于设备检查，以下说法正确的是（　　　）。
  A. AAU 与 RRU 设备运行电压范围 –57～–40V。
  B. 设备电源模块单板 RUN 指示灯常亮。
  C. AAU 抱杆竖直，垂直误差应小于 ±10°。
  D. AAU 安装紧固，螺钉与螺母、平垫、弹垫齐全，无须绝缘垫片。

5. 关于工程质量缺陷的处理措施，以下说法错误的是（　　　）。
  A. 通信工程属于重要的基础设施工程，如果其出现质量问题，则会影响到信息的沟通，从而缩短工程使用寿命。
  B. 施工企业要实行每个分项工程均配备专职安全员，要求他们每天例行检查施工项目，检查要有记录，对查出的隐患应及时整改。
  C. 通信施工单位应定期开展学习和培训，增强施工现场人员的安全意识。
  D. 建立施工责任管理制度，将施工质量责任落实到各分部工程、各施工小组，带头管理，统一处理，提高效率，无需责任到个人。

二、思考题
1. 简述移动通信站点机房验收工程的组织和推进流程。
2. 简述站点验收质量和整改效果对后期运营带来的影响。

单元 2　通信工程概预算

学习导航

学习目标	【知识目标】 1. 了解通信建设工程造价和工程概预算的区别 2. 熟悉通信建设工程概预算主要编制依据 【技能目标】 1. 掌握概预算文件的组成和编制流程 2. 掌握概预算表格的填写方法、填写顺序 【素质目标】 1. 培养学生动手能力、实践能力 2. 培养编制工程建设概预算的意识
本单元重难点	1. 通信工程费用的构成 2. 工程概预算文件编制过程
授课课时	6 课时

任务导入

建设单位想要在本市人民路建设一个 5G 移动通信基站设备安装示范站点，要求设计单位对本次安装的示范站点编制工程概预算表，以确定本次工程总投资金额并申请办理拨款。同时工程概预算金额也是企业加强施工计划管理、编制作业计划的重要依据，因此必须知道工程概预算的相关概念。

任务分析

工程概预算是建设单位投资控制的依据，也是资金规模和构成的基础。在工程建设中，做好工程概预算对合理安排资金、提高有限资金的利用率有着至关重要的需要和作用。在学习工程概预算之前，首先应清楚工程造价，以及工程造价的概念和控制方法。

任务实施

2.1 工程造价

2.1.1 工程造价概述

工程造价就是指工程的建设价格，是为完成一个工程的建设，预期或实际所需的全部费用总和。

从业主（投资者）的角度来说，工程造价是指工程的建设成本，即为建设一项工程预期支付或实际支付的全部固定资产投资费用。这些费用主要包括设备及工器具购置费、建筑工程及安装工程费、工程建设其他费用、预备费、建设期利息等。因此，工程造价实际上就是建设项目固定资产投资。

从承发包角度来定义，工程造价是指工程价格，即为建成一项工程，预计或实际在土地、设备、技术劳务以及承包等市场上，通过招投标等交易方式所形成的建筑安装工程的价格和建设工程总价格。在这里，招投标的可以是一个建设项目，也可以是一个单项工程，还可以是整个建设工程中的某个阶段，如建设项目的可行性研究、建设项目的设计，以及建设项目的施工阶段等。

2.1.2 工程造价多次性计价特征

工程建设项目从决策到竣工交付，都有一个较长的建设期。在整个建设期内，构成工程造价的任何因素变化都必然会影响工程造价的变动，不能一次确定可靠造价，要到竣工决算后才能最终确定工程造价，所以需对建设程序的各个阶段进行计价，以保证工程造价确定和控制的科学性。工程造价的多次性计价反映了不同的计价主体对工程造价的逐步深化、逐步细化、逐步接近和最终确定工程造价的过程。多次性计价过程如图1-2-1所示。

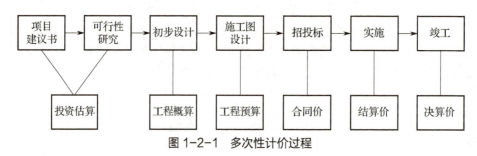

图 1-2-1　多次性计价过程

1. 投资估算

在决策阶段，就建设项目的总投资进行的科学估计，决策阶段包括项目建议书和可行性研究两个阶段，随着项目逐步地细化和具体化，按照投资估算规程，可以得到不同精细程度的估算，依据建设单位的要求，可在详细可行性研究阶段出具标志性的估算报告。

2. 工程概算

在设计阶段，以初步设计图纸、概算指标、概算定额以及现行的计费标准市场信息等依据，按照建设项目设计概算规程，逐级（单位工程、单项工程、建设项目）计算建设项目建设总造价。

3. 工程预算

工程预算也称为施工图预算，是在施工图纸设计出来后，以安装施工图设计图纸为对象，依据现行的计价规范、消耗量定额、人材机价格、费用标准等，按照建设项目施工图预算编审规程，比概算造价更接近工程实际。

4. 合同价

合同价是指在工程招投标阶段，承发包双方通过招投标的方式签订承包合同并计算和确定的拟建工程造价总额。合同价属于市场价格的范畴，不同于工程的实际造价。

5. 结算价

结算价是指建设工程施工企业在完成工程任务后，依据施工合同的有关规定，对实际发生的工程量增减、设备材料的价格差额等进行调整后的价格，按照规定程序向建设单位收取工程价款的一项经济活动。

6. 决算价

决算价是指项目的竣工决算。整个项目竣工，建设单位对完成的整个项目从筹建到竣工投产使用的实际花费，通过编制财务汇总，最终确定建设项目的工程造价。

2.2 工程造价控制

工程造价控制是工程项目管理工作中的重要组成部分。工程造价控制就是指在建设工程投资决策阶段、建设项目设计阶段、建设项目招投标阶段、建设项目施工阶段及竣工阶段，把建设项目造价控制在批准的投资限额之内，随时纠正发生的偏差，以保证建设项目投资目标的实现，在各个建设项目中能合理使用人力、物力、财力，取得较好的投资效益和社会效益。

建设项目从可行性研究开始，经初步设计、施工图设计、承发包、施工及生产准备、调试、竣工投产、决算、后评估等的整个过程称为建设项目建设全过程。工程造价控制是对建设项目可行性研究、项目竣工、后评估的全过程的投资进行控制。

在通常情况下，对建设项目全过程的工程造价实行有效控制有六个重要环节：一是项目可行性研究报告阶段的投资估算；二是初步设计阶段的设计概算；三是施工图设计阶段的施工图预算；四是工程承发包阶段的合同价确定；五是项目施工阶段的工程结算；六是竣工验收阶段的竣工决算。有效控制工程造价的基本思路如下。

1. 主动控制

工程造价控制的总目标是将项目最终的造价控制在投资估算的限额以内，并能对即将发生的偏差及时做出预测、发出信息，在费用失控前采取纠正措施，以便实现计划总目标，这种方法称为主动控制。在决策阶段，充分地进行市场调查与分析，准确确定产品定位及建设规模、建设地点，考虑建设过程中的动态因素，并合理确定投资估算价、控制设计概算和施工图预算、确定承包合同价等。

2. 动态控制

在工程造价控制过程中，经常地或定期地将实际发生的工程造价值与相应的计划目标造价值进行比较，若发现实际工程造价偏离目标工程造价值，则应采取纠偏措施，包括组织措施、经济措施、技术措施、合同措施等，以确保工程项目投资费用目标的实现，这就是工程造价的动态控制。在动态控制过程中要合理确定各个阶段的造价计划目标值，及时收集各工作阶段具体的造价数值，将实际值与目标值比较，以判断是否存在偏差，如实际值与计划值有发生偏差的趋势或已发生偏差，应找出问题所在，采取措施纠偏；如确实已造成不能挽回的损失，则应从中吸取教训，保证以后的工作顺利开展。当设定好的工程造价计划目标确定无法实现时，应及时调整工程造价计划目标。

2.3 通信工程概预算编制

2.3.1 概预算的定义

概预算是设计文件的重要组成部分，是根据各个不同设计阶段的深度和项目内容，按照国家和主管部门颁发的概预算定额、设备及材料价格、编制方法、费用定额、机械（仪表）台班定额等有关规定，对通信工程项目或单项工程按实物工程量法，即预先计算和确定建设项目总费用的文件。

2.3.2 概预算文件的组成

概预算文件主要由编制说明及概预算表格两部分组成。

1. 编制说明应包括

1）工程概况、规模、用途、生产能力和概预算总价等。
2）编制依据及采取的费用标准和计算方法的说明。
3）工程技术和经济指标分析，主要分析各项投资比例和费用构成，分析投资情况，分析设计的经济合理性及编制中存在的问题等情况。

2. 概预算表格的组成

1）建设项目总概（预）算表（汇总表）。
2）工程概（预）算总表（表一）。
3）建筑安装工程费用概（预）算表（表二）。
4）建筑安装工程量概（预）算表（表三）甲。
5）建筑安装工程机械使用费概（预）算表（表三）乙。
6）建筑安装工程仪器仪表使用费概（预）算表（表三）丙。
7）国内器材概（预）算表（表四）甲。
8）引进器材概（预）算表（表四）乙。
9）工程建设其他费用概（预）算表（表五）甲。
10）引进设备工程其他费用概（预）算表（表五）乙。

2.3.3 概预算的编制原则和编制依据

工程概预算，必须由持有勘察设计证书的单位编制。

1）应按照我国现行通信工程预算定额《工业和信息化部关于印发信息通信建设工程预算定额、工程费用定额及工程概预算编制规程的通知》（工信部通信〔2016〕451号）文件的规定，在编制工程概预算时，应要求执行，费用定额为上限，编制概预算文件时不得超过该文件的规定。

2）通信工程概预算的编制，应按相应的设计阶段进行，当建设项目采用两阶段设计时，初步设计阶段应编制设计概算，施工图设计阶段应编制施工图预算；采用一阶段设计时，应编制施工图预算，并计列预备费、建设期利息等费用。

3）一个建设项目如果有几个设计单位共同设计时，总体设计单位应负责统一概算、预算的编制原则，并汇总建设项目的总概算，分设计单位负责本设计单位所承担的工程概预算的编制。

4）概算是初步设计的组成部分，要严格按照批准的可行性报告和其他有关文件编制，预算是施工图设计文件的组成部分，编制时要在批准的初步设计文件概算范围内编制。通信行业没有颁布概算定额，暂由预算定额代替。

根据工信部通信〔2016〕451号文件规定，在编制工程概预算时，通信工程预算定额必须套用准确，综合考虑。

2.3.4 概预算的编制程序

概预算的编制程序为：收集资料→熟悉图纸→计算工程量→套用定额→选定材料价格→计算各项费用→复核→编写说明→审核出版。编制概预算前，要针对工程的具体情况，收集与本工程有关的资料，并对图纸全面检查和审核；编制概预算时，应准确统计和计算工程量，套用定额时要注意定额的标注和说明，计量单位要和定额一致；审核概预算时，应认真复核，要从所列项目、工程量的统计和计算结果、套用定额、器材选用单价、取费标准等逐一审核；概预算的编制说明要简明扼要。

要准确编制概预算费用，必须掌握概预算表格的编制步骤，以某单项工程为例，未使用国外引进器材。则编制概预算费用时，首先要编制（表三）甲，即工程量的计算，工程量是按每道施工工序的定额规定编写的。在工程预算定额中包括四部分内容，即人工工时、材料用量、机械使用台班和仪表使用台班。在编制（表三）甲时，要同时编制（表三）乙、（表三）丙、（表四）甲。（表三）乙、（表三）丙分别是机械使用费和仪器仪表使用费，这两项费用的编制应以工信部通信〔2016〕451号文件规定的机械、仪表台班使用单价为依据。（表四）甲为工程中材料用量及费用，其中材料单价应以国家公布价为依据，地方材料应以当地价格为依据。（表四）乙和（表五）乙若无引进器材和引进设备则可以不用计算。

在（表三）甲、（表三）乙、（表三）丙和（表四）甲编制完毕后，可进行（表二）建筑安装工程费的编制，然后再进行（表五）甲工程建设其他费的编制，最后计算编制（表一），即工程概（预）算总表。如果一个建设项目由若干个单项工程构成，还应在编制（表一）后再编制汇总表，若无则不需要编制。

综上，概预算表格的编写顺序为（表三）甲→（表三）乙→（表三）丙→（表四）甲→（表二）→（表五）甲→（表一），如图 1-2-2 所示。

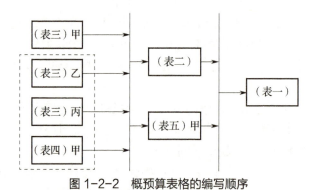

图 1-2-2　概预算表格的编写顺序

2.3.5　通信工程费用定额

根据工信部通信〔2016〕451号文件规定，通信建设工程项目总费用由各单项工程项目总费用构成，各单项工程费用由工程费、工程建设其他费、预备费、建设期利息四部分构成，如图 1-2-3 所示。

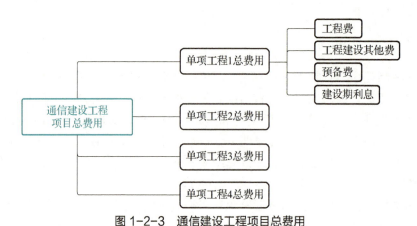

图 1-2-3　通信建设工程项目总费用

1. 工程费

工程费由建设安装工程费和设备、工器具购置费组成，其中建设安装工程费包括直接费、间接费、利润和销项税额等。

（1）直接费

直接费由直接工程费、措施项目费构成，各项费用均为不包括增值税可抵扣进项税额的税前造价。其中直接工程费是指施工过程耗用的构成工程实体和有助于工程实体形成的各项费用，其构成包括 4 项，即人工费、材料费、机械使用费、仪表使用费。

措施项目费是指为完成工程项目施工，发生于该工程前和施工过程中非工程实体项目的费用。其构成包括 15 项，即文明施工费、工地器材搬运费、工程干扰费、工程点交和场地清理费、临时设备费、工程车辆使用费、夜间施工增加费、冬雨季施工增加费、生产工具用具使用费、施工用水电蒸汽费、特殊地区施工增加费、已完工程及设备保护费、运土费、施工队伍调遣费、大型施工机械调遣费。

（2）间接费

间接费由规费、企业管理费构成，各项费用均为不包括增值税可抵扣进项税额的税前造价。其中规费指政府和有关部门规定必须缴纳的费用（简称规费）。包括4项费用，即社会保险费、住房公积金、危险作业意外伤害保险、工程排污费（指施工现场按规定缴纳的工程排污费）。企业管理费是指施工企业组织施工生产和经营管理所需费用。包括12项，即管理人员工资、办公费、固定资产使用费、差旅交通费、工具用具使用费、劳动保险费、工会经费、职工教育经费、财产保险经费、财务费、税金和其他费用，其他费用包括技术转让费、技术开发费、投标费、业务招待费、绿化费、广告费、公证费、法律顾问费、审计费、咨询费等。

（3）利润

利润指施工企业完成所承包工程获得的盈利。

（4）销项税额

销项税额指按国家税法规定应计入建筑安装工程造价的增值税销项税额。

（5）设备、工器具购置费

设备、工器具购置费指根据设计提出的设备（包括必需的备品备件）、仪表、工器具清单，按设备原价、运杂费、采购及保管费、运输保险费和采购代理服务费计算的费用。

2. 工程建设其他费

工程建设其他费指应在建设项目的建设投资中开支的固定资产其他费用、无形资产费用和其他资产费用。具体包括14项费用，即建设用地及综合赔补费、建设单位管理费、可行性研究费、研究试验费、勘察设计费、环境影响评价费、建设工程监理费、安全生产费、引进技术及进口设备其他费、工程保险费、工程招标代理费、专利及专用技术使用费、生产准备及开办费和其他费用，其他费用是根据建设任务的需要，必须在建设项目中列支的其他费用。

3. 预备费

预备费指在初步设计阶段编制概算时难以预料的工程费用。预备费包括基本预备费和价差预备费。其中基本预备费包括：

1）进行技术设计、施工图设计和施工过程中，在批准的初步设计概算范围内所增加的工程费用。

2）由一般自然灾害所造成的损失和预防自然灾害所采取的措施项目费用。

3）竣工验收为鉴定工程质量，必须开挖和修复隐蔽工程的费用。

价差预备费是指建设项目在建设期内设备、材料的价差。

4. 建设期利息

建设期利息指建设项目贷款在建设期内发生并应计入固定资产的贷款利息等财务费用。

将工程费、工程建设其他费、预备费、建设期利息进一步细化，就得到了单项工程的所有费用组成，单项工程费用清单如图1-2-4所示。

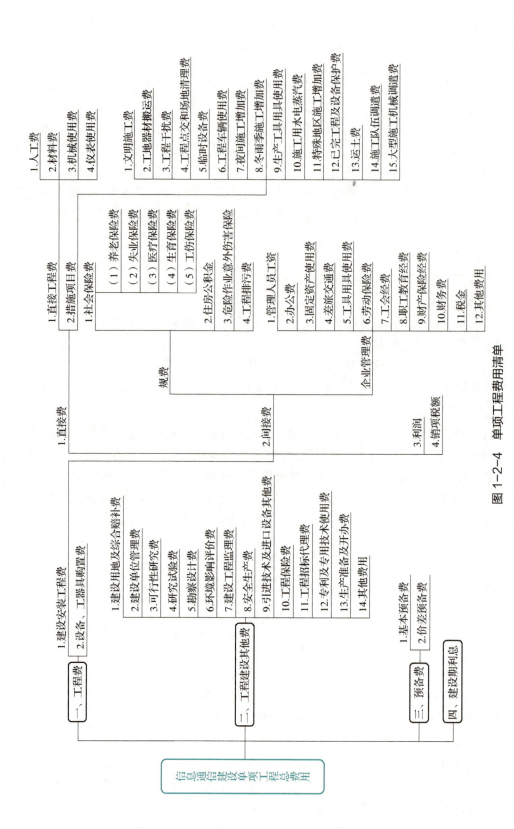

图 1-2-4 单项工程费用清单

学习足迹

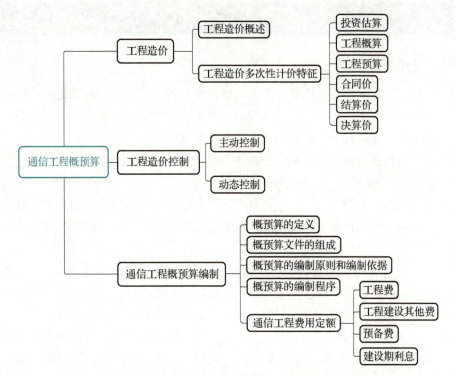

图 1-2-5　单元 2 学习足迹

拓展训练

一、填空题

1. 从通信工程承包商角度来定义，工程造价是指_____，即为建成一项工程，预计或实际在土地、设备、技术劳务以及承包等市场上，通过_____等交易方式所形成的建筑安装工程的价格和建设工程总价格。
2. 工程造价多次性计价反映了不同的计价主体对工程造价的_____、_____、_____和_____的过程。
3. 工程预算，也称为_____，是在施工图纸设计出来后，以安装施工图设计图纸为对象，依据现行的计价规范，按照建设项目施工图预算编审的规程，比概算造价更接近工程实际。
4. 工程造价控制就是指在建设工程投资_____、建设项目_____、建设项目_____、建设项目_____及竣工阶段，把建设项目造价控制在批准的投资限额之内，随时纠正发生的偏差，取得较好的投资效益和社会效益。
5. 工程造价控制的总目标是_____，并能对即将发生的偏差及时做出预测，发出信息，在费用失控前采取纠正措施，以便实现计划总目标，这种方法称为_____。

二、判断题

1. 工程概预算，必须由持有勘察设计证书的单位编制。（   ）
2. 通信工程概预算的编制如果超出费用定额规定的上限范围是可以的。（   ）
3. 预算是初步设计的组成部分，要严格按照批准的可行性报告和其他有关文件编制。（   ）
4. 概算是施工图设计文件的重要组成部分，编制时要在批准的初步设计文件概算范围内编制。（   ）
5. 通信建设工程项目各单项工程费用由工程费、工程建设其他费、预备费、建设期利息四部分构成。（   ）

三、简答题

1. 在通常情况下，对建设项目全过程的工程造价实行有效控制包含哪些重要环节？
2. 简述通信工程概预算的编制过程。

单元 3　工程招标投标与合同订立

学习导航

学习目标	【知识目标】 1. 熟悉通信工程招标、投标基本内容 2. 熟悉工程评标和合同订立的概念、作用 【技能目标】 1. 清楚工程项目招投标的实际意义 2. 清楚工程评标和合同订立的实际意义 【素质目标】 1. 树立工程项目管理全局意识，做事细心，具备一定的抗压能力 2. 熟练进行文档、表格等常用办公软件的操作，快速高效完成招投标涉及文档整理
本单元重难点	1. 工程招标和投标对工程项目的实际意义 2. 招投标文件包含的主要内容 3. 工程评标和合同订立的要求和作用
授课课时	4 课时

任务导入

通过通信工程项目管理基本知识的学习，已经掌握了通信工程建设管理概念及项目管理的主要内容。按照 5G 无线通信工程建设的进度，移动通信公司经过项目估算及可行性分析，启动通信工程的招标工作，尚云通信技术有限公司获取招标信息，工程评估后开始进行该项目的投标准备工作。本节课学习通信工程项目建设的招投标。

任务分析

本节课有两大方向的内容：一是熟悉通信工程建设方招标流程、标书内容、开标和评标的规范要求；二是熟悉施工方工程投标制度要求，熟悉施工合同的签订。通过此部分学习，学生应增强通信工程项目管理意识，明确通信工程项目承接的流程规范及相互作用，提高对工程管理实施的全局把控能力，熟练使用常用办公软件，高效完成标书文件的编写整理。

任务实施

3.1 工程招标与投标

招标和投标指的是在社会经济发展中国内外进行商品买卖，工程建设项目发包、承包和服务行业的采购供给时进行的一种交易形式。通信工程项目施工实行招投标，在我国通信工程建设管理中占据重要位置。随着 5G 通信技术的到来，通信工程项目建设日益增大，各种施工建设公司规模不一，资历参差不齐，而通信工程项目建设的招投标能有效促进建设单位和施工单位按规定的工程建设程序开展工作，有利于提高和保证工程质量，促进社会经济发展。

通信工程项目的招标项目按照国家有关规定履行审批手续，取得批准，并向行政监督部门进行备案，并且招标人对招标项目的资金来源已经落实，满足以上条件均可启动项目招标工作。

3.1.1 通信工程招标方式

工程施工招标常见的方式为公开招标和邀请招标，此外还有总承包招标和两阶段招标。

1. 公开招标和邀请招标

公开招标方式是通过法定媒介发布招标公告（不收费）。优点是招标人可以在较广的范围内选择中标人，投标竞争激烈，有利于将工程项目的建设交予可靠的中标人，实施并取得有竞争性的报价。缺点是申请投标人较多，一般要设置资格预审程序，而且评标的工作量较大，所需招标时间长，费用高。

邀请招标方式是向 3 个及以上具备承担招标项目能力、资信良好的特定法人发出投标邀请书。邀请招标的单位以 5~7 家为宜，但不应少于 3 家。有下列情况可以进行邀请招标：

1）对于技术复杂、有特殊要求或者受自然环境限制，只有少量潜在投标人可供选择。

2）采用公开招标方式的费用占项目合同金额的比例过大。

邀请招标的优点是不需要发布招标公告和设置资格预审程序，节约费用和节省时间。由于对投标人以往的业绩和履约能力比较了解，减少了合同履行过程中承包方违约的风险。缺点是由于邀请的范围较小、选择面窄，可能排斥了某些在技术或报价上有竞争实力的潜在投标人，因此投标竞争的激烈程度相对较小。

2. 总承包招标和两阶段招标

招标人可以依法对工程以及与工程建设有关的货物、服务实行总承包招标。包括在总承包范围内的工程、货物、服务属于项目范围且达到国家规定规模标准的，以暂估价形式应当依法进行招标。

对技术复杂或者无法精确拟定技术规格的项目，招标人可以分两阶段进行招标：第一阶段，投标人按照招标公告或者投标邀请书的要求，提交不带报价的技术建议，招标人根据投标人提交的技术建议确定技术标准和要求，编制招标文件；第二阶段，招标人向在第一阶段提交技术建议的投标人提供招标文件，投标人按照招标文件的要求，提交包括最终技术方案和投标报价的投标文件。

3.1.2 通信工程招标准备

通信项目工程招标，首先要清楚项目工程招标流程，如图 1-3-1 所示

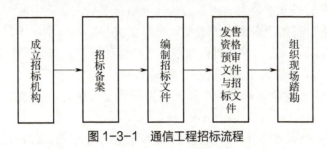

图 1-3-1 通信工程招标流程

1. 成立招标机构

（1）自行招标

招标人如俱备与招标项目规模和复杂程度相适应的技术、经济等方面的专业人员，俱备编制招标文件和组织评标的能力的，可自行组织招标。

（2）委托招标代理机构

招标人如不俱备自行组织招标的能力条件，应当委托招标代理机构办理招标事宜。

2. 招标备案

招标备案是招投标活动过程中的有效监督的一种重要形式，据此可以及时发现招投标过程中存在的违法违规行为。通过招标备案，规范招标工程，可有效保护当事人的利益。招标备案需要招标人向建设行政主管部门办理申请招标手续。招标文件备案应注意把握时效性。

3. 编制招标文件

招标文件应准确详细地反映项目的客观真实情况，招标文件应涉及招标者须知、合同条件、规范、工程量表等多项内容，力求统一和规范用语，坚持公正原则，不受部门、行业、地区限制。招标文件的编制内容包含：

1）招标公告或投标邀请书。

2）投标人须知。

3）评标办法。

4）合同条款及格式。

5）工程量清单。

6）图纸。

7）技术标准和要求。

8）投标文件格式。

9）投标人须知前附表规定的其他材料。

其中，工程量清单载明建设工程分部分项工程项目、措施项目、其他项目的名称和相应数量以及规费、税金项目等内容的明细清单。标底由招标人为准备招标的工程计算出的一个合理的基本价格。它不等于工程概（预）算，也不等于合同价格。标底是招标人的绝密资

料，在开标前不能向任何无关人员泄露。

4. 发售资格预审文件与招标文件

有些项目建设方可以选择先审查投标方的资质，符合国家规定合法的公司才能进行投标。这样的招标方式分为两个步骤，第一步是资格预审，第二步是招标过程。

招标人应当按照资格预审公告、招标公告或者投标邀请书规定的时间、地点发售资格预审文件或者招标文件。资格预审文件或者招标文件的发售期不得少于 5 日（发售的资格预审文件和招标文件不得以营利为目的，可以收取用于补偿印刷和邮寄的成本支出）。

1）给潜在投标人准备资格预审文件的时间应不少于 5 日。

2）发售资格预审文件收取的费用，相当于补偿印刷、邮寄的成本支出，不得以营利为目的。

3）申请人对资格预审文件有异议，应当在递交资格预审申请文件截止时间 2 日前向招标人提出，招标人应当自收到异议之日起 3 日内做出答复。做出答复前，应当暂停实施招投标活动。

4）资格预审文件进行必要的澄清或者修改的，应当在提交资格预审申请文件截止时间至少 3 日前，以书面形式通知所有获取资格预审文件的潜在投标人；不足 3 日的，招标人应当顺延提交资格预审申请文件的截止时间。招标文件自开始发出之日起至投标人提交投标文件截止之日止，最短不得少于 20 日（提交资格预审申请文件的时间为停止发售之日起不得少于 5 日），资格预审结束后，招标人应当及时向资格预审申请人发出资格预审结果通知书。未通过资格预审的申请人不具有投标资格。通过资格预审的申请人少于 3 个的，应当重新招标。

5. 组织现场踏勘

现场踏勘是投标者必须经过的投标程序，是指招标人组织投标申请人对工程现场场地和周围环境等客观条件进行的现场勘察，包括经济、地理、地质、气候、法律环境等情况，进一步了解招标人的意图和现场周围的环境情况，以获取有用的信息并据此作出是否投标或投标策略以及投标报价。现场勘察需要了解以下几方面内容：

1）招标人组织投标人踏勘项目现场。

2）投标人承担自己踏勘现场发生的费用。

3）除招标人的原因外，投标人自行负责在踏勘现场中所发生的人员伤亡和财产损失。

4）招标人在踏勘现场中介绍的工程场地和相关的周边环境情况，供投标人在编制投标文件时参考，招标人不对投标人据此做出的判断和决策负责。

招标文件的澄清：踏勘现场后涉及对招标文件进行澄清修改的，招标人应当在招标文件要求提交投标文件的截止时间至少 15 日前以书面形式通知所有招标文件收受人。

3.1.3 施工单位投标准备

1. 投标保证金

招标人在招标文件中要求投标人提交投标保证金的，投标保证金不得超过招标项目估算价的 2%。投标保证金有效期应当与投标有效期一致。均从提交投标文件的截止之日起算。

招标人不得挪用投标保证金。

2. 履约保证金

招标文件要求中标人提交履约保证金的，中标人应当提交。履约保证金不得超过中标合同金额的 10%。

3. 标底及投标限价

招标人可以自行决定是否编制标底。一个招标项目只能有一个标底。标底开标前必须保密。标底在开标时公布，只能作为评标的参考，不得以投标报价是否接近标底作为中标条件，也不得以投标报价超过标底上下浮动范围作为否决投标的条件。

招标人设有最高投标限价的，应当在招标文件中明确最高投标限价或者最高投标限价的计算方法（投标报价高于最高投标限价的应当否决其投标），招标人不得规定最低投标限价。

3.1.4 施工方投标实施

投标不受地区或者部门的限制，任何单位和个人不得非法干涉。与招标人存在利害关系可能影响招标公正性的法人、其他组织或者个人，不得参加投标。单位负责人为同一人或者存在控股、管理关系的不同单位，不得参加同一标段投标或者未划分标段的同一招标项目投标。

投标人在招标文件要求提交投标文件的截止时间前，可以补充、修改或者撤回已提交的投标文件，并书面通知招标人。补充、修改的内容为投标文件的组成部分。

招标人已收取投标保证金的，应当自收到投标人书面撤回通知之日起 5 日内退还。投标截止后投标人撤销投标文件的，招标人可以不退还投标保证金。

3.2 中标与合同订立

3.2.1 中标

国有资金占控股或者主导地位的依法必须进行招标的项目，招标人应当确定排名第一的中标候选人为中标人。排名第一的中标候选人放弃中标、因不可抗力不能履行合同、不按照招标文件要求提交履约保证金，或者被查实存在影响中标结果的违法行为等情形，不符合中标条件的，招标人可以按照评标委员会提出的中标候选人名单排序依次确定其他中标候选人为中标人，也可以重新招标。评标委员会成员应该为 5 人以上的单数，其中技术经济专家不少于评标委员会成员的 2/3。中标人的确定依据包括：

1）招标人可以授权评标委员会直接确定中标人，也可以依据评标委员会推荐的中标候选人确定中标人（自己定/授权定）。

2）评标委员会一般择优推荐 1~3 名中标候选人。

3）确定中标人后，招标人在招标文件规定的投标有效期内以书面形式向中标人发出中标通知书，同时将中标结果通知未中标的投标人。

3.2.2　合同签订

招标人和中标人应当自中标通知书发出之日起 30 日内，按照招标文件和中标人的投标文件订立书面合同。招标人和中标人不得再行订立背离合同实质性内容的其他协议。

招标人和中标人应当依照《中华人民共和国招标投标法》和《中华人民共和国招标投标法实施条例》的规定签订书面合同，合同的标的、价款、质量、履行期限等主要条款应当与招标文件和中标人的投标文件的内容一致。招标人和中标人不得再行订立背离合同实质性内容的其他协议。

合同签订后 5 日内向中标人和未中标的投标人退还投标保证金及银行同期存款利息，当投标人使用银行担保函或其他第三方信用担保等不发生银行存款利息的保证金时，不存在利息退还。

中标人按照合同约定或者经招标人同意，可以将中标项目的部分非主体、非关键性工作分包给他人完成。接受分包的人应当具备相应的资格条件，并不得再次分包。中标人应当就分包项目向招标人负责，接受分包的人就分包项目承担连带责任。

合同内容具体如下：

（1）工程概况

工程名称、地点，工程范围和内容。

（2）甲方权利和义务

组织工程建设项目的技术交底，向乙方明确施工任务，提供必要的施工条件，明确材料负责方、验收条件、工程款付款方式等。

（3）乙方权利和义务

提供施工资质相关资料，应编制《工程施工概、预算》，对分包方式的说明，施工组织管理说明，编制施工方案、施工总进度计划、材料供应计划等。做好施工材料的检验、清点和保管。服从甲方监理及甲方代表对施工过程的管理与监督。严格遵守安全操作规程等内容。

（4）工程期限

本工程开工日期×年×月×日，竣工日期×年×月×日。

（5）竣工验收

工程竣工后，乙方应向甲方提交竣工验收报告，编制完整的竣工文件。甲方收到乙方提供的全套竣工资料和书面竣工验收报告后，会同有关部门及时组织验收，验收以施工图纸、图说、技术交底纪要、设计更改通知、国家颁发的施工验收规范和质量检验标准为依据。

验收合格后，双方签署竣工验收通过的文件，并将工程移交给甲方管理。验收中如发现有不符合质量要求的，由乙方负责修改再进行验收。竣工日期以验收通过的日期为准。

（6）质量保证

1）保修期限：工程竣工验收通过后 12 个月。

2）保修责任：乙方对交付的工程在质量保修期内承担质量保修责任，由于乙方施工原因造成的质量问题，乙方负责无偿修复。

（7）工程考核

甲乙方延期工程违约金计算方式，由于质量不合格造成的损失赔偿方式，由于不可抗力导致的费用与工期索赔问题等。

（8）工程价款的结算与支付

按合同约定的结算方式，确定工程最终结算款。保修金按照合同工程付款价的 3% 扣除，等保修期到满后，支付余尾款。无特殊约定保修时间，按照国家工程建设保修期一年止计算。

（9）合同解除

双方协商同意可解除本合同。双方未经过对方同意转包分包合同都可以解除合同。有下列情形之一的，甲方、乙方可以解除合同：

1）因不可抗力致使合同无法履行。

2）因一方严重违约致使合同无法履行。

（10）争议解决方式

在履行合同时发生争议，双方协商解决，或向有管辖权的人民法院起诉、仲裁等。

（11）文书能力要求

作为通信工程投标人员，具有 Excel、Word、PowerPoint 办公软件熟练的操控能力，投标文件的编写经常以 Word 形式展现，但投标文件中的工程量清单等文档可能会用 Excel 编写，可以对大量数据进行分类、排序甚至绘制图表等；同时，在某些场合，也会用到 PowerPoint 的演示文稿，这样可以将投标竞争过程中企业的优势在投影仪或者计算机上进行演示，方便客户了解和认识投标单位，提高优势。

除了能够按要求编制投标文件外，投标人员必须清楚整个招投标的流程以及相关时间节点要求。做到可以发现招投标过程中的问题并及时提出质疑，面对招标人的疑问可以灵活地答复，这些能力也是必不可少的。

学习足迹

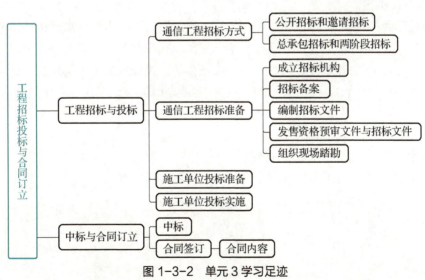

图 1-3-2　单元 3 学习足迹

拓展训练

一、填空题

1. 为了保障通信建设市场的公开公平竞争，通信工程施工招标通常应采用_____。
2. 邀请招标方式是向_____个及以上具备承担招标项目能力、资信良好的特定法人发出投标邀请书。
3. 标底是由招标人为准备招标的工程计算出的一个合理的基本价格，它_____工程概（预）算。
4. 招标人对已发出的招标文件进行澄清修改的，应当在招标文件要求提交投标文件的截止时间至少_____日前以书面形式通知所有招标文件收受人。
5. 项目工程招标人确定中标人的方法有_____和_____。

二、判断题

1. 招标人如具有与招标项目规模和复杂程度相适应的技术、经济等方面的专业人员，具有编制招标文件和组织评标的能力的，可自行组织招标。（　　）
2. 招标人和中标人应当自中标通知书发出之日起 15 日内，按照招标文件和中标人的投标文件订立书面合同。（　　）
3. 现场踏勘是投标者必须经过的投标程序，在现场踏勘过程中，产生的费用由投标人自己承担。（　　）
4. 通信工程项目的招标项目按照国家有关规定履行审批手续，取得批准，并向行政监督部门进行备案，可启动项目招标工作。（　　）
5. 在招标文件中要求投标人提交投标保证金的，投标保证金不得超过招标项目估算价的 2%，且如果未中标的情况下，按照规定时限应该退还投标保证金。（　　）

三、简答题

1. 简述 5G 无线网通信工程招标流程。
2. 通信工程建设施工方中标后，合同签订应包含哪些方面？

通信工程项目管理

模块 2　工程勘测管理

【项目背景】移动通信 5G 站点的建设重点离不开站点工程勘测与管理，组建项目管理团队，运用科学技术方法，完成通信施工现场环境和施工勘测，是通信工程项目实施的重要环节。从事通信工程项目建设与管理工作，在项目管理团队的管理下，清楚通信网络组网、熟悉网络关键技术及主要设备功能，通过现场环境、建设、技能等情况综合考虑，完成通信工程的勘测任务。

单元 1　项目团队职责

学习导航

学习目标	【知识目标】 1. 了解项目组织实施模式及设置程序 2. 熟悉通信工程项目管理的必要条件 【技能目标】 1. 掌握通信工程项目管理的要点 2. 掌握通信工程项目团队的建设过程 【素质目标】 1. 培养学生协调能力和专业素质 2. 培养学生工程管理的执行力和目标意识
本单元重难点	1. 项目组织实施模式 2. 通信工程项目团队的建设管理
授课课时	4 课时

任务导入

尚云通信技术有限公司成功中标，作为施工方，在进行 5G 站点通信工程的建设时，站点施工环境和技术实施情况的勘测是首先要解决的问题。项目施工现场情况勘测，离不开项目团队的有效组织和管理，此过程在工程项目建设勘测阶段尤为重要，好的项目管理团队，能够加快项目建设的进度，保证施工质量，使得通信工程建设过程顺利进行。

任务分析

项目团队建设管理是通信工程项目建设施工的前提。本次课程学习重点把握以下两点：一是清楚项目组织的作用和实施模式，熟悉项目组织的设置内容；二是熟悉项目管理的要点和项目团队建设。通过本部分内容的学习，学生应清楚项目团队建设的内容，对项目团队建设管理有明确认识，清楚团队管理的重要性，提高项目实施的执行能力，懂得沟通表达能力、协调能力、专业素质等在项目团队中的重要性。

任务实施

1.1 项目组织架构

1.1.1 项目组织基本认识

1. 项目组织概念和作用

从广义上来说，组织是指由诸多要素按照一定方式相互联系起来的一个系统。从狭义上来说，组织是人们按照一定的目的任务和形式编制起来的社会实体，它具有明确的目标导向，有意识有计划地协调团体完成社会活动，并且与外部环境保持密切的联系。总之，组织就是按照一定方式组成的集体，并且为完成特定的社会活动而有序组织和实施的集团。

项目组织是实施具体项目的组织，是由各个体成员为完成一个具体项目目标而建立起来的协同工作的队伍。项目组织是为实施某一项目任务设立的，是一种临时性的组织，在项目结束以后，项目组织就会终结。

从项目组织和项目目标实现的关系来看，项目组织管理的好与坏直接影响项目目标的实现效果。合理的管理组织可以提高项目团队的工作效率。项目组织任务进行分工管理，有利于项目目标的分解和完成，有利于优化资源配置，避免资源浪费，使项目内外关系协调。

2. 项目组织的实施模式

项目组织根据具体实施的项目工程量大小及管理范围，大致分为职能式、项目式和矩阵式。

（1）职能式组织结构的特点和应用

职能组织结构是一种传统的组织结构模式，在职能组织结构中，人力、财务、生产、销售等每个职能部门可以根据它的管理职能对其直接和非直接的下属部门下达工作指令,因此每一个工作部门可能得到其直接和非直接的上级工作部门下达的任务,会有多个矛盾的指令源。一个工作部门的多个矛盾的指令源会影响该企业管理机制的运行。

部分企业、学校、事业单位、建设项目采用这种传统的组织结构模式,在工作中经常出现指令交叉和矛盾的工作情况,严重影响了项目管理机制的运行和项目目标的实现。

在日常项目组织管理中,设立职能主管和执行主管,职能部门设立职能主管,且相互之间权限平等,职能主管均服从项目执行主管管理。若职能主管要协调其他非直接下属部门实施项目,只有通过执行主管方能调动其他职能主管资源,完成任务下发。

职能式组织结构一般适用于小型企事业单位,职能主管权限一般。职能式组织的结构如图2-1-1所示。

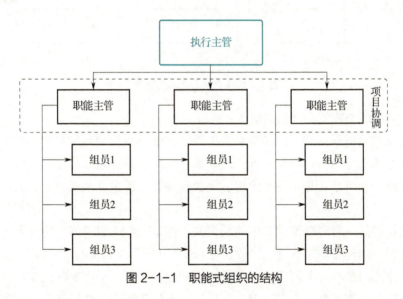

图2-1-1 职能式组织的结构

(2)项目式组织结构的特点和应用

项目式组织结构又称为线性组织结构,这种组织结构来自十分严谨的军事组织系统。在军事组织系统中,军、师、旅、团、营、连、排和班的组织纪律非常严谨,指令逐级下达,一级指挥一级,每一级只对上级负责,因此,每一个工作部门只有唯一的指令源,这样就避免了非直接上级下达指令对组织系统正常运行产生的影响。

通常情况下,项目式组织结构是建设工程项目组织经常采用的模式。在一个工程建设中,建设项目参与的单位很多,少则数十,多则上百,在项目实施过程中来自不同上级的指令会给项目目标的实现造成很大的影响,而项目式组织结构可以确保指令的唯一性。

项目式组织结构如图2-1-2所示,可以看出,各项目主管管理自己所属组织内部职员实施项目,项目主管权限仅限于自己主管的职员,无权调动其他组织资源。此类项目模式一般应用于大型企事业单位分派到不同区域的项目办事处或者分部,各项目主管权限一般,但在所属区域内权限最高。

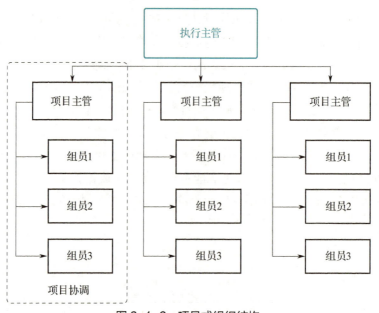

图 2-1-2 项目式组织结构

（3）矩阵式组织结构的特点和应用

矩阵组织结构是把职能划分的部门和按项目划分的小组结合起来组成一个矩阵，一名管理人员既与原职能部门保持组织与业务上的联系，又同时参加项目小组的工作，其中职能部门是固定的组织，项目小组是临时性组织，完成任务以后就可以自动解散，其成员回到原部门工作。

矩阵组织结构是一种较新型的组织结构模式。在矩阵组织结构最高指挥者（部门）下设纵向和横向两种不同类型的工作部门，纵向工作部门如人、财、物、产、供、销的职能管理部门，横向工作部门如生产车间等。一个大型工程建设项目如采用矩阵组织结构模式，则纵向工作部门可以是投资控制、质量控制、进度控制、信息管理、合同管理、人事管理、财务管理和物资管理等部门，而横向工作部门可以是各子项目的项目管理部。矩阵组织结构模式如图 2-1-3 所示。

由此可知，矩阵组织结构适宜用于大的组织系统，大型的通信工程网络建设项目组织就适宜采用矩阵式组织结构。

在矩阵组织结构中，每一项纵向和横向交汇的工作指令来自纵向和横向两个工作部门，因此收到两个指令源。当纵向和横向工作部门的指令发生矛盾冲突，由该组织系统的最高指挥者（部门）进行最终决策。为了避免横向和纵向工作部门指令冲突对工作实施的影响，同时减轻该组织系统最高指挥者（部门）的工作量，该组织结构在进行任务指令执行时，可以采用以纵向工作部门指令为主或者以横向工作部门指令为主。

矩阵组织结构是为了改进项目型组织结构横向联系差的一种组织形式。它的特点表现在围绕某项专门任务成立跨职能部门的专门机构，组成一个专门的产品（项目）小组去从事新产品开发工作，在研究、设计、试验、制造各个不同阶段，由有关部门派人参加，力图做到不同部门模块的横纵结合，用以协调有关部门的活动，保证任务的顺利完成。

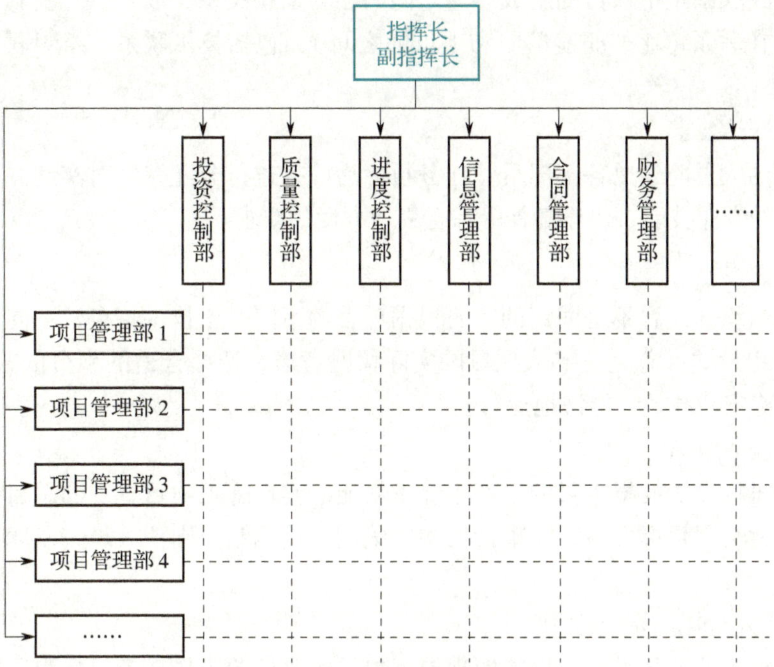

图 2-1-3 矩阵组织结构模式

这种组织结构模式是固定的，任务实施人员却是变动的，按实际需求选择合适的人员，任务完成后就可以离开。项目小组和负责人也是临时组织和委派的，任务完成后就解散，各自回原所属单位。因此，这种组织结构非常适用于横向协作和攻关项目。

矩阵组织结构优点：

1）将企业的横向与纵向关系相结合，有利于协作生产，提高任务实施效果。

2）按照特定的任务进行人员配置有利于发挥个体优势，集各组织部门之长，达到资源充分利用，提高项目完成的质量，提高劳动生产率。

3）各部门人员不定期的组合有利于部门间的信息交流，增加相互学习机会，提高团队专业管理水平。

1.1.2 项目组织的设置

学习了项目组织的基本概念和实施模式后，在日常工程建设中，要组建项目组织团队，首先要学习项目组织的设置依据和程序。

项目组织设置依据是指在特定的环境下，建立项目组织需要俱备的条件和原则。

1. 项目组织设置的条件

（1）项目组建的制约因素

由于具体项目的建设规模，项目管理部的权限、人员投入时间等项目组织的内、外因素的限制，影响项目组织采用职能式、项目式或是矩阵式的机构模式及获得项目开展的资源，这些均是项目组织设置需要考虑的。

（2）项目的内在联系

项目的内在联系是指项目的组成要素之间的相互依赖关系，以及由此引起的项目组织和人员之间的内在联系（比如职能部门和项目部之间），包括技术联系、组织联系和个人之间的沟通协商。

（3）人员配给要求

项目组织的人员配给以各部门具体任务目标为前提进行分配，针对实施并完成任务具体情况，对人员的专业技能、协作精神等综合素质方面的要求。

2. 项目组织设置的原则

项目管理组织的设置不是固定的，要根据项目的不同实施技术特点，不同的内外部条件设置不同的组织形式。总之，要从项目的实际情况考虑，选择合适的项目的管理组织模式，保证项目能够稳定、高效、经济地运行。

（1）目标任务原则

项目组织机构设置的根本目的是产生组织功能，实现施工项目管理的总目标。从这一根本目标出发，就会因目标设事，因事设机构定编制，按编制设岗位人员，以职责定制度、授权力。

（2）分工协作和精干高效原则

项目组织机构的人员设置，以能实现施工项目所要求的工作任务目标为原则，尽量简化机构，做到人员有序分工，精干、高效，力求一专多能，一人多职。同时，通过师徒帮带、培训学习等提高项目管理班子成员的理论和实训技能，以提高团队人员综合素质。

（3）管理幅度原则

项目组织管理幅度可以从管理跨度和管理层次两方面考虑。管理跨度也称管理人员直接管理的团队人员的数量。项目管理相关事宜的沟通更深入，有利于项目开展。一般情况下，管理层次增大，跨度减小；管理层次减小，跨度会加大。这样才能保证高效地完成工作任务。因此，项目团队组织设置时，要根据领导者的能力和施工项目的大小进行权衡，并使两者有效统一。

（4）统一指挥和权力制衡原则

项目是一个由众多子系统组成的开放式的大系统，其各子系统之间、子系统内部各个单位工程之间存在大量的结合部，会出现一个单元同时承担多项任务的情况。这就要求项目组织必须先恰当分层而后设置部门，以便在结合部上能形成一个相互制约而又相互联系的有机整体，向上服从统一指挥，相互之间又进行权限划分，防止产生职能分工和信息沟通的相互矛盾或重叠。

（5）动态调整和一次性原则

施工项目生产活动的主要特点表现在项目的单件性、阶段性、露天性和流动性等，这样必然会带来生产对象数量、质量和地点的变化，带来资源配置的种类和数量的变化，也就是说，组织机构的建立应采用动态的原则，不能一成不变。同时，要根据实际项目活动的特点，及时调整人员及部门设置，以适应工程任务变动对管理机构流动性的要求。

项目管理组织机构是为了实施施工项目管理而建立的专门组织机构，由于施工项目的实施是一次性的，因此，当施工项目完成后，其项目管理组织机构也随之解体。

3.项目组织机构的设置程序

项目管理组织是整个工程项目建设过程中监管部门，在项目开展之前就要成立。根据项目规模的大小，小的项目可由一个人负责，大的项目应由一个小组甚至一个集团负责。项目管理组织的设置程序如图2-1-4所示。

项目组织机构的设置程序一般包含以下几方面：

（1）确定工程项目管理目标

项目目标是工程项目管理的对象，为了工程项目顺利实施，保证工程管理组织机构项目的整体效益，项目目标主要围绕工期、质量、成本三大方面，项目目标也就是项目管理的目标。

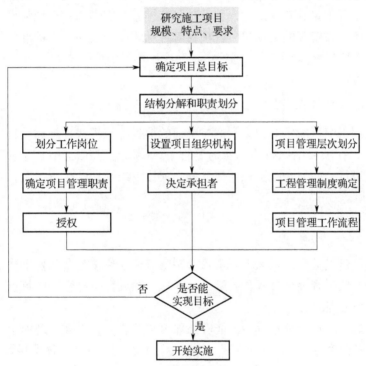

图2-1-4　项目管理组织的设置程序

（2）划分项目管理职责任务

工程项目管理责任任务，通常由项目管理公司或管理目标责任书确定，项目管理职责任务包含责任、权力和义务。组织必须对项目经理授权，这些权力是他完成责任所必需的，但企业也可以限定他的权力，把部分权力收归己有，或双方共同执行，或项目经理在行使某些权力时必须经企业同意。这在工程项目建设监理中较为常见，如投资控制的权力，合同管理的权力，经常由开发商承担，或双方共同承担。

因为各种权力之间是相互影响、相互依赖的，所以很容易造成指令来自多个领导的局面，职责不明。所以，组织对项目经理应明确授权，划清各方面的权责界限，并列表加以说明。

（3）确定工程项目管理流程

确定工程项目管理流程就是确定工程项目建设过程中各种管理的工作流程。在工程项目建设中，管理流程的设计是一个重要环节，对管理系统的有序运行以及管理信息系统的设计有很大影响。它确定了项目管理组织成员之间或组织成员与项目组织之间，以及与外界（项目的上层系统）的工作联系及界面。

（4）建立规章制度

建立各职能部门的管理行为规范和沟通准则，形成管理工作准则，也就是项目管理组织内部的规章制度。

（5）设计管理信息系统

管理信息系统的设计即按照管理工作流程和管理职责，确定工作过程中各个部门之间的信息流通、处理过程，包括信息流程设计、信息（报表、文件、文档）设计以及信息处理过程设计等。由于工程项目具有一次性，因此项目管理系统都是为一个项目设计的，但对多项目组织或采用矩阵形式管理的大项目，其项目管理系统则应成为一个标准化的形式，保证项目实施过程中，各环节流程实施的畅通性，辅助项目管理全过程。

1.2 通信工程项目管理

项目组织运用组织所赋予的权力，通过合适的项目组织模式，推动项目任务的实施。项目在实施过程中，在项目组织机构的实时管理下，能够保证工程开工后施工活动有序、高效、科学合理地进行，并安全施工。通信工程中项目组织管理的运行情况，对项目实施结果会产生很大的影响。

1.2.1 项目管理的要点

通信工程项目建设整个过程离不开项目管理，保证项目按工期和要求严格执行的第一责任人是项目经理。项目管理全过程具有综合性管理、约束性强制管理的特点。项目经理的能力直接影响工程全流程的执行情况。

项目经理在进行项目管理过程中，能够抓住事物的要点，不被客观因素左右，通过判断和分析，及时采取有效的措施，保证项目实施过程顺利进行，这在具体项目管理中至关重要。

1. 项目管理的架构划分

项目管理的架构划分如图 2-1-5 所示，由图可知，在项目管理中，信息收集、工具模板应用以及流程确定都是项目管理基本要求。真正体现项目管理水平的是解决问题的方法理论，这对项目经理的管理能力是一个巨大的挑战。而企业管理能力的提升，需要通过不断的项目实践并持续改进、掌握和明确体系管理方法、建立规范的项目管理流程、做好项目实施过程资产管理和有效使用，并在管理过程中不断总结经验教训，做好项目全局把控，从而得到管理能力的提升。

2. 通信工程系统项目管理要点

（1）项目计划管理

结合现代信息通信系统项目管理现状及问题，对其管理要点做合理划分，是确保通信工程项目系统建设管理水平能够得到有效提升的必要条件。这个过程中,应先从项目计划管理入手,实行项目建设和检查相结合的方式,实时发现并规避通信工程建设管理期间所存在质量问题,达到通信工程建设质量管理。

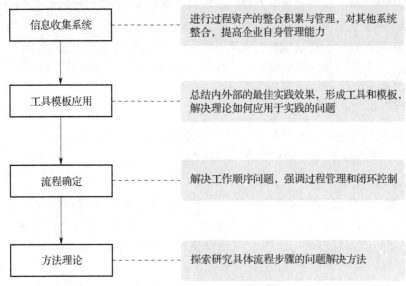

图 2-1-5　项目管理架构划分

（2）安全及造价管理

安全管理是项目建设管理中一项重要指标。施工方应周期性地对施工现场涉及设备进行实时检测与维修,重视培养施工人员安全教育工作,通过规范引导施工人员的操作过程,以此全面提升整个通信施工阶段造价管理工作。在进行施工阶段造价管理方面,必须全程做好专业把控,比如整个项目建设中劳务人员多,流动性大,要严格按相关规章进行员工工资的发放。同时,针对施工材料,可安排专人进行全程跟踪,确保材料质量达标,避免施工造价失控的现象发生。通信工程系统项目竣工后,应第一时间进行计划造价与实际造价的比对工作,如有偏差过大的情况,便表明相应通信工程项目施工期间造价管理出现问题,应及时对其施工分项进行分析,合理设定修正方案,避免通信工程整体经济效益受损。

（3）通信设计及流程管理

通信设计管理是现代信息通信工程系统项目管理要点,在设计期间,相应通信企业应避免轻设计、重施工的理念出现。从现实角度出发,设计以及勘察环节虽然在整个通信工程项目中所占投资资金较低,建设周期比较短,但其往往决定项目工程建设的进度和工程项目成本管理。因此,这个过程中必须注重与设计单位的合同条款签订,并结合实际对所有设计的专业性和实效性能够充分得以体现,为后续通信工程系统建设打下良好基础。

通信工程系统项目管理过程中必须对管理流程进行专业划分,这个过程中先要对通信工程建设计划、需求项目建议书、可行性研究报告做实时分析,之后在具体落实期间,对参与项目承包商、供应商、设计院等进行合理确定,并让其根据可行性研究报告完成初步设计和施工图设计工作,之后在甲方完成项目组成部分标段划分后,对设备及施工单位进行招标,以此确定承建商;建设施工应在业主以及项目经理协调下进行,从而完成相应通信工程项目的建设工作。同时需要注意的是，在项目管理实施过程中，将项目执行计划、组织结构、项目人员职责、通信工程项目进度、成本资源管理等内容进行全面收集，从而使整个管理过程的专业性和流畅性得到有效保障。项目建设即将结束时要进行及时的验收和评价，按照验收结果检测项目是否达标，以此使通信工程系统项目管理效果能够达到预期。

由此可见，从通信工程系统项目管理要点分析可以学到，在实际实践期间对现代信息工程系统进行项目管理时，要从项目计划管理入手，对其安全管理、造价管理、通信设计管理、流程管理进行专业划分，使相应工程系统项目管理的作用能够充分发挥。

1.2.2 项目管理的必要条件

项目管理最终就是项目目标管理，项目经理是项目实施过程的管理者，项目经理通过目标分析，进行任务分解、任务实施的过程环节把控，直至目标达成。

1. 项目经理必备要素

项目管理离不开项目经理的全局把关，任务策划和任务实施过程检查也是项目经理根据各种内外因素条件以及现有资源，保证项目任务按目标计划顺利完成的体现。除了清楚通信工程项目管理的要点外，项目经理也是项目管理中重要的领导者，需要具备以下几方面能力：

1）项目经理必须具备强的领导能力，面对各种问题有极强的判断能力，能对当前的任务进行目标设定，给出决策、问题指导和建议并解决问题。

2）项目经理必须具备强的管理能力，能够进行计划编制、数据分析、时间管理、成本控制、质量管理、风险管理等。

3）项目经理必须具备强的沟通能力，包括书面沟通、口头沟通、倾听技巧、面试和谈判技巧。

4）项目经理必须具备强的协调能力，面对各种各样的问题具有解决冲突、协调问题、维护良好团队氛围的能力。

5）项目经理要具备一定的专业素质要求，了解移动通信技术的关键技术、网络组网、设备性能，具备一定的专业工作经验。

2. 项目目标管理

项目目标是项目管理的要点，也是衡量项目工程实施结果达标与否的考核依据。在通信工程项目实施过程中，由于工程项目往往涉及面比较大，复杂度比较高，因此，在项目规划阶段，要做好项目目标分析和任务分解。完成项目目标的层次体系分解和责任界面划分，是项目目标达成的先决条件。通信工程项目目标具有层次性、多重性、网络性及时效性等特点。通信工程项目的目标管理，还表现在项目资金预算的限制上，通过项目成本控制、进度控制和质量控制，合理地进行资金分配并取得效益最大化，是工程总目标的重要管理点所在。

通信工程项目实行目标管理主要分为两大步骤：一是目标确定，根据通信工程项目的性质、任务量、投资额、工程时限、施工队伍等情况，确定工程项目管理总体目标；二是分解子目标，根据总目标和项目组织层级间的特点，综合分析，协调一致设立分层级子目标，明确各层级的职责目标、管理权限、任务要求及考核标准。通信工程项目目标管理分解图如

图 2-1-6 所示。

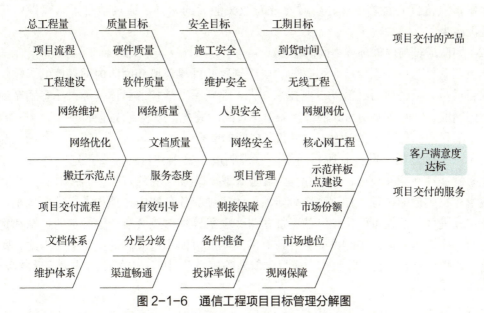

图 2-1-6　通信工程项目目标管理分解图

总的来说，项目目标管理要重点考虑以下几点：
1）明确性（Specific），最终目标是否明确了应该做到哪一步以及何时完成。
2）可度量性（Measurable），能测量最终目标的完成情况。
3）可完成性（Achievable），在规定时间内，最终目标是否合理，能够实现。
4）相关性（Relevant），最终目标是否很重要、有价值，是否值得进行下去。
5）可跟踪性（Trackable），能够对整个项目进程进行跟踪检查。

从高层管理者到普通执行人员都要积极参与到目标管理中来，重视团队建设，加强团队协作，组织员工积极参与并强化"主人翁"的主动式管理，更好地发挥团队作用，促进目标管理的顺利进行，保障项目目标按期顺利实现。

1.3　通信工程项目团队建设

通信工程项目团队的建设包含团队的形成过程和团队人员的岗位职责和行为规范。

1.3.1　通信工程项目团队的形成

1. 形成阶段

在形成阶段，主要依靠项目经理来构建整个团队，在进行团队构建时，从两方面进行分析：首先一个组织是构成一个团队的基础框架，团队的目标为组织的目标，团队的成员为组织的全体成员；其次在组织内的一个有限范围内，根据某项特定任务，或为实现同一任务目标而组成的团队。

2. 磨合阶段

磨合阶段是团队从组建到规范阶段的过渡过程。

（1）团队人与人之间的磨合

团队成员之间在性格、文化、教育及专业技能间的差异，通过项目团队建设中相互了解，逐渐减少。

（2）团队成员与内外环境之间的磨合

项目团队作为一个系统不是孤立的，要受到团队外界环境和团队内部环境的影响。作为一名项目成员，俱备项目必需的专业技术知识，要熟悉所承担的具体任务，熟悉团队内部的管理规则制度，同时要明确与其他各相关单位之间的关系，顺利完成任务。

（3）项目团队与其所在组织、上级和客户间的磨合

对于一个新建的团队，其所在组织的管理制度、要求评价还需要一定的磨合。二者之间的关系发展存在相互衔接、相互建立、相互调整、相互接受的过程，同样对其上级和其客户来说也存在类似的过程。在这个磨合阶段，由于项目任务实施比预先设定的更繁重、更困难，成本或进度的把控可能比预计的更加紧张，项目经理部成员会产生一定的焦急和犹豫情绪，进而产生许多矛盾，同时可能会导致有的团队成员因不适应而退出团队。为此，团队要进行重新调整与补充。在实际工作中应尽可能地缩短磨合时间，以便使团队早日形成合力。

3. 规范阶段

经过磨合阶段，团队人员的状态逐渐稳定，工作开始进入有序化状态，团队的各项规章制度也经过建立、补充与完善，形成了比较规范合理的团队文化、新的工作规范，培养了初步的团队精神。

在此阶段，团队建设要注意工作规范的调整和完善，注意团队文化培养，鼓励员工发挥个人积极能动性，促进员工成长，同时增强团队精神建设，培养团队协作精神。

4. 表现休整阶段

经过以上三个阶段后，团队经过相互磨合，相互了解后，在工作上相互配合度也增高，工作效果有明显提升，此时团队整个工作氛围已经形成，团队建设已经成熟。在此阶段，需要注意以下几方面事宜：

（1）清楚工作分工

在团队关系已经融洽的情况下，团队成员始终要清楚个人职责，清楚工作实施过程中权力和工作范围的界限，即使掌握了团队成员工作的内容，也不能越俎代庖。不然轻则降低工作任务实施效果，重则产生难以估计的影响。

在移动通信工程建设管理中，要对通信网络维护工作严肃认真，杜绝网络账号乱用，相互包办的情况，一旦出现操作失误，将会产生无法弥补的错误，影响网络运营 KPI，最终影响运营商用户使用效果，出现用户流失的情况。

（2）牢记工作目标，提高执行力

项目团队组建的目的就是通过项目组织管理，能够在有限的时间内，按照任务要求，经过团队人员任务分工，相互协作，共同完成项目任务目标，所以团队建设不能单纯地进行学习培养、规范制度等表象建设。同时还要注意，团队建设刚进入成熟期后，可能会出现由于上级权力的影响而表现出团结的假象。团队管理者要做好目标计划，任务实施过程监管，提高团队执行力，保证团队建设以良好的状态运营。

1.3.2　项目团队职责与规范

1. 岗位职责与素质要求

（1）岗位职责

划分项目团队人员职责，清晰个人工作内容，是团队建设的重要一环。通信工程项目管理岗位包括现场勘察、设计、设备安装、调测、维护等岗位。

1）勘察工程师岗位职责。根据相关工程勘察指导手册，掌握相关仪器仪表的使用，按照工程勘察流程实施工程勘察工作，按期完成勘察任务。

2）设计工程师岗位职责。根据相关工程勘察指导手册，按照工程设计流程实施工程设计工作，按期完成设计任务，并对工程勘察报告进行审核，对外包设计工作进行监督，组织评审设计文件。

3）设备安装工程师岗位职责。根据通信勘测工程设计文件，按照工程安装流程实施工程安装、布线工作，按期完成设备安装任务，保证施工工艺符合通信机房施工规范。

4）调测工程师岗位职责。根据相关设计指导书，按照工程调测流程实施系统调测工作，完成机房设备的配置、线路的调测，按期完成设备调测任务，保证业务顺利开通。

5）维护工程师岗位职责。根据相关维护指导书，按照工程维护要求实施系统维护监控工作，按要求完成维护任务，保证通信网络各项指标的正常运行。

（2）素质要求

通信工程技术人员需要具备良好的文化素质、专业素质等综合素质。工作人员的工作素质直接会影响客户满意度、验收结果、工程施工中协作配合，最终会影响通信项目工程的施工进度、工程质量及用户满意度等问题。

具体不良因素主要表现在4方面：

1）技术水平差。技术上不能满足设备安装的要求，出现时间拖延、遗留问题多等一系列后果；问题一次性解决能力较差；用户提出的问题不能及时给予满意答复。

2）业务规范差。在面对问题时，无法找到正确的处理途径与方法。不能迅速有效地整合协调工程资源，导致工程混乱。不遵守各种技术规范以及业务规范。

3）行为规范差。工程现场脏乱差，任务实施过程中失约、不守时；说话随意、使用忌语；不注重仪容仪表；未经许可，在机房使用用户电话，特别是长时间打私人电话。

4）工程准备不全。工程信息不全面，不了解任务工程的具体工作界面和工程要求，导致与客户发生纠纷。本身职责不清楚，不能理顺正确的工作思路。工程项目组成构架人员不清楚，无法通过正常渠道解决工程中存在的问题。仪器仪表准备不足，不能有效定位并解决问题，导致客户满意度下降甚至工期拖延。

以上几点是通信工程项目实施过程中经常出现的问题，需要工程技术人员严于律己，提高职业素质水平，保质保量完成工程项目，让客户满意。

2. 通信工程人员行为规范

第一印象往往会左右人们对对方的态度，因此工程师在工程建设期间，应尽力为客户与伙伴留下一个好的第一印象，主要关注以下3个方面：

1）精神面貌。衣着整洁规范，仪容仪表得体大方，礼貌热情，精神饱满，保持愉快的工作情绪。

2）语言规范。交谈的语气和言辞要注意场合，掌握分寸，不夸夸其谈，不恶意中伤。谈话时尊重对方，注意倾听，言而有信，没有把握的事不随意承诺。自觉维护公司形象，不传播或散布不利于公司的言论。

3）禁用语。在交流过程中，严禁说没有责任心的话，比如"我管不着""与我无关""反正我做不了""小问题，管它呢""我负责的没问题，别找我"。

避免埋怨语气，比如："这合同是怎么签的""公司是怎么搞的""怎么这种小问题他们都搞不定"。

避免指责用户的话，比如"你怎么连这都不懂""你怎么搞的""这种小事也找我""你们怎么啥工具都没有""我等半天了，怎么回事"。

3. 专业的工作态度

工程师的工作结果需要通过工程的质量验收进行最终衡量。而质量的保证，需要工程师细心、耐心、专业、严谨的工作态度。"差不多就行了"的想法在工程中经常会导致遗漏某些环节，使得工程在最终验收时功亏一篑。

专业的工作态度要求如下：

1）形成严谨的工作作风。

2）严格遵守通信工程项目管理实施技术规范。

3）工作结果以数据说话，做到事事有记录，各项工作有规范文档。

4）工作结束后，要清理工作现场垃圾，整理各种工具物品，保持机房整洁。

5）廉洁自律，谨记个人行为代表着公司的形象。

6）保证公共财产安全，注意施工过程节约。

7）进入机房要经用户同意，并严格登记，写清楚进出时间，进入机房所带物品，具体事项。

8）严格遵守机房各项规章制度；不乱动通信设备，对相关设备进行维护操作时，须经向用户主管进行说明，经过同意后方可进行作业。

学习足迹

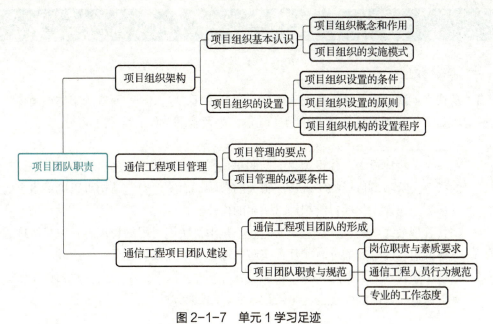

图 2-1-7　单元 1 学习足迹

拓展训练

一、填空题

1. 从狭义上说,组织是指人们为实现一定的目标,_____而成的集体或团体。
2. 项目组织根据具体实施的项目工程量大小及管理范围,大致上可分为_____、_____、_____。
3. 在一个工程建设中,建设项目参与的单位很多,在项目实施过程中来自不同上级的指令会给项目目标的实现造成很大的影响,而_____结构可以确保指令的唯一性,是建设工程项目组织经常采用的模式。
4. 项目管理最终就是_____,_____是项目实施过程的管理者,项目经理通过目标分析,进行任务分解、任务实施的过程环节把控,直至目标达成。
5. 通信工程技术人员要严格遵守机房各项_____,不_____,对相关设备进行维护操作时,须经向_____进行说明,经过同意后方可进行作业。

二、判断题

1. 职能式组织结构是通信建设工程项目组织经常采用的模式。（   ）
2. 矩阵式组织结构特点之一就是将企业的横向与纵向关系相结合,有利于协作生产,提高任务实施效果。（   ）
3. 通信技术人员进入机房经用户同意即可,无须进行出入登记。（   ）
4. 项目目标管理要考虑明确性、可度量性、可完成性和对整个项目进程的可跟踪性。（   ）
5. 通信工程施工现场,要避免现场脏乱差的情况,施工结束要及时清理垃圾,工作过程中要避免出现失约和不守时的情况。（   ）

三、简答题

1. 简述通信工程项目管理中作为领导者,项目经理的必备职能要素。
2. 阐述对通信工程人员行为规范的理解。

单元 2　典型通信工程组网

学习导航

学习目标	【知识目标】 1. 熟悉通信网络架构 2. 熟悉通信介质特性和作用 3. 熟悉蜂窝移动通信系统、光传输系统，对应关键技术和相互关系 【技能目标】 1. 掌握通信介质的使用场所 2. 掌握线缆制作和光路检测方法 3. 能够画出 5G 站点机房通信设备连线图 【素质目标】 1. 提高知识整合能力和综合应用能力 2. 规范仪器仪表使用方法，培养严谨的工作态度和职业精神
本单元重难点	1. 通信网络架构，蜂窝移动通信系统和光传输系统的关键技术 2. 常见通信介质，使用场所和使用方法 3. 掌握常用仪器仪表操作，能选择合适的仪器仪表进行线路勘测
授课课时	6 课时

任务导入

尚云通信技术有限公司作为 5G 无线站点的施工方，组建了通信工程项目经理部，完成项目部内部人员职责分工和任务要求，5G 站点后期建设的基本要求，是所有项目参与人员必须熟悉移动通信网络架构，网络组网和部署特点，这样才能根据实际机房环境情况，保证后期如施工方案设计、项目勘测、建设开展各项工作顺利进行。

任务分析

要掌握通信网络的组网，首先要了解什么是通信网，进而学习两大通信网络：蜂窝移动通信系统和光传输系统。通过此部分的学习，要掌握通信网基本网络架构，通信介质特点和使用方法，熟悉通信关键技术，站点机房设备组网。

同时通过此部分内容的学习，应掌握通信线缆的制作和调试，学会相应仪器仪表的使用。在仪器仪表操作过程中，学会知识和技能的整合，提高创新能力，通过实训任务练习，培养严谨、一丝不苟的工作态度，提升专注力和创造力。

任务实施

2.1 通信网

2.1.1 通信网基本认识

1. 通信系统概述

（1）通信系统的定义和特点

在日常活动过程中，经常会进行人与人、人与物的信息交换共享的通信活动，那么什么是通信？所谓通信，就是指信息从信源发出，另一端信宿进行接收，实现收发两端信息交换的过程。

一个完整的通信过程必须在通信系统的作用下才能完成。所谓通信系统，就是指采用一定的技术来保证信息传输过程的技术系统的总称。

通信系统根据具体传输的消息类型，比较常见的就是模拟通信系统和数字通信系统。模拟通信系统指的是通信系统中传输的信号是模拟信号，模拟信号的特点是信号的状态是连续的，如语音、图像等。数字通信系统指的是通信系统中传输的信号是数字信号。数字信号的特点是信号的状态是离散的一个个脉冲波，如电报、数字、数据等。

目前实际使用中所有的通信系统基本上均属于数字通信系统，数字通信系统具有如下优点：一是数字信号便于加密处理，提高抗干扰能力；二是数字信号便于交换、处理和存储，可以采用时分复用实现多路通信；三是灵活进行频带资源分配，提高通信容量。

（2）通信系统的结构和作用

根据通信过程的特点，通信系统的基本模型如图2-2-1所示。

图 2-2-1 通信系统的基本模型

从图2-2-1可以看出，通信系统在通信时刻是从信源到信宿的单向过程，如收看视频、接收信息等。但是通常点对点通信系统以双向最为常见，即通信的双方都拥有收/发信设备，信源发送信号，同时也是信息的接收者，即信宿。通信系统组成各模块的功能如下。

1）信源：进行通信发起。根据信息源输出模拟或者数字信号可以分为模拟信息源与数字信息源。信息源的另一个作用就是把需要传送的信息，如语音、数据和图像等信息转变为原始电信号或光信号。

2）发信终端：也称为发送设备，有时称为变换器或者编码器。它的主要作用是将信息源发出的原始电信号或光信号通过调制，变换成适合在传输通道中传送的信号。

3）信道：提供信息传递的通道，它是信号的传输媒介。在信息传递过程中，由于受到传输距离的影响和周围环境干扰噪声的影响，会产生信号衰减或者畸变。所以在传输通道上需要采用一定的技术提高信号接收质量。信道按传输介质可以分为有线信道和无线信道。

4）收信终端：也称为接收设备，有时称为反变换器或者解码器。它的工作过程与发送设备相反，作用就是完成接收的信号解调、译码等，从传输媒质输出的带有噪声和干扰的有用信号中恢复出原始信号，完成信号的解码。

5）信宿：信息接收者，也就是信息传送的终点。它是将解码后的原始电信号或光信号转换为相应的消息。

6）噪声源：它是通信系统内各种噪声和干扰影响的叠加。通信系统内的噪声来源有两个方面：一方面是系统内部元器件和传输媒介产生的干扰；另一方面是信号传输过程中外界环境对系统信号的干扰，如电磁波的影响等。所以，在系统内信号传输的相关的环节要增加相应的措施，抑制噪声和干扰对通信系统的影响，提高通信的质量。

2. 通信网概述

（1）通信网的定义

通信网是由一定数量的节点（包括终端节点和交换节点）和连接这些节点的传输系统有机组织在一起，能够将各种语言、声音、图像、文字、数据、视频等媒体变换成电信号或光信号，按照预先约定的信令和协议，完成任意用户间交换信息的通信系统。总之，通信网的功能就是按照用户使用的需求，在传输网内任意两个或多个用户终端间完成信息的传递、交换和共享。

通信网交换的信息包括用户信息、控制信息和网络管理信息三类。由于信息在网络中通常以电或光信号的形式进行传输，因而现代通信网又称电信网。

（2）通信网的组成及功能

从一般意义上讲，通信网是由软件和硬件按特定方式构成的一个通信系统，通信过程是由软硬件设施协调配合共同完成的。硬件设施包含终端设备、交换设备和传输系统，它们完成通信网的物理链路，搭建信息传递路由。软件设施则包括信令、协议、控制系统、管理系统、计费系统等，它们主要完成信息传递过程的控制、管理、运营和维护，保证网络通信过程的可靠性和智能化管理。

（3）现代通信网的特点

1）信息处理技术先进。目前的通信技术实现全网通信IP化，并且实现基于IP化传递过程中电信级的统一管理平台，完成话音业务、数据业务与交互式视频业务的统一承载和管理。

2）实现全球互联互通。通过光纤传输，实现长距离大容量的通信服务。

3）优质的通信质量。主要表现在通信过程高可靠性、通信链路利用率高、提供通信服务的多样化和高兼容性。

4）通信系统的分层构造，有利于网络建设和维护。按其专业功能分为物理媒介层、传输层和交换层；按通信服务的区域性分为用户驻地网、接入网和核心网。

（4）现代通信网的现状与发展

现代通信网的发展建设中，大容量、高速率、低时延是社会活动中人们对通信网的最直接要求，并且通信网能够提供多样化通信服务，来支撑不同的使用场景。故通信网要向数字化、宽带化、智能化和网络全球化方向发展。

1）数字化。通信网络数字化是一种利用数字信号进行信息传输的通信方式。通信过程首先将模拟信号转换为数字信号，然后通过数字传输通道进行传输。信息传输过程抗干扰能力强，通信质量高，能够适应各种通信业务的需求。

2）宽带化。通信网络宽带化是指网络能够提供更大的传输带宽、更高的传输速率，能够支持不同类型的多媒体服务。随着包交换、光交换技术的开展，新技术层出不穷，网络的 IP 化发展已经在桌面应用（包括家用电器）中占绝对主导地位，基于 PTN/OTN 的光传送网已经占据通信网信息传递的主流。

3）智能化。智能网提高了网络对业务的应变能力，是目前电信业务发展的主要方向，建立智能网的基本思路是改变传统的网络构造，提供一种开放式的功能控制，使网络运营者和业务提供者根据实际需求，自行开拓新业务，实现灵活的服务支撑。

4）网络全球化。网络全球化是通过网络技术实现全球范围的沟通和联系。网络全球化是当今时代正在进行的、势不可挡的、无法逆转的历史进程。Internet 服务已成为全球范围的公共网。随着计算机软件技术发展而开发的新一代网络技术不仅实现与宽带网、固网与移动网、网管与通信网、公众网和企业网等的融合，还能实现突破地区和国界，实现真正全球通信。

2.1.2 通信网网络架构

现代通信网网络分层结构

通信网的功能就是实现用户信息的可靠传递，这一过程是网络不同层次结构共同作用的结果。按照物理网络建设和网络功能的特点来分析通信网的网络结构，具体可以从网络垂直平面和网络水平平面两方面分析。

（1）网络垂直平面

通信网络在垂直平面上，根据网络具体功能将通信网分为业务网、传送网和支撑网，如图 2-2-2 所示。

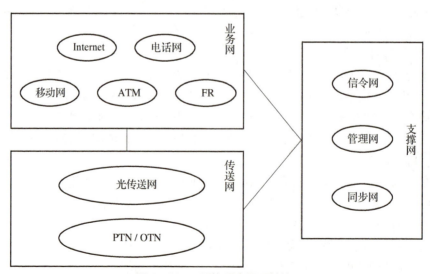

图 2-2-2　网络垂直平面结构

业务网：为支持各种信息服务的业务提供手段与装备，它是现代通信网的主体，是向用户提供如电话、电报、传真、数据、图像等通信业务的网络。

传送网：支持业务网正常运行的传送手段和基础设施，包括骨干传送网和接入网。传送网独立于具体业务网，负责按需为交换节点或业务节点之间的互连分配电路，在这些节点之间提供信息透明传输通道，它还包含相应的管理功能，如电路调度、网络性能监视、故障切换等。

支撑网：支撑网负责提供业务网正常运行所必需的信令、同步、网络管理、业务管理、运营管理等功能，以提供用户满意的服务质量。传统的支撑网包括同步网、信令网和管理网。

1）同步网：负责实现网络节点设备之间和节点设备与传输设备之间信号的时钟同步、帧同步以及全网的网同步，保证地理位置分散的物理设备之间数字信号的正确接收和发送，处于数字通信网的最底层。

2）信令网：对于采用公共信道信令体制的通信网，存在一个逻辑上独立于业务网的信令网，它负责在网络节点之间传送业务相关或无关的控制信息流。

3）管理网：管理网的主要目标是通过实时监视业务网的运行情况，并采取相应的控制和管理手段，以达到在各种情况下充分利用网络资源，以保证通信的服务质量。

（2）网络水平平面

网络水平平面是依据实际网络建设范围来划分的，根据具体建设范围可以分为用户驻地网、接入网和核心网，如图 2-2-3 所示。或者根据网络规模可以对应为局域网、城域网和广域网。

图 2-2-3　网络水平平面结构

1）用户驻地网：是指用户网络接口到用户终端之间的相关网络设施。为了便于管理，也指从用户驻地业务集中点到用户终端之间的相关网络设施。可以是一个居民小区，也可以是一栋或相邻的多栋写字楼，但不包括城域范围内的接入网。网络传输的业务类型可以是语言、互联网、视频、流媒体等多种业务类型。

2）接入网：接入网介于核心网和用户驻地网之间，主要完成使用户信息接入到核心网的任务，接入网由业务节点接口（SNI）和用户网络接口（UNI）之间一系列传送设备组成。接入网的网络拓扑结构可以分为链形网、星形网、环形网、树形网、网孔形网。

3）核心网：实现接入网与其他接入网的互联，或者实现本地网络与其他出省业务的互联，通常指除接入网和用户驻地网之外的网络部分。主要功能就是用户使用网络过程中，实现用户身份的认证、鉴权，完成用户使用网络的计费功能，移动性管理等。

2.2 蜂窝移动通信系统

2.2.1 蜂窝移动通信网概述

1. 蜂窝移动通信网的概念及分类

移动通信网是指在移动用户通过无线电磁波接入网络，实现和另一移动用户之间或固定用户之间的通信过程，通信双方至少有一方通过无线电磁波接入网络。移动通信网络是通信网的一个重要分支，移动终端通过电磁波进行信号传送，由基站天线接收信号后，进行进一步处理，实现信号的远距离传送，直至通信完成。由于无线通信具有移动性及不受时间地点限制等特性，在现代通信领域，与卫星通信、光通信并列的三大重要通信手段。

蜂窝移动通信（Cellular Mobile Communication）是采用蜂窝无线组网方式，构成网络覆盖的各通信基站信号覆盖区域呈六边形，从而使整个网络像一个蜂窝而得名。这种组网方式不仅节约网络建设成本，而且提高了终端进行越区切换和漫游效率。

蜂窝移动通信按基站建设的覆盖区域可以分为宏蜂窝和微蜂窝。

1）宏蜂窝小区。在移动通信网络建网初期，为了提高网络的覆盖面积，宏蜂窝小区的基站的天线尽可能做得很高，基站之间的间距也很大。在宏蜂窝站点覆盖区域，经常会出现电磁波在传播过程中障碍物遮挡造成的阴影区域，信号在此区域为弱覆盖，称之为"盲点"，另一种情况称之为"热点"，指的是信号覆盖质量好、业务负荷大而形成的业务繁忙区域。但是如果业务量过大，则会出现通信容量不足的情况，后期需要进行网络扩容。以上提到的"盲点"和"热点"问题，是宏蜂窝小区网络覆盖普遍存在的现象。所以需要采取相应的措施，常用的解决办法是对问题区域的网络进行补盲和补热：一种办法可以通过增加直放站、分裂小区等办法来解决，但是增加了网络建设的成本；另一种办法可以通过提高发射功率、调整天线角度来增大基站信号的覆盖范围，但是这样容易产生与其他小区的干扰，影响通信质量，微蜂窝小区的建设可以很好地解决如上问题。

2）微蜂窝小区。要解决盲点弱覆盖和热点业务量过大的问题，可以采用微蜂窝技术，如 Metrocell、Femtocell、Picocell 等。在城市、用户集中的小区以及繁华的街区，这些微蜂窝基站可以有效增加网络容量、提升用户上网体验。相比较宏蜂窝技术，微蜂窝技术覆盖范围较小、传输功率较低、比较容易安装。在微蜂窝中，小区的直径范围仅为 60~600m，基站的天线也不同于宏蜂窝的越高越好，而只是高过屋顶就好，信息通信的传播主要是沿着街道和视线进行，信号在楼顶的泄露的可能性大大降低，因此微蜂窝技术是宏蜂窝技术的良好补充和改进。

2. 蜂窝移动通信网的特点

（1）移动通信网络环境

1）移动通信网传输环境复杂。移动通信网是通过无线电波进行信息的传播，自由空间无线电波的传播环境复杂。电磁波在传播过程中会受到建筑物遮挡而产生阴影衰落，称为慢衰落。同时信号在传输的过程中除过直射波外，还有经地面和建筑群的反射、折射、绕射的信号，这种多径传播引起信号的叠加称为多径衰落或瑞利衰落，是一种快衰落。自由空间传播环境对信号传输的影响可以通过相关的技术来进行克服，保证移动通信网的传输质量。移动通信网中电磁波在自由空间中的传播情况如图 2-2-4 所示。

2）移动终端位置可变性。移动终端在通信过程中总是在随机移动的，使得基站与移动终端之间的传播路径不断发生变化，要保证正常的通信过程，移动设备和网络之间就要完成位置更新、越区切换、漫游等一系列动作。

3）传播干扰严重。移动台通过电磁波进行通信时，会受到外界环境噪声的干扰，一是来自人们日常生活中产生的人为噪声；二是设备中器件的非线性引起的互调干扰；三是由移

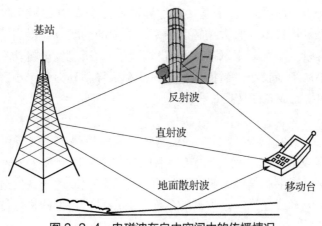

图 2-2-4 电磁波在自由空间中的传播情况

动台"远近效应"引起的邻道干扰及同频复用所引起的同频干扰等。无线电波传播空间的开放性导致空间干扰现象严重，随着频率复用系数的提高，同频干扰将成为主要干扰。

另外，当移动台进行通信的同时按照一定的速度在移动，基站接收到移动台的载波频率将随移动台速度的不同，发生频率偏移，产生多普勒频移。

（2）蜂窝移动通信网

蜂窝移动通信网是移动通信网的一种，也存在传播过程中的干扰问题。同时，蜂窝移动通信网还具备覆盖区可无限扩展，服务区域不受限制等特点。可采用多种蜂窝组网技术，提高系统的通信容量，并且通过频率复用技术，在当前频谱资源有限的情况下，提高频谱利用率。

1）通信过程IP化：实现移动终端到核心网全网IP化的通信方式，提高信息转发的效率。

2）降低干扰措施：可以通过合适的硬件措施和软件参数调整，降低信道干扰，提高通信质量。

3）采用频率复用技术：通过服务小区信号质量检测和小区参数设置，合理规划频率资源，保持一定的距离下可以多次使用，提高频谱效率。

4）采用小区分裂技术：当业务量增大，通信容量不够的时候，可以减小蜂窝网覆盖的范围，划分出更多的蜂窝小区，进一步提高频率的利用效率。

3. 蜂窝移动通信系统的关键技术

（1）组网技术

1）大区制。大区制是使用在人口密度小，移动业务量不大的区域，如郊区或者农村等场景。服务小区仅为一个基站全覆盖，基站天线架高几十米到几百米，基站覆盖半径范围为25~45km，用户容量为几十个至数百个。大区制的特点是基站输出功率大、组网简单、投资少、见效快。但是，服务区内的所有频率均不能重复使用，频率利用率及用户数都受到了限制。

2）小区制。小区制适用于人口密度大且业务量大的市区或者公共活动区域，是目前蜂窝移动通信组网的主要形式。一个通信服务区域被分为若干个小区，天线架高一般在30~50m，每个小区的半径范围为2~20km，用户数量可达上千个，每个小区设置一个基站，负责本区移动台的联系和控制，各个基站通过移动业务交换中心相互联系，并与市话局连接。小区制采用信道复用技术，大大缓解了频率资源紧缺的问题，提高了频率利用率，增加了用户数目和系统容量。小区制组网基站覆盖半径较小，所以发射机功率较低，降低了互调干扰，但同时由于小区半径较小，当移动台从一个小区移动到另一个小区时，为了保证通信过程正常进行，由网络完成越区切换过程。

（2）编码技术

1）信源编码。目前通信网均是数字通信系统，信源编码主要完成用户原始模拟信息到数字信息的转换，即模数（A/D）转换，转换后的数字信号用0和1来表示，将完成这一功能的技术称为信源编码技术。信源编码除了具有将信源转化成适于在信道中传输的数字形式的作用外，还要在不失真或允许一定失真的条件下，用尽可能少的符号传送信源信息，以提高信息传输率。

按照信源信号是离散的信号还是连续的信号，可以将信源编码分为离散信源编码和模拟信源编码。在移动通信系统中，模拟信源编码主要指语音编码。

2）信道编码。信道编码主要用于实现信号的差错控制。无线通信信道容易受到外界干扰和噪声的影响，为了达到系统可靠性的要求，通常需要在发送端所要传输的信息序列上附加一些监督码元，接收方通过监督码元来发现错误和纠正错误。

（3）多址接入技术

多址技术是指在同一公共的传输媒质上，给每个用户的信号赋予不同的特征并加以区分，实现多个用户相互间通信的技术。根据网络不同的处理技术，多址方式可以分为：频分多址（FDMA）、时分多址（TDMA）、码分多址（CDMA）、空分多址（SDMA）。

1）频分多址。频分多址技术按照频率来分割信道，在 FDMA 系统中，信道总频带被分割成若干个间隔相等且互不相交的子频带（地址），每个子频带分配给一个用户，不同用户用不同的频带进行区分，相邻子频带之间无明显的干扰，使用在第一代模拟移动通信系统中。

FDMA 的信道每次只能传递一个电话，并且在分配成语音信道后，基站和移动台就会同时连续不断地发射信号，在接收设备中使用带通滤波器只允许指定频道里的信号通过，滤除其他频率的信号，从而将需要的信号提取出来，而限制邻近信道之间的相互干扰。这些频道的分配都是临时的，通信结束后，频道被释放，以供其他用户使用。频分多址技术的工作过程如图2-2-5所示。

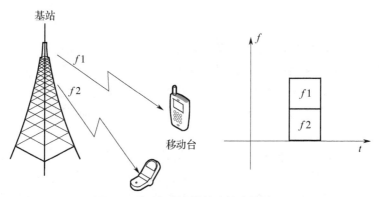

图 2-2-5　频分多址技术的工作过程

2）时分多址。时分多址技术按照时隙来划分信道，即给不同的用户分配不同的时间段以共享同一信道。时分多址技术是数字通信和第二代移动通信的基本技术。

在 TDMA 系统中，时间被分割成周期性的帧，每一帧再分割成若干个时隙（地址）。无论帧或时隙都是互不重叠的。然后，根据一定的时隙分配原则，使各个移动台在每帧内只能按指定的时隙向基站发送信号，在满足定时和同步的条件下，基站可以分别在各时隙中接收到各移动台的信号而互不干扰。同时，基站发向各个移动台的信号都按顺序排列，在预定的时隙中传输。时分多址技术的工作过程如图 2-2-6 所示。

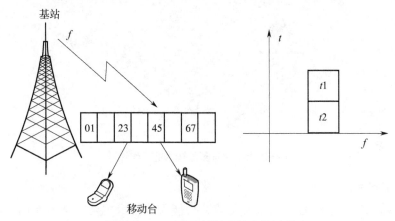

图 2-2-6　时分多址技术的工作过程

3）码分多址。在 CDMA 通信系统中，不同用户传输信息所用的信号是用各自不同的编码序列来区分。码分多址技术是第二代移动通信的演进技术和第三代移动通信的基本技术。

与 FDMA 划分频带和 TDMA 划分时隙不同，CDMA 既不划分频带又不划分时隙，而是让每一个频道使用所能提供的全部频谱，因而 CDMA 采用的是扩频技术，它能够使多个用户在同一时间、同一载频以不同码序列来实现多路通信。码分多址技术的工作过程如图 2-2-7 所示。

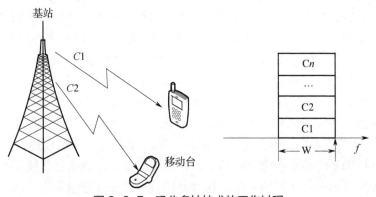

图 2-2-7　码分多址技术的工作过程

4）空分多址。空分多址（SDMA）是一种新发展的多址技术，SDMA 实现的核心技术是智能天线的应用，理想情况下它要求天线给每个用户分配一个点波束，这样根据用户的空间位置就可以区分每个用户的无线信号。换句话说，处于不同位置的用户可以在同一时间使用同一频率和同一码型而不会相互干扰。实际上，SDMA 通常都不是独立使用的，而是与其他多址方式如 FDMA、TDMA 和 CDMA 等结合使用。也就是说，对于处于同一波束内的不同用户再用这些多址方式加以区分。空分多址技术的工作过程如图 2-2-8 所示。

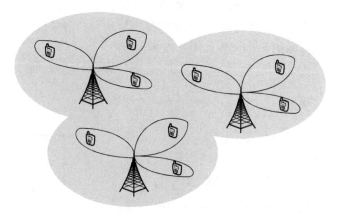

图 2-2-8　空分多址技术的工作过程

（4）智能天线技术

作为提高移动通信系统容量的重要手段，智能天线技术主要在基站使用，对于 5G 移动通信系统，工作频率要求更高，采用 64 根内置天线，以此作为提高下行速率带宽的重点手段之一。智能天线技术又称为多输入多输出（MIMO），通过波束赋形、分集技术、空间复用技术、层映射和预编码技术，完成信号的可靠传递。

1) 波束赋形。最简单的情况是基站的智能天线形成多个波束覆盖整个小区。每个波束可当作一个独立的小区对待，当覆盖区域业务量发生变化，每个小区可以调整波束覆盖区域，最大化满足覆盖小区的通信质量。波束赋形分为主瓣和旁瓣，通过参数调整有效保证主瓣方向信号覆盖强度，拟制旁瓣信号发射功率，减少对邻接小区的干扰。

2) 分集技术。分集技术是一种利用多径信号来改善系统性能的技术。其基本思想是利用移动通信的多径传播特性，在接收端通过某种合并技术将多条符合要求的支路信号合并且输出，从而大大降低多径衰落的影响，改善传输的可靠性。对这些支路信号的基本要求是：传输相同的信息、具有近似相等的平均信号强度和相互独立的衰落特性。

分集技术应包括两个方面：第一，如何把接收的多径信号分离出来，使其互不相关；第二，怎样将分离出的多径信号合并起来，获得最大的信噪比的收益。

常用的分集方式主要有两种：宏分集和微分集。宏分集也称为"多基站分集"，主要是用于蜂窝系统的分集技术。在宏分集中，把多个基站设置在不同的地理位置和不同的方向上，同时和小区内的一个移动台进行通信。只要在各个方向上的信号传播不是同时受到阴影效应或地形的影响而出现严重的慢衰落，这种办法就可以保证通信不会中断。它是一种减少慢衰落的技术。微分集是一种减少快衰落影响的分集技术，在各种无线通信系统中都经常使用。微分集采用的主要技术有：空间分集、极化分集、频率分集、场分量分集、角度分集、时间分集等分集技术。

3）空间复用技术。空间复用就是在接收端和发射端使用多副天线，充分利用空间传播中的多径分量，在同一频带上使用多个相互独立的数据通道（MIMO 子信道）传输不同的数据流，从而使得容量随着天线数量的增加而线性增加，提高数据传输的峰值速率。LTE 系统中空间复用技术包括：开环空间复用和闭环空间复用。

4）层映射和预编码技术。在 LTE 移动通信系统中，层映射与预编码实际上是"映射码字到发送天线"过程的两个的子过程，由层映射和预编码共同完成了 MIMO 的功能。其过程是首先通过层映射把要传输的码字复值调制符号映射到一个或者多个层中，完成串并转换并且控制空间复用的复用率，然后对层映射后的数据进行预编码，通过信道编码这一环节，对数码流进行相应的处理，使系统具有一定的纠错能力和抗干扰能力，可极大地避免码流传送中误码的发生，提高数据传输效率。

降低误码率是信道编码的目的。信道编码的本质是增加通信的可靠性。但信道编码会使有用的信息数据传输减少，信道编码的过程是在源数据码流中加插一些码元，从而达到在接收端进行判错和纠错的目的，这就是常说的开销。

4. 蜂窝移动通信网络结构

在移动通信网中，合理的网络组网建设才能保证完整可靠的通信过程。图 2-2-9 是一个完整的移动台的通信过程组网图，可以看出移动通信网络由无线接入网、承载网、核心网三大部分组成。

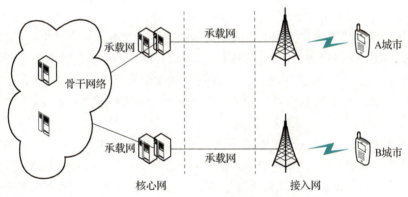

图 2-2-9　完整的移动台的通信过程组网图

（1）无线接入网

从图 2-2-9 中可以看出无线接入网由移动台子系统和基站子系统两大系统组成。

1）移动台（MS）。移动台称之为移动台子系统（MS, Mobile Station），由移动终端和用户识别卡组成。移动终端就是用于通信的具体设备，其主要功能完成语音编码和解码、信息的加密、解密、调制和解调、信息的发射和接收等功能。用户识别卡保存着用户在运营商开户的具体身份信息、使用网络信息，用于用户接入移动通信网的网络认证、鉴权和使用过程的管理，防止非法用户接入网络。

此外，移动台通过无线电磁波接入移动通信系统，具有无线传输与处理功能，且为使用者提供完成通话所必需的扬声器、话筒、显示器等人机界面和与其他一些终端设备对接的接口。根据具体应用的情况，移动台可以是单独的移动终端，也可以是无线计算机设备、智能电子产品、车载系统等。

2）基站子系统（BSS）。基站子系统（基站BSS，Base Station Subsystem）是蜂窝移动通信网无线接入网的网络设备，是通过运营商建设的，负责与移动台收发无线信号。基站子系统主要负责语音信道的编码、分配无线信道、寻呼和其他与无线网络相关的功能。

通常4G基站的基本组成分为天馈系统、射频单元（RRU）、基带单元（BBU）三大部分，5G移动通信网基站无线设备部分，天馈系统和射频单元由高性能射频无线一体化单元（AAU）替换，4G到5G天馈系统的变化如图2-2-10所示。

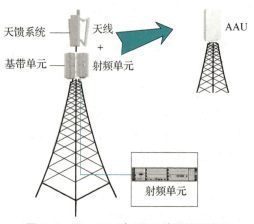

图2-2-10　4G到5G天馈系统的变化

①天馈系统：天馈系统主要包含天线和馈线，天线主要负责在无线信道上接收来自移动台的信号，或者发送信号至移动台。馈线是天线与射频单元之间的连线，保证信号在射频单元和天馈系统间传递。

②射频单元：射频单元（RRU，Remote Radio Unit）采用射频技术（RF）进行信号的生成和提取，保证无线空间达到信号远距离传递，是基站的重要组成部分。4G无线接入网中，RRU与天线之间通过馈线相连。

RF的作用是收发信机模块完成中频信号到射频信号的变换，再经过功放和滤波模块，将射频信号通过天线口发射出去。在下行方向，将电信号用高频电流进行调制（调幅或调频），形成射频信号（一定频率范围的电磁波），经过天线发射到空中；在上行方向，将射频信号接收后进行反调制，还原成电信号，完成无线电磁波到电信号的转变，这一过程称为无线传输。

5G无线接入网中，天馈系统与RRU合二为一，由AAU替代。

③基带单元：基带单元（BBU，Building Base band Unite）与射频单元通过光纤连接，是基站子系统的核心网元设备，用以完成信号编码、复用、调制和扩频等基带处理和信号传输相关的接口功能、信令处理、本地和远程操作维护功能，以及基站子系统的工作状态监控和告警信息上报功能。

此外，基站还包含铁塔、机房、电源、空调、防火、监控等设备配套系统，是保证天馈系统、射频单元和基带单元正常工作的支撑设施。

（2）承载网

承载网是用于完成语音和数据业务远距离传递的网络结构，位于接入网和核心网之间，或者核心网交换机与骨干层等其他核心交换机之间的物理网络，通常以光纤作为传输媒介。

现阶段，承载网融合了SDH/MSTP、PTN、OTN等多种传输技术，按照建网规模和业务处理量，从逻辑上可以将承载网分为4个层次：接入层、汇聚层、核心层和骨干层。

接入层是承载网中离用户最近的一段，主要完成基站蜂窝移动用户和用户有线业务的接入，比如宽带业务、专线业务、固网语音业务等。接入层提供的业务速率一般在155Mbit/s到

1Gbit/s 范围。

汇聚层完成来自不同区域接入层信号的汇聚,实现信号上传至承载网核心层,因此,汇聚层的速率比接入层要高,通常在 622Mbit/s 到 10Gbit/s。

核心层属于承载网本地业务的汇聚点,同时完成与骨干网的通信连接。核心层的速率通常在 10Gbit/s。

骨干层包括省干和国干。实现跨省和国际业务的通信网互联,骨干层的速率在 10 Gbit/s 到 Tbit/s 数量级。

(3)核心网

核心网是保证通信能正常完成的主要部分。核心网主要功能包括用户鉴权、位置更新、通信过程移动性管理、数据的处理和分析、路由交换等功能。核心网这些功能的实现,来自各个网络实体设备。5G 网络非独立组网核心网仍然是 4G 核心网 EPC,EPC 核心网网元包含 MME(Mobility Management Entity)移动性管理实体、SGW(Serving GateWay)服务网关、PGW(PDN GateWay)PDN 网关、HSS(Home Subscriber Server)归属签约用户服务器、PCRF(Policy and Charging Rule Function)策略和计费规则功能。EPC 核心网网元功能见表 2-2-1。

表 2-2-1　EPC 核心网网元功能

非独立组网 EPC 核心网各网元功能			
网元	功能	网元	功能
MME	负责信令处理: 1. 移动性管理 2. 会话管理 3. 用户鉴权和密钥管理 4. NAS 层信令处理 5. EMM/ESM 管理 6. TA LIST 管理 7. PGW/SGW 选择	PCRF	完成对用户数据报文的策略和计费控制: 1. 在非漫游场景时,在 HPLMN 中只有一个 PCRF 跟 UE 的 IP-CAN 会话相关,PCRF 终结 Rx 接口和 Gx 接口 2. 在漫游场景时,并且业务流是 local breakout 时,有两个 PCRF 跟一个 UE 的 IP-CAN 会话相关
SGW	负责本地网络处理: 1. 分组路由和转发功能 2. IP 头压缩 3. IDLE 态终结点,下行数据缓存 4. E-NodeB 间切换的锚点 5. 基于用户和承载的计费 6. 路由优化和用户漫游时 QoS 和计费策略实现功能	PGW	负责用户数据包与其他网络的处理,给 UE 分配 IP 地址: 1. 分组路由和转发 2. 3GPP 和非 3GPP 网络间的 Anchor 功能 3. UE IP 地址分配 4. 接入外部 PDN 的网关功能 5. 计费和 QoS 策略执行功能
		HSS	HSS(Home Subscriber Server)是归属用户服务器,存储了 LTE/SAE 网络中用户所有与业务相关的数据。

综上所述,蜂窝移动通信系统核心网的主要功能表现在:

1)用户连接的建立包括移动性管理(MM)、呼叫管理(CM)、交换/路由等功能。

2)用户管理包括用户的描述、QoS(加入了对用户业务 QoS 的描述)、用户通信记录(Accounting)、VHE(与智能网平台的对话提供虚拟居家环境)、安全性(由鉴权中心提供相应的安全性措施）。

3）承载连接（Access to）包括到外部的 PSTN、外部电路数据网和分组数据网、Internet 以及移动自己的 SMS 服务器等。

2.2.2 移动通信 5G 无线网介绍

要学习移动通信 5G 无线网，首先要清楚移动无线接入网 RAN（Radio Access Network），经常提到的基站就是属于无线接入网，用户终端发射无线电磁波，信号通过天线接收，把无线电磁波转换为馈线可以传输的导行波，再通过射频单元 RRU 处理后，通过光纤接入基站主设备基带单元 BBU 处理后，接入传输网进行传输，反之亦然。移动通信无线接入网 RAN 网络结构经历了从 2G 到 5G 的演进过程。

（1）2G 时代网络演进

1G 到 2G 时代，通信无线侧 BBU 和 RRU 与其他供电设备统一放在一起，便于管理。从 GSM 网络（2G）演进到 GPRS 网络（2.5G），最主要的变化是引入了分组交换业务。2.5G 通信网络组网如图 2-2-11 所示。

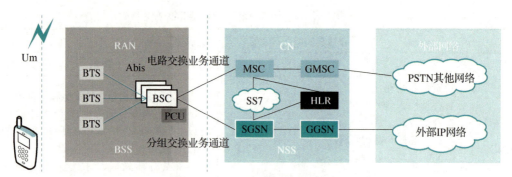

图 2-2-11　2.5G 通信网络组网

（2）3G 无线网络架构演进

3G 无线接入网称为通用陆地移动通信系统无线接入网（UTRAN）。3G 时代网络在速率方面快速提升，网络结构上也发生变化，无线侧功能方面与以往保持一致，核心网方面基本与原有网络共用，无太大区别。3G 通信网络组网如图 2-2-12 所示。

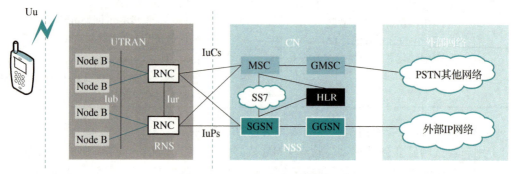

图 2-2-12　3G 通信网络组网

(3) 4G 无线网络架构演进

整个 LTE 网络从接入网和核心网分为 E-UTRAN 和 EPC，E-UTRAN 称为演进型通用分组无线网。4G 网络使无线侧网络组网更简单。网络扁平化，降低了呼叫建立时延和用户数据传输时延，降低了建设和维护成本，满足低时延、低复杂度和低成本的要求。4G 通信网络组网如图 2-2-13 所示。

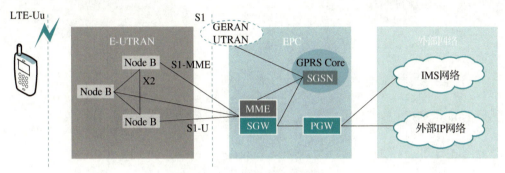

图 2-2-13　4G 通信网络组网

(4) 5G 无线网络架构

面对信息化高速发展的时代，人类社会活动过程中对网络的要求越来越高，高质量的网络服务才能给社会经济领域带来更高的效益。随着 AR/VR、无人驾驶、智能家居、远程医疗等智能系统的出现，要求 5G 移动通信网要能支持更高的带宽、更高的频谱利用率和更低的时延。因此，5G 无线接入网中，具体基站硬件的安装位置和功能划分上，在 4G 无线接入网的基础上进行了重新规划。

1) CU 与 DU 的概念。5G 基站无线网络架构上与传统基站最大的区别就是将基站单元 BBU 分为两个部分 CU（Centralized Unit，集中单元）和 DU（Distributed Unit，分布单元）。无线侧 4G 到 5G 网络架构的转变如图 2-2-14 所示。

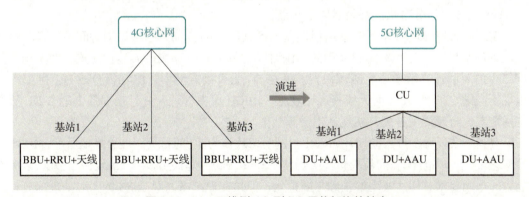

图 2-2-14　无线侧 4G 到 5G 网络架构的转变

由图 2-2-14 可以看出，4G 基站内部分为 BBU、RRU 和天线 3 个模块，每个基站都有一套 BBU。通过 BBU 直接连到核心网。而到了 5G 时代，原先的 RRU 和天线合并成了 AAU，BBU 则拆分成了 CU 和 DU。DU 分布在每个站点机房中，然后多个站点共用一个 CU 进行集中管理控制。如图 2-2-15 所示，这样就降低了通信过程时延，提高了网络部署的灵活性。

同时，CU还承担了一部分移动通信核心网的功能，提高了与核心网通信的效率，实现了对各基站集中管理。

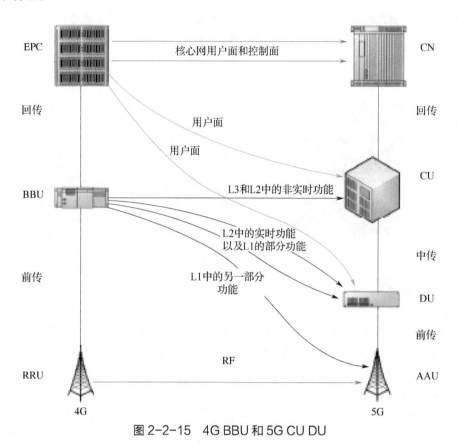

图 2-2-15　4G BBU 和 5G CU DU

2）CU 和 DU 对 5G 通信网络带来的好处与不足。

① CU 和 DU 切分带来的好处有以下几点：

a. 实现基带资源的共享。各基站根据覆盖区域用户的特点，基站忙闲时间不一样。对于传统的基站来说，不管小区用户使用的忙闲时段，每个基站都按最大容量配置，对于用户使用网络少的时间点，就造成了资源浪费。而在 5G 无线接入网中，BBU 拆分成 DU 和 CU 后，可以在不同地点部署 DU，而无线资源调度统一由 CU 集中管理，并且根据各个地方 DU 资源的使用情况，合理调度分配，实现基带资源共享。

b. 有利于实现无线接入的切片和云化。网络切片作为 5G 的目标，能更好地适配 eMBB（增强型移动带宽）、mMTC（大规模机器类通信）和 uRLLC（超高可靠与低延迟）三大场景对网络能力的不同要求。切片实现的基础是虚拟化，但是在现阶段，对于 5G 的实时处理部分，通用服务器的效率还太低，无法满足业务需求，因此需要采用专用硬件，而专用硬件又难以实现虚拟化。这样一来，就只好把需要用专用硬件的部分剥离出来成为 AAU 和 DU，剩下非实时部分组成 CU，运行在通用服务器上，再经过虚拟化技术，就可以支持网络切片和云化了。

c. 满足 5G 复杂组网情况下的站点协同问题。5G 和传统的 2G、3G、4G 网络不同的是高频毫米波的引入。由于毫米波的频段高，覆盖范围小，站点数量会非常多，会和低频站点形成一个高低频交叠的复杂网络。要在这样的网络中获取更大的性能增益，就必须有一个强大的中心节点来进行话务聚合和干扰管理协同。这样的中心节点就是 CU。

② DU 和 CU 的拆分产生的不利影响：

a. 时延的增加。网元的增加必然会带来数据处理时延，再加上增加的传输接口带来的时延，会对超低时延业务带来很大的影响。

b. 网络复杂度提高。5G 不同业务对实时性要求不同，eMBB 对时延要求不是特别敏感，看高清视频只要流畅不卡顿，延迟多几毫秒是完全感受不到的；mMTC 对时延要求更低，智能水表上报读数，有好几秒的延迟都可以接受；而 uRLLC 就不同了，对于关键业务，如自动驾驶，可能就是"延时一毫秒，亲人两行泪"。

因此，对于 eMBB 和 mMTC 业务可以把 CU 和 DU 分开来在不同的地方部署，而要支持 uRLLC，就必须要 CU 和 DU 合设了。这样一来，不同业务的 CU 位置不同，大大增加了网络本身的复杂度和管理的复杂度。

所以，CU 和 DU 虽然可以在逻辑上分离，但物理上是否要分开部署还要视具体业务的需求而定。对于 5G 的终极网络，CU 和 DU 必然是合设加分离两种架构共存的。

2.2.3 5G 站点机房介绍

1. 5G 组网模式介绍

5G 组网模式分为 NSA 和 SA 两种，NSA 是指非独立组网模式，无线侧采用 5G 组网，核心网仍然是 4G 网络 EPC，NSA 组网是目前绝大多数国家主流商用的组网模式。SA 是指独立组网模式，它通过建设独立的 5G 基站加 5G 核心网实现组网，成本造价、覆盖进度相比 NSA 更高、建设周期更长。NSA 和 SA 组网方式如图 2-2-16 所示。

（1）NSA 非独立组网模式（Non-Standalone）

NSA 是一对多的组网方式，EPC 核心网下带 4G、5G 两种无线接入网。

在此组网模式下，继续使用 4G 核心网，无线侧在原来 4G 无线网的基础上，增加了 5G 的基站，5G 网络信令继续走 4G 网络接入核心网，5G

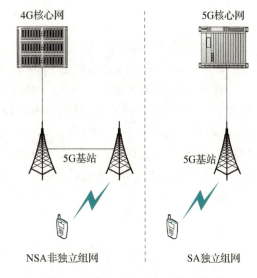

图 2-2-16　NSA 和 SA 组网方式

业务通过单独的路由接入 EPC。该组网方式投资成本小，而且部署快，能够快速推进 5G 网络覆盖。所以 NSA 也是目前绝大多数国家的主流商用 5G 的先行组网模式。

（2）SA 独立组网模式（Standalone）

SA 指的是 5G 独立组网方式，即通信网建设不再共享 4G 核心网资源。需要单独建设 5G 核心网。所以 SA 组网方式工程建设投入更大，部署更慢，要实现 5G 基本覆盖需要更长的时间。在 SA 组网方式下，从核心网到基站都采用 5G 技术，其结果必然是低时延，高速率，广覆盖，用户体验更好。所以 5G 网络部署以 NSA 为主，后期逐渐推进，向 SA 过渡。

目前国内运营商已经启动 NSA 模式 5G 服务，SA 模式则处于探讨推进阶段。按照 5G 发展趋势，目前部署 5G 的国家几乎都是 NSA 先行，在此基础上逐步过渡到 SA 与 NSA 并存的双模组网，最终实现 SA。

2. 5G 站点机房组网

目前 5G 站点机房采用 NSA 组网方式，在实际机房现场，5G 网络共用 4G 基础设施，如监控、电源、消防等配套设备，新增 5G 基带单元 BBU，将原来 4G 天馈系统和 RRU 替换为 5G 的 AAU（Active Antenna Unit，有源天线处理单元）设备。

（1）5G 基站组成

5G 基站设备组网如图 2-2-17 所示。

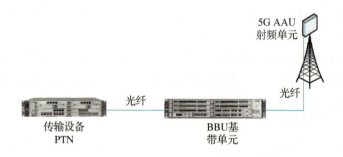

图 2-2-17　5G 基站设备组网

（2）5G 基站设备连线

NSA 下 5G 基站设备连接如图 2-2-18 所示。

5G 基站设备 NSA 的工作方式与 4G 设备原理相同，硬件区别在于 4G 的 RRU 和天线在 5G 中变成了 AAU。此外，SA 模式的 5G 基站用 DU 加 CU 取代 NSA 模式的 BBU，其他外部连接是一样的。BBU（或 DU+CU）、AAU 工作需要供电，电源从基站的直流配电单元经 DCDU 获取。BBU 要正常工作，需要接入 GPS 时钟同步信号，GPS 信号在接入 BBU 前要串接防雷器。BBU 的信号源，从基站的传输设备 PTN 通过光纤接入。所有设备都要接地，设备接地就近接到接地排上。

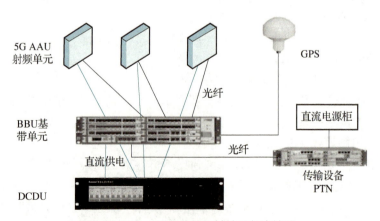

图 2-2-18　NSA 下 5G 基站设备连接图

3. 5G 机房无线设备的介绍

（1）5G 基站设备分类

5G 基站分为宏基站设备和微基站设备，两大设备场景下设备功能单元设计如图 2-2-19 所示。

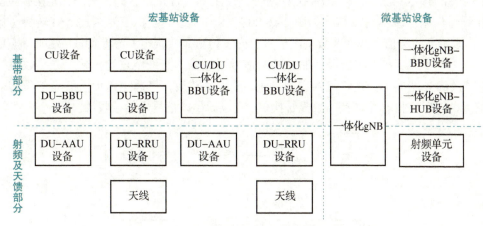

图 2-2-19　5G 宏基站和微基站设备功能单元设计

（2）设备功能介绍

①有源天线单元 AAU。AAU 是 5G 基站的主要设备，大规模天线阵列的实施方案。AAU 可以看成是 4G 无线网中 RRU 与天线的组合，集成了多个 T/R 单元。T/R 单元就是射频收发单元，5G 的 AAU 支持 64 路发射和接收信号，下行可稳定支持 24 路数据信号同时发送，上行也能同时接收 12 路信号同时接收。这样一来，即使 5G 采用跟 4G 一样的载波带宽和子载波间隔，在 MIMO 技术下也能实现小区下行吞吐量相比 4G 达到 5 倍的提升。

BBU 的部分物理层功能被设计到了 AAU 之中，因此和 RRU 相比，AAU 不仅是多集成天线部分的功能，还多了部分 BBU 物理层的功能。

②5G 基带处理单元 BBU。由于 5G 网络大带宽、低时延、广覆盖的特点，无线侧 BBU 演变成了 CU（集中单元）和 DU（分布单元）。其中，对 BBU 业务处理的实时性要求比较高的部分，分离成了 DU（分布单元），而对 BBU 业务处理非实时性功能则演变为了 CU（集中单元）。

③集中处理单元 CU。CU 单元除了包含一部分 BBU 非实时性功能外，5G 核心网功能下沉到边缘，CU 还将承载部分核心网的功能。

2.3　光传输系统

2.3.1　光纤通信系统介绍

1. 光纤通信概述

（1）光纤通信的概念

光纤通信是利用携带信息的光波作为载体、利用光导纤维作为传输媒介传递信息的通信技术。光纤通信除了可以传送声音，还可以传送电视图像、数据等。光纤通信应用的场合很多，除了通信网，还可以用于计算机网络、有线电视网，以及电力、公路、铁路系统的通信专网等。光通信技术的进步推动了整个信息产业的飞速发展，已成为当前远距离、大容量信息传输的重要基础设施。

（2）光纤通信系统的组成及分类

1）光纤通信系统的组成。数字光纤通信系统主要包含光发射机、光纤、光接收机。

光纤通信系统基本组成结构如图2-2-20所示。发送端模拟信号通过A/D转换（模数转换），将原始模拟电信号转变为数字电信号，光发射机是实现电/光转换的光端机，它的作用是进行电/光转换，并把转换得到的光脉冲信号码流输入光纤中进行传输。光接收机是实现光/电转换的光端机，光接收机的作用是进行光/电转换，将远距离传递的光信号转变为数字电信号，然后进行D/A转换（数模转换），变成原始电信号发给接收端。

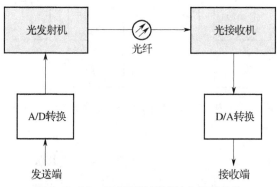

图2-2-20 光纤通信系统基本组成结构

光纤或光缆构成光传输的通路，其功能就是将发射端发出的已调光信号，经过光纤或者光缆进行远距离传输后，送入光接收机。

2）光纤通信系统的分类。从原理上看，构成光纤通信的基本物质要素有光纤、光源和光电检测器。光纤通信系统可根据所使用的工作波长、传输信号类型、光纤的模式不同等，分成各种类型，主要可以分为以下几类：

①按工作波长分。根据工作波长，可以将光纤通信系统分为短波长光纤通信系统、长波长光纤通信系统以及超长波长光纤通信系统。

短波长光纤通信系统的工作波长为0.7~0.9μm，中继距离小于或等于10km，这种系统的中继距离使用较短，目前使用较少。

长波长光纤通信系统的工作波长为1.1~1.6μm，中继距离大于100km，是现在普遍采用的光纤通信系统，其损耗小，中继距离长。

超长波长光纤通信系统的工作波长大于或等于2μm，中继距离大于或等于1000km，采用非石英纤，损耗极低，中继距离极长，是光纤通信的发展方向。

②按传输信号的类型分。根据光纤传输信号的类型，可以将光纤通信系统分为模拟光纤通信系统和数字光纤通信系统。模拟光纤通信系统是用模拟信号直接对光源进行强制调制的系统，它具有设备简单的特点，一般多用于广电系统传送视频信号，如有线电视的HFC网。数字光纤通信系统使用的调制信号为数字信号，它具有传输质量高、通信距离长等特点，几乎适用于各种信号的传输，目前已得到广泛的应用。

③按光纤的模式分。根据光纤的传播模式数量,可以将光纤通信系统分为多模光纤通信系统和单模光纤通信系统。多模光纤通信系统是早期采用的光纤通信系统,目前主要用于计算机局域网中,主要用于近距离传输。单模光纤通信系统是目前广泛应用的光纤通信系统,它具有传输衰减小、传输带宽大等特点,目前被广泛应用于长途以及大容量的通信系统中。

(3)光纤通信的特点及应用

1)光纤通信系统的优点。光纤通信之所以能够飞速发展,是因为和其他通信手段相比具有明显优势,主要表现在:

①传输频带宽,通信容量大。一根光纤的带宽在理论上能容纳 10^7 路 4MHz 的视频或 10^{10} 路 4kHz 的音频,而同轴电缆的带宽为 60MHz,能传输 10^4 路 4kHz 的音频,光纤宽带为同轴电缆的 100 万倍。一对光纤按目前常见的 2.5Gbit/s 的通信系统计算,可达到 28800 个话路。加上密集波分后,话路将非常可观。

②损耗低,传输距离远。目前光纤纤芯采用的是 SiO_2,玻璃介质的纯净度很高。光纤损耗极低,中继距离达上百千米。

③信号串扰小,保密性能好。由于光波具有良好的相干性,随着光器件的不断进步,不同光纤的光信号,同根光纤的不同波长间不会产生干扰,因此,光纤通信比传统的无线和其他有线通信具有更好的保密效果。

④抗电磁干扰,传输质量佳。由于光纤是非金属的介质材料,且传输的是光信号,因此它不受电磁干扰,传输质量较好。

⑤尺寸小、重量轻,便于敷设和运输。由于光纤的纤芯直径仅为 125μm,经过表面涂覆后尺寸为 245μm 左右,制成光缆后直径一般为十几毫米,比电缆线径细、重量轻,因此在长途干线或市内线路上空间利用率高,材质轻,便于施工敷设。

⑥抗腐蚀性能好

光纤和光缆外加保护层,防潮防水效果好,即使光纤因外层保护套破损,也不会影响内部信号传递。

2)光纤通信技术的应用。光纤在通信网及计算机网络等各种数据传输系统中都得到了广泛应用。光纤宽带干线传送网和接入网发展迅速,光纤的使用主要体现以下几方面:

①光纤在公用电信网间作为传输线。由于光纤损耗低、容量大、直径小、重量轻和敷设容易,所以特别适合作为市内电话中继及长途干线线路,这也是光纤的主要应用场合。

②局域网中的应用。把计算机网络和智能终端通过光纤连接起来,实现工厂、办公室、家庭等局域网。

③光纤宽带综合业务数字网。光纤宽带综合业务数字网除了传统的电话、高速数据通信外,还可以实现可视电话、视频会议、远程医疗、远程教育等大容量、高宽带业务。

④光纤用户线。目前除发展光纤局域网外,已经建设和发展光纤用户线,实现光纤到小区 FTTZ、光纤到楼 FTTB、光纤到户 FTTH。

⑤满足不同网络层面的应用。为实现光传输网向更高速率、更大容量、更长距离方向发展,在光通信网络中,通信核心层面、城域网层面、局域网层面,光纤通信都得到了广泛的应用。

⑥应用于专网。由于光纤主要成分是玻璃，具有不导电的特点，所以可以作为危险环境下的通信线路。光纤通信主要应用于电力、公路、铁路、矿山等通信专网，对于防强电、防辐射、防火灾、防爆炸是非常重要的。同时也提高了通信容量。

2. 光纤通信线缆介绍

（1）光纤与光缆

光纤纤芯主要是一种用玻璃制成的用来传输光波的传输媒介，具有低损耗，高带宽的特点。光缆是由多根细而柔软的光纤捆成。一根光缆由成对光纤组成，如 2 芯、4 芯、6 芯、8 芯、12 芯等，最多 288 芯。在日常生活中会经常听到电缆，电缆的主要材质是铜，又称为铜缆。与铜缆相比，光缆质量轻，施工方便，而且光缆本身不需要电能，信号以光波的形式传递，具备更大带宽，更远的传输距离和更高的传输速率。所以光缆是目前通信系统中最常用的传输媒介之一。

1）光纤的结构。光纤简称光导纤维，可作为光传导工具，外形是一种像头发一样粗细的透明玻璃丝。光在光纤中的传输是通过光的全反射原理实现远距离的传输。

一根光纤由纤芯、包层、涂覆层 3 部分组成，光纤的结构如图 2-2-21 所示。

纤芯位于光纤的中心部位，此外还有少量掺杂剂，其作用是提高纤芯对光的折射率，使光波达到纤芯全反射传递的作用。

包层位于纤芯的周围，折射率低于纤芯的折射率，保证光在纤芯中传递。

光纤的最外层为涂覆层。由纤芯和包层组成的光纤称为裸纤，在实际使用时柔软性很差，所以为了达到裸纤实际使用的要求，在裸纤外侧再增加涂覆层，涂覆层的材料主要是丙烯脂酸、环氧树脂等，用于增加光纤的柔韧性，保护光纤不受外界损伤。

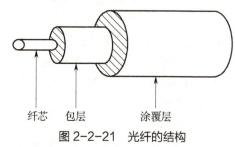

图 2-2-21 光纤的结构

2）光纤的分类。光纤可以按照不同的使用特性进行分类，根据项目工程使用情况，按具体传输距离和信号传输效果来分，主要分为单模光纤和多模光纤。

①单模光纤。指光波在纤芯中给定的工作波长上以单一模式传输，由于传播路径单一，因此光信号的损耗小，离散也很小，频带宽，传播的距离较远，是目前光通信网中使用最广泛的光纤。单模光纤使用的工作波长是 1310nm 和 1550nm。工程上常见的单模光纤颜色为黄色。

②多模光纤。指在给定的工作波长上，光在纤芯中能以多个模式同时传输的光纤。由于光的传播路径是多个模式，所以散射大，频带窄，适合近距离传输。一般使用在局域网中 100m 以上楼与楼之间的信号传递。多模光纤使用的工作波长是 850nm。工程上常见的多模光纤颜色为橘色。

在实际工程使用中，选择单模光纤还是多模光纤主要依据信号传输距离，如果只有几千米内，首选多模光纤，因为多模光线的 LED 接收/发射机的造价比单模光纤便宜得多，如果距离大于几千米，单模光纤最佳。另外还要参考信号传输带宽，对于高速率大带宽的数字信号，单模光纤也是最佳选择。

3）光纤的传输特性。光脉冲耦合进光纤并在光纤中传输时，随着传输距离的增加，信号存在功率损耗、波形畸变和展宽等影响。

①损耗。光波在光纤中传输时，随着传输距离增加光功率会逐渐减小，这种情况称为光纤的损耗，又称为衰减。光纤产生损耗的原因很多，从光纤的材料、结构和应用方面考虑，主要包括吸收损耗、散射损耗、弯曲损耗和接续损耗，其中吸收损耗和散射损耗属于光纤在使用过程中本身的材料吸收和散射引起的，而弯曲损耗和接续损耗属于光纤使用过程中工程敷设和光缆熔接产生的。

②色散。色散是指光在光纤中传输时脉冲的宽度将随着距离增大而展宽，由此产生信号的畸变，影响传输的距离和传输速率，也增加接收端误码。

光纤色散分为模式色散、材料色散与波导色散。

模式色散是指光在多模光纤中传输时会存在许多种传播模式，而每种传播模式具有不同的传播速度与相位，因此虽然在输入端同时输入光脉冲信号，但到达接收端的光波的时间却不同，于是产生了脉冲展宽现象。它是影响多模光纤带宽的主要因素。对于单模光纤，因为光波只有一种传输模式，所以不存在模式色散。

材料色散和波导色散均与波长有关，又称色度色散，指的是光脉冲在光纤中传播一段距离后，光脉冲会发生幅度降低、宽度展宽的情况，这一现象称之为色散。

在高速的光传输系统中，色散会引起码间干扰，对信息产生干扰损害。解决方法就是在传输线路中进行补偿，比如加入负色散光纤。另外也可以在接收端通过补偿算法进行补偿。一般1310nm通信波长的光纤色散要小于1550nm通信波长的光纤色散，故又称1310nm通信波长为零色散通信波长。

色散并非是影响通信的完全不利因素，在高速大容量通信系统中，保持一定的色散是消除非线性效应（四波混合等）的必要条件。

4）光纤连接器件。光纤连接器件是光纤通信系统工程建设中使用量最大的光无源器件，主要用于通信系统中设备间、设备与仪表间、设备与光纤间以及光纤与光纤间非永久性的固定连接使用的。

光纤连接器件在通信工程上使用主要包含连接器、耦合器、接续盒、配线架及信息插座等。

①光纤连接器。光纤连接器用来把光纤连接到接线板或有源设备上。目前有很多种光纤连接器，在安装时必须确保连接器的正确匹配。按照不同的分类方法，光纤连接器可以分为不同的种类，如按所支持的光纤类型的不同，可分为单模光纤连接器和多模光纤连接器；按连接器的插针端面，可分为FC、PC（UPC）及APC等光纤连接器。在光传输系统中，应用最多的是以直径2.5mm陶瓷插针为主的FC型、ST型、SC型光纤连接器。

要组成全双工的光纤传输系统，至少需要两根光纤，一根用于发送信号，另一根用于接收信号。那么光纤连接器根据光纤连接的方式可以分为：单连接器，在使用时只连接一根光纤；双连接器，在使用时要连接两根光纤。

光纤连接器有SC/PC型、FC/PC型、LC/PC型和LSH/APC型等。用于设备单板拉手条上的光口常见为LC/PC型光接口。在客户侧ODF处一般使用SC/PC型或FC/PC型光接口。

PC表示光纤接头截面工艺，是Physical Connection的缩写，表明对接端面是物理接触，即端面呈凸面拱型结构，此类连接器的接入损耗和回波损耗性能较好。

a. SC/PC 型光纤连接器。SC 是 Subscriber Cable 的缩写，有时记作 Square Connector，接头是标准方型接头，采用工程塑料，具有耐高温、不容易氧化的优点。SC/PC 型光纤连接器的插拔只需要轴向操作，不需要旋转。插拔 SC/PC 型光纤连接器的操作过程：插入光纤时，应小心地将光纤头部对准光接口板上的光接口，适度用力推入；拔出光纤时，先按下卡接件，向里微推光纤插头，然后往外拔出插头。SC/PC 型光纤连接器如图 2-2-22 所示。

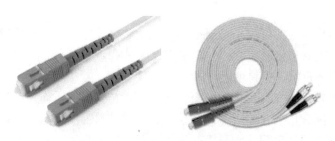

图 2-2-22　SC/PC 型光纤连接器

b. FC/PC 型光纤连接器。FC 是 Ferrule Contactor 的缩写，表明其外部加强件采用金属套，紧固方式为螺丝扣。插拔 FC/PC 型光纤连接器的操作过程：插入光接口板上的光接口，避免损伤光接口的陶瓷内管，把光纤插到底后，再顺时针旋转外环螺丝套，将光接头拧紧，按出光纤时，首先逆时针旋转光纤接口的外环螺丝套，当螺丝松动时，稍微用力向外拔出光纤。FC/PC 型光纤连接器如图 2-2-23 所示。

图 2-2-23　FC/PC 型光纤连接器

c. LC/PC 型光纤连接器。LC 是 Lucent Connector 的缩写，是一种小型光纤连接器。LC 接头与 SC 接头相似，但较 SC 接头小一些，LC 接头用于连接 SFP 光纤模块。插拔 LC/PC 型光纤连接器的操作过程：插入光纤时，应小心地将光纤头部对准光接口板上的光接口，适度用力推入，如果是弯头光纤，插入光接口后，可以将光纤头部向机箱面板侧转弯一个角度以减少走线空间；拔出光纤时，先按下卡接件，向里微推光纤插头，然后向外拔出插头。LC/PC 型光纤连接器如图 2-2-24 所示。

②光纤耦合器。光耦合器是用于实现光信号分路/合路，或者延长光纤链路的器件。通常，光信号从有耦合器的一个端口输入，从另一个端口或几个端口输出。因此，光耦合器可以用来减少系统中的光纤用量以及光源和光纤活动接头的数量，也可用作节点互连与信号混合。在光纤系统中应用的光无源器件，如各种分束器、波分复用器、隔离器和环行器以及光

开关等，都可称之为光耦合器。

图 2-2-24　LC/PC 型光纤连接器

按照耦合方式不同，光纤耦合器可以分为以下三类：

a. SC 型光纤耦合器。应用于 SC 型光纤接口，它与 RJ-45 接口看上去很相似，不过 SC 型接口显得更扁些，其明显区别还是里面的触片：如果有 8 条细的铜触片，则是 RJ-45 接口；如果是一根铜柱，则是 SC 型光纤接口，常用于终端连接，如图 2-2-25 所示。

图 2-2-25　常见 SC 型光纤耦合器

b. FC 型光纤耦合器。应用于 FC 型光纤接口，外部加强方式是采用金属套，紧固方式为螺钉扣，一般在 ODF 配线架上使用，如图 2-2-26 所示。

c. ST 型光纤耦合器。应用于 ST 型光纤接口，外壳呈圆形，紧固方式为螺钉扣，常用于光纤配线架，如图 2-2-27 所示。

图 2-2-26　常见 FC 型光纤耦合器　　　图 2-2-27　常见 ST 型光纤耦合器

③光纤接续盒。光纤接续盒又称为光纤终端盒，是光缆终端的接续设备，通常安装在机柜机架下端，能容纳数量比较多的光缆端头，可以通过光纤跳线接入光交换机。光纤接续盒的外观如图 2-2-28 所示。

光纤接续盒的主要功能如下：

a. 可方便地把来自不同方向的光纤汇集到一个地方，便于集中管理和使用。

图 2-2-28　光纤接续盒

b. 当光缆与光纤设备互连时，需要将光缆剥开露出光纤，再将光纤与尾纤熔接，而光纤熔接点处非常脆弱，易被折断，因此需要将熔接点装入光纤终端盒，以减少外力的作用。

c. 可用于充当室内光缆接续盒。在光缆布线中存在着连接两根光缆的问题，在连接两根光缆时，同样可以采用将光缆剥开露出光纤，然后进行熔接的方法，同样需要对光纤熔接点进行保护，防止外界环境的影响，这时就需要用到光缆接续盒。光缆接续盒具备光缆固定和熔接功能，内设光缆固定器、熔接器和过线夹。光纤接续盒分为室内和室外两种类型，室外接续盒可以防水，而在实际工作中可将光纤接续盒作为室内光缆接续盒使用。

④光纤配线架。光纤配线架又称 ODF 光纤配线架，是专为光纤通信机房设计的光纤配线设备。ODF 光纤配线架如图 2-2-29 所示。

该设备具有配置灵活、安装使用简单、容易维护、便于管理等优点，是光纤通信光缆网络终端，或中继点实现排纤、跳纤、光缆熔接及接入必不可少的设备。

ODF 光纤配线架的主要特点：

a. 标准单元结构尺寸。既可装入配线架机柜，也可壁挂安装。

图 2-2-29　ODF 光纤配线架

b. 工艺精良。结构件采用加厚镀锌钝化处理冷轧钢板和表面喷涂工艺，光纤分配盘采用掺杂阻燃材料的塑料材质，轻便灵活，又结实耐用。大径盘绕环设计使尾纤和跳纤的曲率半径每处都保持在 40mm 以上。

c. 结构灵活。既可单独装配成光纤配线架，也可与数字配线单元、音频配线单元同装在一个机柜或者机架内构成综合配线架。具有光缆引入、固定和保护功能，光缆终端与尾纤熔接功能，调线功能和跳纤存储，光缆纤芯和尾纤的存储和保护功能等。

d. 抽屉式结构。抽屉式结构便于光纤熔接，操作时可抽出，完毕后放回。

ODF 光纤配线架是光缆布线系统中一个重要的配套设备，它对于光纤通信网络安全运行和灵活使用有着重要的作用。

3. 光路检测设备介绍

（1）光源与光功率计设备介绍

光功率计用于测量绝对光功率或通过一段光纤的光功率相对损耗，是最基本的光纤调测设备，光源是发光端，中间用光纤连接，光功率计是接收端，接收端通过光功率检测，预测光在光纤中传输的损耗情况，以此判断此根光纤能否满足光纤传输的要求。光功率计与稳定光源组合使用，则能够测量连接损耗、检验连续性，并帮助评估光纤链路传输质量。常见光源和光功率计如图 2-2-30 所示。

光源　　　　光功率计

图 2-2-30　常见光源和光功率计

涉及光源按键的主要功能说明：

1）POWER 电源指示灯，用来开启电源。

2）LOW 低电量指示灯。

3）ON/OFF 电源开关，长按 2s 以上。

4）1310/1550 波长切换键，可切换 1310nm 波长与 1550nm 波长。

5）2kHz 波切换键，切换调制波与连续波。

6）适配器 FC/PC 接头，用来连接进行光纤测试的跳纤。

涉及光功率计按键的主要功能说明：

1）ON/OFF 电源开关，长按 2s 以上。

2）REF 设定 / 显示参考值，长按 2s 以上开启设定功能。

3）查看参考值，REF 亮 1s 后熄灭，设置参考值，REF 闪亮两次后熄灭。

4）μw/dB 显示切换键，可切换显示 μw/dB 值。mw、μw、nw、dB 的绝对值与相对值，按 μw/dB 切换。

5）λ 波长选择键，可在多种波间切换。

6）适配器 FC/PC 接口，用来进行光纤测试的接头。

7）数值 L_0、H_1 含义：所测信号低于额定范围值则显示 L_0，所测信号高于额定范围则显示 H_1。

（2）光源光功率计工作原理及功能。

1）光源的工作原理及功能。激光光源是利用激发态粒子在受激辐射作用下往返振荡，辐射不断增强的情况下形成强大的激光束而产生光源。激光光源是一种相干光源。

激光光源单色性高、方向性强、光亮度高，被广泛应用于光纤通信中。测试常用的光源主要为 DLS-3 双波长光源。DLS-3 双波长激光光源为光源测试提供了准确、稳定的功率输出，仅用一个输出口提供了 1310nm 或 1550nm 的波长输出，还提供了连续波和 2kHz 调制波输出。DLS-3 可以对长途和本地网的单模光纤系统进行准确快捷的测试，与光功率计配合使用来测量光纤的损耗。

2）光功率计的工作原理及功能。测试常用的光功率计为 LPM-3 型手持式，能够准确测量 850nm、1310nm、1550nm 波长的光功率值，与光源相连接，亦可测出光纤、光缆和各种无源光器件的光损耗。与 DLS 系列双波长光源配合使用，可精确测量光纤线路损耗，其测量距离可达到 300km 以上。测量范围在 $-70\sim10$dBm。

3）使用中常见问题及解决方法。

①光源光功不能开机。故障原因有：

a. 没有供电或者电池电量耗尽。处理方法：供电或者更换电池。

b. 电池连接线断路。处理方法：更换电池连接线。

c. 薄膜开关损坏（受潮），处理方法：更换薄膜开关，需返厂。

d. 电池反接。处理方法：将电池重新连接可自行处理，若仍不能排除问题则需更换主板。

②开机后马上关机。故障原因：电池电量不足，处理方法：更换电池。

③测量误差较大。故障原因有：

a. 连接器有污迹，处理方法：用高纯度酒精擦拭。

b. 连接器未连接好，处理方法：重新连接尾纤。

c. 设备长时间未校准，处理方法：重新校准。

④显示错误信息或乱码。故障原因有：

a. 空气湿度太大，处理方法：待湿度降低后再使用。

b. 在强大磁场附近，处理方法：远离电磁场。

c. 空气中有大量金属尘埃，处理方法：若导致线路受损，需要更换主板。

⑤开关失灵。故障原因有：

a. 空气湿度太大，处理方法：待湿度降低再使用。

b. 薄膜开关损坏，处理方法；更换薄膜开关。

4）日常维护。

①仪表使用完毕后，及时切断电源，盖上光纤接头保护盖，并置于通风干燥处。

②长期不使用时请取出电池，以免电池腐烂。

③外接电源需使用配套产品，以免造成永久性损坏。

④经常清洁光纤连接器保持光路干净。

⑤每年校准一次，确保测量精度。

⑥请勿自行拆卸设备，这可能导致永久性损坏并失去保修资格。

（3）OTDR 工作原理和设备功能

在通信网中，利用光功率计可以直接测量出发送端到接收端全链路的光衰减情况，依此直接判断出此条光路能否使用，简单可靠，而且设备成本低。然而，正常的通信线路施工过程，包括后期线路维护中，施工人员需要掌握施工线缆总长度的光传输性能，排查光缆故障点，光缆的熔接损耗和光弯折损耗等，依此能够快速完成故障点的定位，修复光缆线路问题，保证和恢复正常业务使用。这种能够快速完成线缆故障点的定位和损耗测量的工具，就是 OTDR。

1）OTDR 定义。OTDR（Optical Time Domain Reflectometer）称为光时域反射仪。OTDR 是利用在光纤中传输时的瑞利散射和菲涅尔反射所产生的背向散射而制成的精密的光电一体化仪表，它被广泛应用于光缆线路的维护和施工之中，用来测量光纤的长度、光纤的传输衰减、接头衰减和故障定位等。

2）OTDR 设备介绍。OTDR 设备大概可以分为 OTDR 仪表和 OTDR 单板两类。OTDR 仪表与波分设备不关联，需要维护人员携带仪表到站点手动扫描光纤来定位故障。OTDR 仪表有台式和手持式两种类型。OTDR 单板结构和仪表类似，但无显示器，测量结果可通过网管呈现，把光纤/光缆监控功能集成到波分设备里。通信工程基本上均用 OTDR 仪表。

台式和手持式光时域反射仪如图 2-2-31 所示。

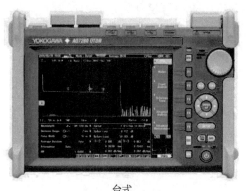
台式

手持式

图 2-2-31 台式和手持式光时域反射仪

OTDR 的测量模式分为自动模式和手动模式，通常根据实际工程具体情况进行手动设置。手动模式主要设置以下五个参数：

①波长设置（λ）：指 OTDR 激光器发射的激光的波长，本机可选择波长为 1310nm、1550nm，波长具体设置视情况而定。

②测试距离：通常设置为被测光纤线路长度的 1.5~2 倍之间最为合适。

③脉冲宽度：脉宽越小，盲区越小，测量距离越短；脉宽越大，盲区越大，测量距离越长。

④测量时间：分为平均时间和实时测量，一般情况下，建议测试时间为 15s，特殊情况下可以自定义。

⑤折射率：光纤的折射率参数一般是默认参数，特殊情况下，根据光纤参数设置对应折射率。

3）OTDR 工作原理。OTDR 的基本原理是利用分析光纤中后向散射光或前向散射光的方法测量因散射、吸收等原因产生的光纤传输损耗和各种结构缺陷引起的结构性损耗，当光纤某一点受温度或应力作用时，该点的散射特性将发生变化，因此通过显示损耗与光纤长度的对应关系来检测外界信号分布于传感光纤上的扰动信息。

OTDR 测试是通过发射光脉冲到光纤内，然后在 OTDR 端口接收返回的信息来进行。当光脉冲在光纤内传输时，会由于光纤本身的性质、连接器、接合点，弯曲或其他类似的事件而产生散射和反射。其中一部分的散射和反射就会返回到 OTDR 中。返回的有用信息由 OTDR 的探测器来测量，它们就作为光纤内不同位置上的时间或曲线片段。从发射信号到返回信号所用的时间，再确定光在玻璃物质中的速度，就可以计算出断点距离。

4）OTDR 设备使用经验与技巧。

①光纤质量的简单判别。正常情况下，OTDR 测试的光线曲线主体（单盘或几盘光缆）斜率基本一致，若某一段斜率较大，则表明此段衰减较大；若曲线主体为不规则形状，斜率起伏较大，弯曲或呈弧状，则表明光纤质量严重劣化，不符合通信要求。

②波长的选择和单双向测试。1550nm 波长测试距离更远，1550nm 比 1310nm 光纤对弯曲更敏感，1550nm 比 1310nm 单位长度衰减更小，1310nm 比 1550nm 测的熔接或连接器损耗更高。在实际的光缆维护工作中一般对两种波长都进行测试、比较。对于正增益现象和超过距离线路均需进行双向测试分析计算，才能获得良好的测试结论。

③接头清洁。光纤活接头接入 OTDR 前，必须认真用酒精棉擦拭清洗，否则插入损耗太大、测量不可靠、曲线多噪声甚至使测量不能进行，同时可能损坏 OTDR，避免用酒精以外的其他清洗剂清洁接头。

④折射率与散射系数的校正。就光纤长度测量而言，折射系数每 0.01 的偏差会引起较大误差，对于较长的光线段，应采用光缆制造商提供的折射率值。

⑤鬼影的识别与处理。在 OTDR 曲线上的尖峰有时是由于离入射端较近且强的反射引起的回音，这种尖峰称之为鬼影。消除鬼影的方法是选择短脉冲宽度，在强反射前端中增加衰减。若引起鬼影的事件位于光纤终结，可"打小弯"衰减反射回始端的光。

⑥正增益现象处理。在 OTDR 曲线上可能会产生正增益现象。正增益是由于在熔接点之后的光纤比熔接点之前的光纤产生更多的后向散光而形成的，事实上，光纤在这一熔接点上是熔接损耗的，常出现在不同模场直径或不同后向散射系数的光纤的熔接过程中。因此，需要在两个方向测量并对结果取平均作为该熔接损耗。在实际的光缆维护中，也可采用

"≤ 0.08dB"为合格的简单原则。

⑦附加光纤的使用。附加光纤是一段用于连接 OTDR 与待测光纤、长度为 300~2000m 的光纤,其主要作用为:前端盲区处理和终端连接器插入测量。

一般来说,OTDR 与待测光纤间的连接器引起的盲区最大。在光纤实际测量中,在 OTDR 与待测光纤间加接一段过渡光纤,使前端盲区落在过渡光纤内,而待测光纤始端落在 OTDR 曲线的线性稳定区。光纤系统始端连接器插入损耗可通过 OTDR 加一段过渡光纤来测量。若要测量首、尾两端连接器的插入损耗,可在每端都加一段过渡光纤。

2.3.2 光传输网概述

1. 传输网基本概念

在两个需要信息交互的终端之间搭建通信线路,实现信息的传输,这就是通信过程。但是这种简单的传输方式,随着通信终端的增多,建设和维护难度大大增加,而且通信传输会受到距离的限制。全互联的通信过程如图 2-2-32 所示。

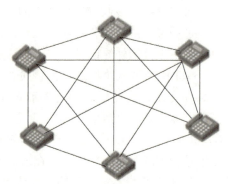

图 2-2-32 终端全互联通信网络

随着通信范围和传输距离的增大,原来传输线路无法满足信号传输质量的要求,为了降低网络建设和维护成本,在终端之间设置一台交换机,所有通信终端均与交换机进行连接,在通信过程中,由交换机对通信双方进行业务转接和信息转发,这样既降低通信线路的浪费,也使得通信更为灵活与方便。如图 2-2-33 所示。

起初的交换机也仅用于本地通信,然而为了方便不同地方用户进行通信联系,于是将位于不同地方的交换机用传输设备和传输线路连接起来,便组成了传输网,如图 2-2-34 所示。

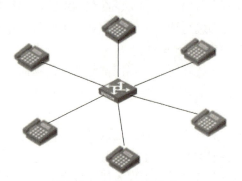

图 2-2-33 传输网雏形

图 2-2-34 传输网基本组成

传输网是在不同网络节点之间传递用户信息所组成的物理网络。而物理网络包含传输线路和传输设备。

2. 传输网在通信网中的定位

传输网在通信网中的位置如图 2-2-35 所示。

图 2-2-35　传输网在通信网中的位置

可以看出，传输网是由传输节点设备和传输介质共同构成的网络，位于交换节点之间，实现对业务进行可靠的长距离、大容量的传输，目前世界各国主要通过光纤通信来完成传输网的搭建。

传输网是一个庞大而复杂的网络，为便于网络的管理与规划，必须将传输网划分成若干个相对独立的部分。通常传输网按其地域覆盖范围的不同，可以划分为国际传输网、国内省际长途传输网（一级干线）、省内长途传输网（二级干线）以及城域网。对于城域网而言，根据传输节点所在位置及业务传送能力，将其划分为接入层、汇聚层、核心层，传输网分层结构如图 2-2-36 所示。

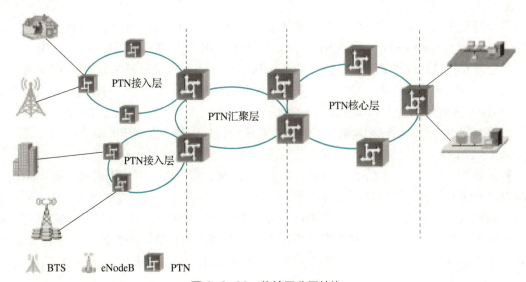

图 2-2-36　传输网分层结构

接入层为通信接入提供承载接口，连接移动业务网的基站、宽带多媒体用户、专线业务、语音或传真、综合大楼集团用户，完成业务接入并送入汇聚层。

汇聚层连接移动业务网内分散节点的基站、县区基站传输中心节点、数据宽带业务汇聚节点，主要用于语音、数据宽带、多媒体等业务的汇聚，完成接入网业务送入承载网核心层。

核心层主要连接移动业务网络交换局、网关局、数据业务核心节点，主要解决本地交换局的局间中继电路需求、干线网中继电路需求、城域汇聚层各种汇聚电路到交换局和次中心数据节点的接入电路需求，实现省内省际之间的传输。

3. 传输网发展和设备特点

（1）PDH 技术

准同步数字传输体系（Plesiochronous Digital Hierarchy，PDH），设备主要应用于 20 世纪

90 年代中期。PDH 设备虽然属于光传输设备，但主要处理的是电信号，另外 PDH 体制的地区性规范使网络互连增加了难度，在传输网中需要大量背靠背成对使用，不同厂家之间不能对接，也不具备良好的 OAM 机制。

PDH 的速率等级有一次群（基群）、二次群、三次群和四次群，PDH 基本的信号称为基群信号，也就是一次群，速率为 2.048Mbit/s，即现在还在使用的 E1 信号。

（2）SDH 技术

同步数字体系（Synchronous Digital Hierarchy，SDH），是一种将复接、线路传输及交换功能融为一体，并由统一网管系统操作的综合信息传输网，SDH 可以实现网络有效管理、实时业务监控和动态网络维护，不同厂商设备间可以相互兼容，能大大提高网络资源利用率，降低管理及维护费用，实现灵活可靠和高效的网络运行与维护。

SDH 设备进行信号传输的基本传输单元是 STM-1，速率是 155Mbit/s，往上一级有 STM-4、STM-16、STM-64 等，光口速率等级依次为 622Mbit/s、2.5Gbit/s、10Gbit/s，即信号在 SDH 设备中传输速率合成按四合一的方式进行处理和传输的。

（3）MSTP 技术

后期随着图像、视频等 3G 移动多媒体业务的需求不断增加，出现了多业务传送平台（Multi-Service Transport Platform，MSTP），是指基于 SDH 同时实现 TDM、ATM、IP 等业务接入、处理和传送，提供统一网管的多业务传送平台。作为传送网解决方案，MSTP 伴随着电信网络的发展和技术进步，经历了从支持以太网透传的第一代 MSTP 到支持二层交换的第二代 MSTP，再到当前支持以太网业务的第三代 MSTP 的发展历程。不过 MSTP 依然是基于 SDH 的刚性管道本质，对以太网业务的突发性和统计特性依然存在一定的缺陷。

（4）WDM 技术

波分复用（Wavelength Division Multiplexing，WDM）利用波分复用设备将不同信道的信号调制成不同波长的光，并复用到同一光纤信道上。在接收方，采用波分设备分离不同波长的光。WDM 的传送特点是充分利用光的巨大带宽资源，同时传输多种不同类型的信号，从而实现单根光纤双向传输，使其具有多种应用形式、节约线路投资、降低器件的超高速要求，并确保其高度的组网灵活性、经济性和可靠性。WDM 应用到传输网骨干层和核心层的建设中。

（5）PTN 技术

分组传送网（Packet Transport Network，PTN）作为 4G、5G 网络承载网的主流设备，是 IP/MPLS、以太网和传送网三种技术相结合的产物，它保留了这三类产品中的优势技术。PTN 使传输网向着 IP 化、智能化、宽带化和网络结构扁平化的方向发展，以分组业务为核心、增加独立的控制面，以提高传送效率的方式拓展有效带宽，支持统一的多业务承载，并继承了 SDH 的传统优势。PTN 技术融合了传统传送网和分组网各自的优势，是当前通信网络的新型传送网技术。

相对于传统的 SDH/MSTP 网络，PTN 网络最大的优势在于其强大的统计复用能力，因此特别适合 IP 化 4G、5G 数据业务的传送，其承载网业务传送显得更加经济和灵活高效。

（6）OTN 技术

光传送网（Optical Transport Network，OTN）是以波分复用技术为基础、在光层组织网络的传送网，主要应用在骨干传送网。OTN 解决了传统 WDM 系统的波长或子波长业务调度能力差、组网能力弱、保护能力弱等问题。OTN 处理的基本对象是波长级业务。由于结合了光域和电域处理的优势，OTN 可以提供巨大的传送容量、完全透明的端到端波长或子波长连接以及电信级的保护，作为目前传送宽带大颗粒业务的最优技术。

OTN 与 PTN 是完全不同的两种技术。OTN 是光传输网，是从传统的波分技术演进而来，主要加入了智能光交换功能，可以通过数据配置实现光交叉而不用人为跳纤，从而大幅提升了波分设备的可维护性和组网的灵活性。同时，新的 OTN 网络也在逐渐向更大带宽、更大颗粒、更强的保护能力演进。

PTN 是分组传送网，是传送网与数据网融合的产物。其主要协议是 MPLS-TP，相比传统网络设备，少了 IP 层而多了开销报文，可实现环状组网和保护，是电信级的数据通信网络。在目前 4G、5G 承载网组网中，结合 OTN 和 PTN 两大设备，基于大带宽、远距离传输基础上，实现电信级信息转发，提高承载网信息传输效率。

2.3.3　承载网 PTN 与 OTN 的组网应用

通信网络组网从大的方向分为骨干网和城域网。城域网又分为接入网、承载网和核心网。承载网又分为承载接入、汇聚到承载核心机房，承载网主要设备为 PTN 和 OTN，共同完成光传输网的承载功能，实现用户信息从接入网到核心网的传递。

1. PTN 的网络应用

（1）PTN 的网络定位

PTN 技术主要定位于城域网的汇聚接入层，其在网络中的定位主要满足以下需求：

1）多业务承载。包括无线基站回传的 TDM/ATM 以及今后的以太网业务、企事业单位和家庭用户的以太网业务。

2）业务模型。城域网的业务流向大多是从业务接入节点到核心汇聚层的业务控制和交换节点，为点到点（P2P）和点到多点（P2MP）汇聚模型，业务路由相对确定，因此中间节点不需要路由功能。

3）严格的 QoS。TDM/ATM 和高等级数据业务需要低时延、低抖动和高带宽保证，而宽带数据业务峰值流量大且突发性强，要求具有流分类、带宽管理、优先级调度和拥塞控制等 QoS 能力。

4）电信级可靠性。需要可靠的、面向连接的电信级承载，提供端到端的 OAM 能力和网络快速保护能力。

5）网络扩展性。在城域范围内业务分布密集且广泛，要求具有较强的网络扩展性。

6）网络成本控制。大中型城市现有的传送网都具有几千个业务接入点和上百个业务汇聚节点，因此要求网络具有低成本、可统一管理和易维护的优势。

（2）PTN 的组网应用

1）多业务承载。PTN 提供统一承载平台，针对移动 2G 和 3G 业务，提供丰富的业务接口 TDM/ATM/IMA/E1/STM-N/POS/FE/GE，通过 PWE3 伪线仿真接入 TDM、ATM、Ethernet 业务，并将业务传送至移动核心网，PTN 常见组网如图 2-2-37 所示。

2）核心网高速转发。核心网由 IP/MPLS 路由器组成，对于中间路由器 LSR，其完成的功能是对 IP 包进行转发。LSR 数据转发是基于三层的，协议处理复杂，可以用 PTN 来完成

LSR 分组转发的功能，因为 PTN 是基于二层进行转发的，协议处理层次低，转发效率高。基于 IP/MPLS 的承载网对带宽和光缆消耗严重，其面临着路由器不断扩容、网络保护、故障定位、故障快速恢复、操作维护等方面的压力，而 PTN 网络能够很好地解决这些问题，提高了链路的利用率，使网络建设成本显著降低。

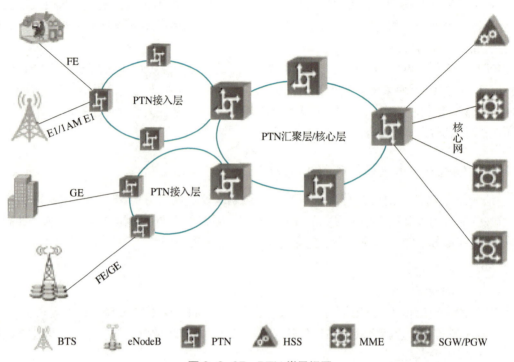

图 2-2-37　PTN 常见组网

2. OTN 的网络应用

（1）OTN 的网络定位

接入型 OTN 设备分为固定盒式和插板式两种，本地网城域网综合业务接入节点以下的 OTN 设备，主要放置在客户机房或边缘的局端接入局所。该设备主要提供 100Mbit/s 及以上较大带宽业务的接入和承载，特殊要求下兼顾 100Mbit/s 以下（E1 等）小颗粒业务的接入。接入型 OTN 设备通过线路侧 OTN 接口与放置在局端综合业务接入节点的 OTN 设备相连，实现对接入业务的汇聚、整合和疏导。

（2）OTN 的组网应用

OTN 对业务进行透明传输，单一网元上支持 SDH、Ethernet 的接入，提供大容量的交叉矩阵。大容量和对大颗粒业务的支持使得 OTN 在骨干层网络更具优势。OTN 支持点到点、环形、网状等各种结构组网。

IP over OTN 组网，可充分利用 OTN 灵活配置功能为 IP 层提供丰富的虚拟逻辑拓扑，避免传统的过量预留业务配置（端口、矩阵）模式，节省了路由器的容量和端口，提高了传送网的带宽利用率。传输层还可根据 IP 流量分布的变化调整为合适的逻辑拓扑。

在保护恢复方面，IP over OTN 网络传输层的保护和 IP 层的保护为互补关系，各有侧重。

如果光缆中断，会引起多条 IP 链路故障，可由传输层 OTN 网络提供小于 50ms 的快速保护恢复，此故障对 IP 层不可见，则不会引起 IP 层网络的业务处理。

学习足迹

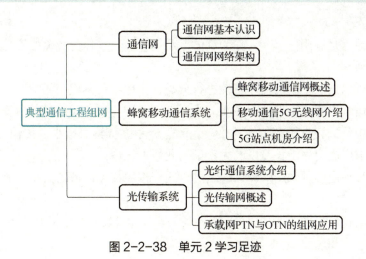

图 2-2-38　单元 2 学习足迹

拓展训练

一、填空题

1. 光纤通信是利用_____作为载体、利用_____作为传输媒质传递信息的有线光波通信。
2. 光纤可以按照不同的使用特性进行分类,按照项目工程使用情况,以具体传输距离和信号传输效果来分,主要分为_____和_____。目前主要用于计算机局域网中,进行近距离传输的是_____,根据传输衰减小、传输带宽大等特点,目前被广泛应用于长途以及大容量的通信系统中。
3. 蜂窝移动通信是采用蜂窝无线组网方式,按照覆盖区域的大小,分为_____和_____。
4. 5G 基站无线网络架构上与传统基站最大的区别就是将基带单元 BBU 分为_____和_____。
5. 通常基站的基本组成分为_____、_____、_____配套系统三大部分组成,在 5G 基站中,_____和_____合二为一,用 AAU 替代。

二、判断题

1. 光纤通信系统基本组成包括光发射机、光接收机两部分。（　　）
2. 基站向移动台传输信号,称为前向传输或下行传输,移动台向基站传输信号,称为反向传输或上行传输。（　　）
3. TDMA 时分多址技术按照时隙来划分信道,即给不同的用户分配相同的时间段以共享同一信道。（　　）
4. 光功率计用于测量绝对光功率或通过一段光纤的光功率相对损耗,是最基本的光纤调测设备。（　　）
5. 在光缆通信线路维护工程中,通常采用仪器 OTDR 来测量光纤的长度、光纤的传输衰减、接头衰减和故障定位等,根据实际的使用,经常分为手持式和台式两种。（　　）

三、简答题

1. 简述光纤连接器 LC-LC/FC-SC/LC-FC 的区别及工程上的使用位置。
2. 请画出蜂窝移动通信系统网络组网图。

模块 2　工程勘测管理

单元 3　现场勘测

学习导航

学习目标	【知识目标】 1. 熟悉 5G 站点工程勘测的流程 2. 熟悉 5G 站点勘测的主要内容 3. 熟悉站点勘测资料整理 【技能目标】 1. 掌握站点勘测常见仪器仪表的使用 2. 熟练完成站点勘测准备工作 3. 能够完成 5G 站点的机房及环境勘测 【素质目标】 1. 规范仪器仪表的使用 2. 熟悉机房勘测设备安装和走线规范要求 3. 能够完成勘测资料整理，绘制站点机房设计图纸
本单元重难点	1. 5G 站点勘测的主要内容 2. 通信介质的使用方法和使用场所 3. 常用仪器仪表进行线路勘测的方法
授课课时	8 课时

任务导入

项目勘测是施工建设的前提，施工现场勘测的质量，直接影响工程建设的进度。5G 站点机房的施工环境勘测对象，包含两大方向：一是站点机房至上游承载机房、周边用户方光缆资源及铺设方式勘测；二是机房天馈施工、机房内部供电、布线、设备安装及辅助设备安装情况勘测。

任务分析

站点机房勘测选址，是 5G 移动机房建设的重点内容，准确规范地完成机房及环境勘测，对于通信网络服务 KPI 指标达成，规范网络组网，节约建设和维护成本至关重要。进行无线站点勘测，首先要清楚 5G 站点勘测的流程和任务，熟练应用勘测工具，规范完成机房环境勘测和施工条件勘测，并且能够输出勘测报告和图纸资料，为站点机房建设施工提供可靠依据。

通过此部分的学习，应清楚站点勘测的重要意义，熟悉站点机房勘测内容，掌握机房勘测规范要求，能够利用合适的仪表仪器完成站点机房勘测内容的测量和绘图，整理勘测资料。

任务实施

3.1 勘测准备

3.1.1 基站勘测概述

通信工程勘测是指对通信工程建设现场进行的实际察看和测量,以确定通信工程建设过程中能够利用的现场条件,发现实际情况对通信工程建设的限制因素,并给予相应的处理措施。

基站勘测是对实际的通信信号传播环境进行实地勘测和观察,并进行数据采集、记录和确认工作。无线基站勘测的主要目的是获得天线传播环境情况、天线安装环境情况,以及其他站内系统情况,保证在现有基础上做出下一步的规划和安排。

基站勘测是工程设计中的重要环节,勘测工程师需按照理想站址实地查看,根据各种建站条件(包括电源、传输、电磁背景、征地情况等)将可能的站址信息记录下来,再综合其偏离理想站址的范围、对将来小区分裂的影响、经济效益覆盖区预测等各方面进行考虑,得出合适的建设方案,并取得基站工程设计中所需要的数据。

现场勘察是工程设计工作的重要阶段,也是工程设计的基础。只有在工程现场勘察工作中做到收集资料齐全、数据准确,真实性强、内容细致,并在现场勘察工作结束后,及时与建设单位沟通,详细了解建设单位的需求,才能确保工程设计文件对工程建设的实际指导作用。

3.1.2 基站勘测准备工作

1. 准备资料、熟悉情况及制定工作计划

1)收集现有基站技术参数。
2)收集整理现有网络运行资料。
3)分析路测图。
4)分析投诉报告。
5)收集各地区人口、经济及地理环境情况。
6)收集、分析可研资料。
7)分析现有网络状况,修订本期基站的具体设置情况。
8)制订合理工作计划。

2. 勘测工具准备

基站常用勘测设备见表 2-3-1。

表 2-3-1 基站常用勘测设备

功能	工具	测试	制图	记录
导航	智能手机、地图	网络测试专用手持机、GPS、卷尺/激光测距仪、指南针/罗盘	勘察绘图本、绘图笔	数码相机、智能手机、勘测记录表

1）详细地图（一般指电子地图，如百度地图、高德地图等），主要用于规划路线、导航、查看站点分布情况。

2）便携式数码相机（可使用高像素手机代替），主要用于拍照、采集勘测现场情况。

3）GPS 手持机，如图 2-3-1 所示，主要用于测量机房、天面的经纬度和海拔高度。

4）网络测试专用手持机，如图 2-3-2 所示，主要用于测试勘测现场通信网络的信号强度、衰减、上传下载速率等数据。

图 2-3-1　GPS 手持机　　图 2-3-2　网络测试专用手持机

5）指南针，如图 2-3-3 所示。主要用于测量角度，一般用于测量机房位置与正北方的夹角，也可用于测量基站天馈每根天线的方位角。

6）卷尺（最好是 10m 钢制卷尺），钢制卷尺如图 2-3-4 所示，主要用于测量机房面积、设备间距离。

图 2-3-3　指南针　　图 2-3-4　钢制卷尺

7）勘测记录表格，用于记录现场数据，勘测内容包括无线、传输、电源、天面、管道等。项目组要求的勘测记录表见表 2-3-2，包括但不限于表 2-3-2 中的内容。

表 2-3-2　常用勘测记录表

基站名称	站点属性：5G 工程一期二阶段	
站点配套	是否为敏感站点：	业主：
	地址：	选址单位：
	机房来源：	天馈：
	电力引入：	防雷：
	周边环境：	

（续）

基站名称	站点属性：5G 工程一期二阶段			
站点配套	业主要求：			
	注意事项：			
无线	实际高度：		周边建筑：	
	覆盖方向：		遮挡情况：	
传输	周边是否有公司资源：	管道：		架空光缆
	周边是否有其他资源：	管道：		架空光缆
	建议接入方式：	管道：		架空光缆
	管道施工条件：			
	是否需要微波：			

勘测人员签字：

运营商：　　　　　　　监理：　　　　　　　设计院：

土建：　　　　　　　　电力：　　　　　　　防雷：

勘测日期：

8）绘图笔用于绘制现场图或工程方案设计草图。为了方便修改，一般情况下使用铅笔进行绘制，但由于通信机房内设备较多，所以会配置多种颜色的笔用于绘图区分。

绘图本用于绘制现场设计草图，项目结束后作为项目资料进行保存。

9）智能手机或便携式计算机（可选），在勘测阶段主要用于查看站点分布情况、查询原有机房信息、查阅工程资料。由于智能手机功能的日益强大，上述内容均可在智能手机中完成，所以在勘测阶段可以不用携带便携式计算机。

10）激光测距仪（和卷尺二选一），如图 2-3-5 所示，用于利用光的传播特性测量距离，价钱较为昂贵，一般使用卷尺替代。

3. 其他准备工作

现场勘测前提是清楚到达目的地的地址，联系人及联系电话，去之前做好联系沟通。在郊区和农村地区，由于通信基站往往都修建在海拔较高的高山上，勘测人员经常会进入人烟稀少的丛林地区，且有可能遇到刮风、下雨等恶劣天气。为保证人身安全，勘测人员外出时还应携带手电筒、雨伞或雨衣、高筒牛皮靴、橡胶雨靴，以及各种应急药品等。

图 2-3-5　激光测距仪

4. 注意事项

在勘测过程中，勘测人员还应注意以下问题：

1）勘测前召开协调会。项目负责人、勘测人员与甲方就勘测分组、勘测进程、车辆和甲方陪同人员安排等问题进行沟通，做到各方思想统一后，共同制订勘测计划，合理安排勘测路线，合理进行资源分配。

2）勘测过程中如对配套清单、网络规划方案等内容有疑问，应及时与相关人员沟通。发现配套清单中有关配置、工程材料等方面存在的问题，应及时与工程项目负责人联系沟通。

3）勘测内容、设计方案（设备、天馈安装草图）、新增设备安装位置等信息需现场与甲方沟通确认。

4）严禁随意触动机房原有设备，特别是运行中的设备，与个人工作任务无关的设备严禁触动，同时注意施工后及时打扫施工现场，保持施工现场环境整洁。

5）勘测人员须提前准备次日勘测所需要的工具、材料，确保次日勘测工作顺利进行。

6）勘测人员当日现场工作结束后当天整理本日勘测资料，将本日资料进行汇总，并填写勘测报告，确保各种勘测资料的准确性，并将勘测后采集的信息提交至对应管理平台，严禁资料拖拉，勘测数据一旦不准确，就会影响勘测效果，甚至对后期工程施工产生严重影响。

7）完成勘测后需要求甲方运维部经理签字确认勘测成果，在工程设计查勘结果确认表中完善本次勘测的相关信息。

3.1.3　5G 基站勘测流程

现场勘察是设计的重要依据和基础，勘察过程注意必须认真做到影像和数据真实、准确、完整，数据测量填写项目清晰，计算和判断逻辑对应关系，推理出科学的设计方案，实现快速交付、降低成本、增加效益的设计管理理念，建立与运营商同规划、同设计的创新模式。

1. 同规划、同设计原则

塔桅要做到能利旧不新建的共享原则。天线挂高密集城区和一般城区为 10~15m，郊区 15~30m，农村为 35~60m，山区道路覆盖时可大于 100m，且天线前方 50m 内不能有明显遮挡。方位角需求方提供明确的天线方位角及覆盖区域，GPS 和 FSU 设计注意天线南侧无遮挡。GPS 横杆距塔体 1.5m。

机房电源柜电源容量按照实际 5G 站点设备需求增加扩容模块，或者新增 5G 智能电源柜及配套。机房蓄电池超过 8 年要立即更换，具体按照实际使用状况进行适当扩容或者按需更换。

供电原则上是三相直供电源，对于特殊场景专供电源，变压器容量、线路线径均满足使用需求。

2. 上站勘测

第一步：围绕基站环拍八张照片，从正北方为 0 开始，每隔 45°一张 GPS 照。

第二步：依据先整体后局部的原则对塔桅位置、机房内外环境、供电情况进行拍照。

第三步：填写勘察记录表，绘制基站平面草图并拍照。草图需体现基站经纬度信息、地址信息、电源引入、基站周围环境、地形地貌、基站距道路的距离、基站平面布置、方位、归属场景、覆盖区域等信息。

3. 计算、判断、确定方案

计算、判断基站现状，最终确定实施方案，主要包含直流功率，交流功率，塔桅增加后的挂载能力，机房、机柜的制冷能力，新增设备增加的直流功耗、交流功耗、散热量，新增系统后需要的模块数量、电池容量、空调制冷量、市电容量。

5G 站点勘测流程如图 2-3-6 所示。

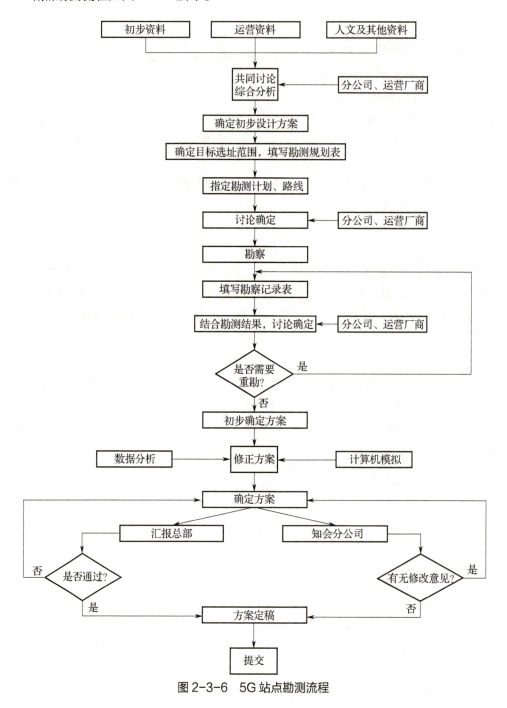

图 2-3-6 5G 站点勘测流程

3.1.4　5G 基站勘测要求

5G 站点勘测时，首先要确定无线网络覆盖区域，选择满足覆盖区域要求的基站站址，确定站点传输方式和实现方法，确定供电方案和实现措施，对基站的技术参数和设备布置进行设计。使用仪器仪表工具进行具体测量时，需要注意以下几点：

1）基站设备、电源设备等测量误差控制在 ±3% 之内。

2）使用激光测距仪时，被测距离中间应无障碍物阻碍。

3）测量经纬度及方位角等信息时，必须先对测距仪、GPS 进行数据校准，然后再进行站点海拔、方位、经纬度、距离等信息的测量。

4）观察记录天线安装位置周边障碍物，障碍物测量的误差控制在 ±8% 之内。

5）所有设备测量时以墙体为参照物进行相对位置尺寸的准确测量。

6）与局方配合人员及当地居民了解情况，协商确定合适的市电引入位置。

3.2　机房环境勘测

3.2.1　5G 基站勘测

1. 新建基站选址原则

通信机房是通信系统功能实现的重要位置，通信机房的工程质量直接影响整个通信系统工作稳定性和服务可靠性。因此，通信机房的选址应首先保证通信网络的规划和通信技术的要求，并结合人文、地质、交通、城市规划等因素进行综合考虑，选择最优站址。在机房选址时还应注意以下几方面：

1）参照附近基站的业务分布情况，对需覆盖区域进行业务量的分布预测，将基站设置在真正有业务需求的地点。

2）新建机房宜选择在基站信号覆盖区域的中心位置，避免主要业务区处于小区边沿。

3）基站站址在目标覆盖区内尽可能以蜂窝状规则分布，以利于优化。

4）在组网方式上以宏蜂窝基站为基础，微蜂窝基站、射频拉远、直放站及室内外分系统作为有力补充。

5）主要业务区域内的基站应当按照高负荷目标进行配置，机架数量、天线数量、开关电源容量和蓄电池容量都应以高标准进行配备，保证站址相对稳定，尽量避免将基站选择在待拆迁、有遮挡区域内。

6）应综合考虑非本运营商的移动通信系统的干扰，如广播电视系统等，当修建位置出现其他有干扰的通信系统时，需要保证系统间的空间隔离，选定地址前应测试覆盖效果或测试目标位置周围其他运营商的信号覆盖情况以作参考。

7）基站站址不宜选择在加油站、加气站等易燃、易爆建筑物场所附近。

8）基站站址不宜选择在生产过程中散发有害气体，多烟雾、粉尘、有害物质的工业企业附近。

9）基站站址宜选择在地形平坦、地质良好的地段，应避开断层、地坡边缘和有可能坍塌、滑坡和有开采价值的地下矿藏或古迹遗址的地方，应选择在不易受洪水淹灌的地区。

2. 机房勘测要求

在新建基站之前，运营商或铁塔公司需要首先选择合适的机房用来进行通信设备安装。这类机房主要有自建、购置和租用几种方式取得。因为要充分考虑网络的长期发展计划，提前在机房中做好布局规划，所以在现场条件满足的情况下，运营商一般会选择自建机房。此外，自建机房也更加符合国家和行业对通信机房的要求。此类机房一般常见于核心机房、汇聚机房，以及站址附近土地资源较为充足的无线机房。

而在城区，由于土地资源紧张，协商难度大，运营商基本不可能在网络规划范围内寻找到适合建设机房的场地。在这种情况下，购置和租用机房更为合适。在购置和租用机房时，一定要保证所选机房的布局、结构、承重等符合国家和行业的相关规定。

相对于共址基站而言，由于机房中还未安装任何通信设备，所以新建基站的勘测内容相对较少，但是作为对通信机房建设选址，勘测人员同样也需要详细进行现场勘察，主要包括：

1）机房经纬度、海拔高度信息。
2）机房的详细地址，进入机房所需的相关指引信息。
3）机房所在建筑物详细信息，机房所在楼层。
4）机房的来源为自建还是租用。
5）机房周边建筑物分布情况、道路信息。
6）机房的结构平面图，并标出详细尺寸。
7）机房内房间高度、下悬主梁高度及宽度、下悬次梁高度及宽度。
8）机房门、窗宽度及高度。

3. 天面勘测要求

移动通信基站主要由通信机房和天面两部分构成，通信天面包含 RRU、天线以及其他配套设备，如天线支撑杆用于安装天线，室外一体化开关电源用于给 RRU 提供电力供给，室外走线架、走线槽、PVC 管道等用于保护线缆。同时，由于修建天线时现场施工条件的多样性，还会存在美化树、美化灯杆、美化外罩等美化系统，用于保证通信天线与施工现场环境的协调一致。以上系统在移动通信工程中统称为天面系统。

基站的天面勘测过程如下：

1）确定增加天线小区的覆盖区域，记录各个扇区覆盖方向的地形、地貌等环境。
2）记录各个扇区覆盖方向上其他障碍物的遮挡情况。
3）记录天线安装方式、安装位置、天线选型、天线挂高、天线方向角信息，以及与其他天线的隔离情况。
4）记录铁塔情况包括增高架类型、高度等参数信息。
5）记录抱杆情况，包括抱杆高度、安装方式等参数信息。
6）记录 GPS 安装位置。
7）记录室外走线架位置、走线槽位置并测量长度。
8）依照要求，绘制室外天馈草图，包括塔桅位置、馈线路由（室外走线架及爬梯）、共址塔桅、主要障碍物等，尺寸尽可能详细、精确。若屋顶有其他障碍物，如楼梯间、水箱、太阳能热水器、女儿墙等时，也应将其绘制到勘测草图中，并详细记录这些物体的位置及尺寸、高度等信息，同时还应记录房屋大梁或承重墙的位置、机房的相对位置等。

9）拍摄基站天线所在建筑照片、天面照片，包含原天线位置、新增天线安装位置、周围环境照片（以正北 0° 为起始角，每隔 45° 拍摄一张照片，记录天面四方环境），同时单独拍摄三个主要覆盖区域的照片。

勘测是通信工程中的重要环节，在勘测人员对机房和天面进行实地查勘，获取到机房的所有现场参数之后，便可结合具体的项目要求对基站展开设计工作。

4. 勘测记录

勘测人员应认真填写现场勘测记录，要求翔实、准确、不遗漏。站点勘测过程中，主要需要填写以下内容：

1）分公司名称、工程名称、机房基本信息、机房产权信息。

2）站址的经度、纬度、海拔高度。

3）机房的大小尺寸（包括墙厚、机房所在楼层及楼体总层数的信息）。

4）天馈线部分类型（塔、杆类型，天线类型），各小区天线的方位角、下倾角、美化方式，原有天线及新增天线的安装位置。

5）天线安装位置照片（不同天线安装位置的照片各一张）。

6）绘制天面布置图。

7）BBU 设备数量、类型、配置、尺寸，合路器数量、类型，是否有扩容空间。

8）开关电源数量、尺寸及类型，开关电源模块数量、型号，开关电源端子使用情况，是否满足扩容需求。如果需增加 BBU，须核实是否有空余空气开关，需新增空气开关的须给出空气开关型号。

9）交流箱或交流屏的数量、尺寸、厂家，是否满足扩容需求。如果需要增加开关电源，须核实是否有空余空气开关，需新增空气开关的须给出空气开关型号。

10）蓄电池数量、尺寸、类型、厂家、使用年限。此项工作可与分公司配合人员核实，如使用年限过长，不满足扩容需求可更换蓄电池。

11）接地排、馈线窗的使用情况。如不满足扩容需求可新增接地排或馈线窗。

12）其他所有设备的尺寸信息，如传输综合柜、PTN 机柜、监控设备、数据设备等。

13）走线架在机房内的布置、走线架离地高度、走线架宽度、垂直走线架的安装位置。

14）机房布置照片最少四张（从机房四个角拍摄机房内的布置）。

15）绘制机房平面图（含走线架平面图）。

通信机房和天面勘测登记表见表 2-3-3。

表 2-3-3　通信机房和天面勘测登记表

站点基础信息					
设备厂家		覆盖区域			
经度		纬度		海拔	
机房类型		塔杆类型		机房用电	
机房所在层数 / 房屋总层数 / 层高		走线架米数 / 距地			

（续）

站点基础信息	
交流配电箱厂家/数量/端子	
开关电源厂家/数量/模块/端子	
蓄电池厂家/数量/年限	
接地排数量/安装位置	馈线窗信息

运营商/网络信息			
运营商		网络位置	
机柜类型		对应机柜数量	

天面信息			
类别	A	B	C
天线数		天线挂高	/ / /
方向角	/ / /	下倾角	/ / /
已有天线的类型/数量		天线支架	
新增天线的类型/数量		新增支架	

设备、配套设施规格/mm				
类别	高	宽	深	备注
无线设备				
配电箱/屏				
蓄电池				
无线设备				
传输设备				
综合柜				
空调				
其他				

5. 勘测后需要整理的资料

1）对于共址基站，需要填写共址基站勘测记录表，该表格需要运营商分公司负责配合的人员签字，勘测后需提交纸质文档。

2）完成当日勘测后需要填写勘测信息汇总表，勘测完成后提交电子文档至管理平台。

3）勘测结束后需要填写工程勘测结果确认表，要求分公司对勘测信息汇总表中的站点进行排序，该表格需分公司运维部经理以上人员签字并加盖公章，勘测完成后需提交纸质文档。

4）勘测结束后需要按照基站配套材料清单表填写说明的要求填写配套材料清单表。

3.2.2　5G 站址周围环境勘测

检查人员按工作安排到达站址后，首先检查站址周围环境是否存在安全隐患，防止塌方、滑坡等自然灾害造成机房损害，发现隐患应及时协商处理并报告。站址周围环境检查项一般包括以下内容：

1. 机房进出条件勘测

确定站址有无纠纷，可否正常出入。核实机房产权是否清晰，如果站址机房有问题，现场人员协商解决，并做好协商结果记录。

2. 机房外电条件勘测

检查外电路由是否与设计、施工图纸一致，市电外线引入是否完成，是否具备发电条件，发电装置安装位置是否合理。

3. 机房土建条件勘测

机房周围无易燃、易爆或塌方等安全隐患。机房附近严禁存放易燃、易爆物等危险品，如果发现安全隐患，现场人员协商解决，排除安全隐患，并做好协商结果记录，按要求拍摄现场照片。

机房、围墙墙体和地面平整无鼓包，墙体无沉降、无裂缝。机房整体建设应完好，符合设计要求。

机房防水、防火应符合设计要求。机房建筑必须符合《邮电建筑防火设计标准》的有关规定。

将以上检查项中的关键内容列于表 2-3-4 中。

表 2-3-4　5G 站址周围环境勘测

	站址周围检查内容	现场记录	是否达标
机房进出	站址有无纠纷，是否可以正常出入		
	其他问题		
机房外电	外电引入是否与设计方案和图纸一致		
	具备发电条件，设施安装位置是否合理		
机房土建	机房周围无易燃易爆或塌方等安全隐患		
	机房墙面平整无脱落、无沉降、无裂缝		
	机房防水防火设计符合要求		
	其他问题		

3.2.3　5G 机房内部环境勘测

站点机房须满足结构承载及消防的安全要求，并具有良好的适用性。站点机房分为自建机房和租赁机房两类。其中，自建机房又可分为土建机房、彩钢板机房、一体化（集装箱）机房以及室外机柜。不具备自建机房条件但有可利用建筑物房屋时，选用租赁机房。

进出站点机房，应做好出入机房登记，然后再进行机房内部施工环境勘测。站点机房施工环境检查项一般包括以下内容：

1. 机房内整体环境条件勘测

机房的门窗安装完好，机房门锁、门窗能正常使用，保证设备安全，不会丢失。屋顶、门窗可密封，无漏光等现象。

机房内各种设备位置、高度应符合设计要求，尤其是设备安装位置合理，空间充足。机房内设施安置整体干净，室内温度正常，空间满足扩容要求，无施工垃圾，各种孔洞封堵严实。机房内保持湿度和温度的设施应符合设计要求，即温度为18~28℃，相对湿度为20%~80%。

馈线窗位置、高度、尺寸等符合设计要求，馈线窗空孔洞数量满足要求。

2. 机房消防条件勘测

消防设施布置完成，机房内放置灭火器，保证能够正常使用。保证手提式灭火器消防到位，并在有效期内。吊顶式灭火器安装规范，热敏线位置合理，并且在有效期内。

机房内及其附近严禁存放易燃、易爆物等危险品。

3. 机房内电源条件勘测

市电引入完成，交流配电箱固定牢固可靠，市电外线引入空气开关，交流配电箱内标签齐全。

电源柜整流模块和直流端子满足配置，电源接线端子数量、规格符合要求，开关电源运行正常无故障。

4. 机房内蓄电池条件勘测

电池架使用膨胀螺钉固定在地面，电池连接线（连接片）紧固美观。电池无漏液、鼓包、破裂等，梯次电池无告警。蓄电池应远离火源，保持干燥、清洁和通风。

5. 机房内空调条件勘测

空调安装及运行正常，保证机房要求温度，避免温度过高影响设备正常运行。

6. 机房内照明条件勘测

室内照明应正确安装，并运行正常，插座能正常使用，保证室内正常施工照明和用电。

7. 机房接地条件勘测

机房接地系统必须符合工程设计的要求。机房内应设有工作接地排和保护接地排，机房外应设有防雷接地排，并且各接地排规格和孔洞符合工程设计要求。各接地排由接地引入线（40mm×4mm 扁钢或 95mm² 铜线）牢固连接，接地电阻符合设计要求，即接地电阻小于 5Ω。

走线架、交流配电箱、综合柜、防雷器、开关电源等设备接地良好，接地排留有足量接地处，保证接地线无复接现象。

8. 机房监控条件勘测

机房监控系统必须符合工程设计的要求，高能效、可管理，与监控中心确认摄像头是否正常工作，拍摄位置角度是否合理。确保门禁可正常使用，智能空调、开关电源、蓄电池、停电、环境类告警现场测试通过。

机房常见传感器如温湿度传感器、烟雾传感器、水浸传感器等安装位置合理，对应传感器及主机侧标签安装正确、规范。

9. 机房内传输条件勘测

传输光缆到位，光缆引入室内，传输设备接口数量满足使用要求。

将以上检查项中的关键内容列于表 2-3-5 中。

表 2-3-5　5G 机房内部环境勘测

	机房内部检查内容	现场记录	是否达标
整体环境	机房内各种设备位置、高度是否符合设计要求		
	机房整体干净，空间满足扩容要求。无施工垃圾，各种孔洞封堵严实		
	馈线窗位置、高度、尺寸等符合设计要求，馈线窗空孔洞数量满足要求		
消防	消防设施布置合理，机房内放置灭火器并保证能够正常使用		
电源	开关电源运行正常无故障（否决项）		
	电源柜整流模块和直流墩子满足配置		
	电源接线端子数量、规格符合要求		
	交流配电箱内标签齐全		
	其他问题		
蓄电池	电池无漏液、鼓包、破裂等，梯次电池无告警（否决项）		
	电池架使用膨胀螺钉固定在地面，电池连接线（连接片）紧固美观		
空调	空调安装及运行正常		
照明	室内照明安装及运行正常，插座正常		
接地	走线架、交流配电箱、综合柜、防雷器、开关电源等设备接地良好		
	室内（外）地排正确安装、连接		
	接地电阻测试正常（否决项）		
监控	门禁可正常使用		
	与监控中心确认摄像头是否正常工作，拍摄位置角度是否合理		
	智能空调、开关电源、蓄电池（梯次电池）、停电、环境类告警现场测试通过		
	传感器安装位置合理，对应传感器及主机侧标签安装正确，规范		
传输	传输光缆到位，传输设备接口数量满足使用要求		
其他			

3.3 施工条件勘测

3.3.1 机房外施工条件勘测

1. 天线抱杆施工条件勘测

抱杆及构件作为通信传输天线的支持物，是重要的通信传输基础设施，因此要特别重视抱杆的安装使用。常见的天线抱杆有屋顶天线抱杆、塔上抱杆、GPS 天线抱杆和远端模块抱杆。天线抱杆检查项一般包括以下内容：

（1）屋顶天线抱杆条件

抱杆的数量应对应安装天线数，抱杆构件无缺失，抱杆安装前应检查屋顶面、女儿墙、走线梯是否有松动、破损或移位，及时排除安全隐患。

（2）塔上抱杆条件

天线抱杆、悬臂及塔体必须紧固连接，符合安全要求；抱杆和悬臂必须防锈、抗腐蚀；抱杆安装应垂直地面，偏差程度不超过 1°，抱杆位置设置应符合工程设计要求。

天线抱杆应满足天线系统水平分离度和垂直分离度的要求。接地材料符合要求，焊接处做防锈处理。

（3）GPS 天线抱杆条件

GPS 天线抱杆、悬臂及塔体必须紧固连接，符合安全要求。抱杆和悬臂必须做好防锈、抗腐蚀处理。

GPS 天线一般应安装在铁塔或楼顶南面可选择的最开阔处，与 GPS 天线杆成 45° 范围内应无阻挡，抱杆应垂直地面，偏差在 1° 以内。铁塔 GPS 支架悬臂伸出塔体长度大于 1m。建议抱杆长度为 1m 左右，直径为 75 mm。

（4）远端模块抱杆条件

远端模块抱杆、悬臂及塔体必须紧固连接，符合安全要求。抱杆和悬臂必须做好防锈、抗腐蚀处理。抱杆位置设置应符合工程设计要求。远端模块抱杆数量符合设计要求，应根据现场环境确定抱杆长度和固定方式。

（5）安全条件

所有天线抱杆必须处于避雷针 45° 保护范围内。

抱杆的接地：扁钢与杆体焊接的长度不得小于 100mm，并做好防腐蚀、防锈处理。

避雷针接地：用 40mm×4mm 热镀锌扁钢，焊接面要充分，要求四面焊接。扁钢与避雷带的焊接长度不少于 100mm。

避雷针接地与抱杆等金属之间要绝缘，用绝缘材料进行隔离。

将以上检查项中的关键内容列于表 2-3-6 中。

表 2-3-6　天线抱杆施工条件勘测

机房外部检查内容		现场记录	是否达标
屋顶天线抱杆	抱杆数量（设计天线数）		
	天线安装平台牢固结实		
	垂直度符合要求，构件无缺失		

（续）

机房外部检查内容		现场记录	是否达标
屋顶天线抱杆	抱杆、悬臂防锈、抗腐蚀性能及安装工艺		
	接地材料符合要求，焊接处做防锈处理		
塔上抱杆	塔上抱杆水平分离度符合要求		
	塔上抱杆垂直分离度符合要求		
	抱杆、悬臂防锈、抗腐蚀性能及安装工艺		
	接地材料符合要求，焊接处做防锈处理		
	其他问题		
GPS 天线抱杆	GPS 抱杆安装位置符合要求		
	GPS 天线悬臂伸出塔体长度		
	抱杆垂直度符合要求，构件无缺失		
远端模块抱杆	抱杆数量		
	抱杆长度		
	固定方式		
安全条件	天线抱杆必须处于避雷针 45° 保护范围内		

2. 铁塔或走线架接地处施工条件勘测

铁塔或走线架具有良好的电气连接以及足够的接地处理，这样可有效防止通信设施遭受雷电或静电的侵害，保证通信设备正常工作，提高网络运行安全可靠。铁塔或走线架接地处检查项一般包括以下内容：

（1）铁塔接地处条件

新建铁塔按照通信主线缆接地要求预留接地位置。

（2）走线架接地处条件

楼顶走线架安装通信主线缆时，相应位置应有可供接地的足量孔洞。室外走线架每节之间应通过扁钢可靠焊接，并与接地系统可靠接地。在进机房前、滴水弯后，应单独在室外再次就近预留接地位置一处。

将以上检查项中的关键内容列于表 2-3-7 中。

表 2-3-7　铁塔或走线架接地处施工条件勘测

机房外部检查内容		现场记录	是否达标
铁塔接地处	新建铁塔按照接地要求预留接地位置		
	塔体接地符合要求		
走线架接地处	走线架安装线缆的相应位置有可供接地的孔洞		
	走线架接地良好，符合要求		

3. 室外走线架应具备的施工条件

走线架是机房专门用来走线缆的设备。通信工程中通过走线架来布放机房及基站内外各类线缆。走线架具有外形美观、款式多样、强度高、安装简单、布放线缆方便等特点，可适用于水平、垂直及多层分离布放场合。

室外走线架宽度、横档间距应符合要求。宽度不小于 0.4m，横档间距不大于 0.8m。铁塔和抱杆到馈线窗间必须有连续的走线架，到馈线窗处应高于铁塔固定处，保证雨水不会沿线缆流入室内。为使馈线进入室内更安全、合理，施工更安全、便利，高层机房外墙走线架应在馈线孔以下留有 1.5~2m 长度。

楼顶走线架安装通信主线缆时，相应位置应有可供接地的足量孔洞。室外走线架每节之间应通过扁钢可靠焊接，并与接地系统可靠接地。室外走线架需有足够的支撑力承重。将以上检查项中的关键内容列于表 2-3-8 中。

表 2-3-8　室外走线架勘测

	机房外部检查内容	现场记录	是否达标
室外走线架	走线架需有足够的承重支撑力		
	走线架宽度、横档间距符合要求		
	铁塔和抱杆到馈线窗间有无连续走线架		
	高层机房外墙走线架符合要求		

3.3.2　机房内施工条件勘测

1. 新建基站机房条件勘测

在进行基站勘测之前，首先需要取得运营商主管部门的同意，填写基站机房勘测审批表并递交至运营商主管部门。待主管部门允许之后，便可与运维部门配合人员一起进站勘测。

1）进入机房前，在勘测记录表格中记录所选站址建筑物的地址信息。

2）进入机房后，在勘测记录表格中记录建筑物的总层数、机房所在楼层，并结合室外天面草图画出建筑内机房所在位置的侧视图。

3）在机房草图中标注机房的指北方向，机房长、宽、高（梁下净高），门、窗、立柱和主梁等的位置和尺寸，以及其他非通信设备物体的位置、尺寸信息。

4）要注重机房的整体性和美观性，尽量将功能类似的设备设计在一起，同时考虑设备使用的安全性。

5）设备布局应有利于提高机房面积的使用率。

6）设备的布置应便于操作、维护、施工。

7）机房中一般不考虑下走线方式，尽量使用上走线。

8）一般情况下走线架需要整齐规划，一次安装到位。

9）确定机房内走线架、馈线窗的位置和高度，在机房草图中标注馈线窗位置尺寸、馈线孔使用情况。

10）机房内设备区查勘时，根据机房内现有设备的摆放图、走线图，在机房草图中标注原有设备、本期新建设备摆放位置。若本期工程要在机房中新增设备，需要在对应位置粘点位标签。

11）了解传输系统情况，对于已有基站，需了解现有基站的传输情况，包括传输的方式、容量、路由情况等。

12）不同电压等级的线缆不宜布放在同一个走线架，若线缆数量较少，可以布放在同一个走线架内，但要充分考虑不同线缆间的间距。

13）了解机房内交流、直流供电的情况，在勘测记录表格中记录开关源整流模块、空气开关、熔丝等使用情况，做好标记并拍照存档。

14）了解机房内蓄电池、UPS、空调、通风系统情况，在勘测记录表格中记录这些设备的参数信息，并现场拍照存档。

15）确定机房接地情况，对于租用机房，尽可能了解租用机房的接地点信息，在机房草图中标注室内接地铜排的安装位置、接地母线的接地位置、接地母线的长度。

16）从不同角度拍摄机房照片，记录馈线窗、封洞板、室内接地铜排、走线架、馈线路由和预安装设备等的位置。

机房内施工条件勘测记录表参考 5G 机房内施工环境勘测记录表。

2. 室内走线架条件勘测

1）室内走线架安装方式有吊装、地面支撑和三脚架支撑等。
2）室内走线架及槽道的安装位置、高度符合设计要求，偏差不超过 50mm。
3）室内走线架宽度、横档间距符合要求。宽度不小于 0.4m，横档间距不大于 0.8m。
4）室内走线架及槽道应保持水平，水平度每平方米偏差不应超过 2mm。
5）室内走线架及槽道应与地面保持垂直，无倾斜现象，垂直度偏差不应超过 3mm。
6）室内走线架拼接处的水平度偏差不应超过 2mm，拼接处应保持良好电气连接。
7）室内走线架及槽道接地体应符合设计要求，并保持良好电气连接。
8）室内走线架需有足够的支撑力承重。

将以上检查项中的关键内容列于表 2-3-9 中。

表 2-3-9 室内走线架勘测

	机房内部检查内容	现场记录	是否达标
室内走线架	走线架需有足够的承重支撑力		
	走线架宽度、横档间距符合要求		
	走线架安装位置、高度符合要求		

学习足迹

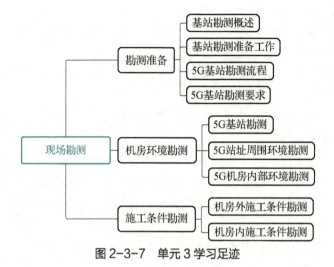

图 2-3-7　单元 3 学习足迹

拓展训练

一、填空题

1. 移动通信基站一般由_____和_____构成。
2. 勘测工具 GPS 手持机主要用于采集施工现场的_____和_____。
3. 蜂窝通信工程勘测是指对通信工程建设现场进行的_____和_____，以确定通信工程建设过程中能够利用的现场条件和实际情况对通信工程建设的限制因素。
4. GPS 天线一般应安装在铁塔或楼顶南面可选择的最开阔处，与 GPS 天线杆成_____度范围内应无阻挡。
5. _____用于记录现场数据，勘测内容包括无线、传输、电源、天面、管道等测量信息。

二、判断题

1. 站点勘测用到的卷尺主要用于测量机房面积和设备间距离。（   ）
2. 无线基站勘测的主要目的是获得天线传播环境情况、天线安装环境情况，以及其他站内系统情况，以保证在现有基础上做出下一步的规划和安排。（   ）
3. 使用仪器仪表工具进行测量时，需要注意基站设备、电源设备等相关尺寸的测量误差控制在 ±5% 之内。（   ）
4. 勘测过程中如对配套清单、网络规划方案等内容有疑问，应及时与相关人员沟通；发现配套清单中有关配置、工程材料等方面的问题，应及时与工程项目负责人联系。（   ）
5. GPS 和 FSU 设计注意天线南侧无遮挡，GPS 横杆距塔体 1.5m。（   ）

三、简答题

1. 站点勘测需要准备哪些工具？简述其主要作用。
2. 简述 5G 站点勘测流程。

通信工程项目管理

模块 3　设备安装与管理

【项目背景】2022 年 6 月 22 日，工业和信息化部发布 2022 年 1～5 月份通信业经济运行情况。其中提到，截至 5 月末，5G 基站总数达 170 万个，占移动基站总数的 16.7%。7 月 22 日，促进绿色智能家电消费国务院政策例行吹风会上，工业和信息化部消费品工业司司长表示，千兆光网和 5G 为代表的"双千兆"网络是我国新型基础设施的重要支撑，也是智能家电应用发展的关键环节。工信部将进一步加大工作力度，特别是推动 5G 和千兆光网为代表的新型基础设施建设。通信设备的安装离不开精湛的业务技能，接下来我们将要学习通信设备的安装技能和项目管理技能。

单元 1　通信设备安装与光缆施工

学习导航	
学习目标	【知识目标】 1. 熟悉机房设备及天馈线安装 2. 熟悉通信电源、线路和管道相关设备 【技能目标】 1. 掌握通信机房设备安装技术 2. 掌握熟悉通信电源、线路和管道施工技术 【素质目标】 1. 培养学生认识相关通信设备 2. 培养学生清楚通信设备的施工技术
本单元重难点	1. 机房设备及天馈线安装 2. 通信电源、线路和管道施工技术
授课课时	6 课时

模块 3　设备安装与管理

任务导入

　　一个完整的通信基站由多种设备安装完成，尚云通信技术有限公司的管理和施工人员，在清楚了通信相关理论知识后，接下来就要掌握通信设备安装方面的技能。

任务分析

　　为了支持增强型移动宽带（eMBB）、超高可靠与低延迟（uRLLC）、大规模机器类通信（mMTC）等多种业务应用，5G 网络引入 NR 新空口和新的网络架构，以提升峰值速率、时延、容量等网络性能指标，具备更大的组网灵活性和可扩展性，满足多样化的业务需求。通信设备的安装质量将直接决定工程的使用寿命，因此，通信工程师必须全方位的清楚 5G 基站的建设流程和工程技术标准。

任务实施

1.1　机房设备及天馈线安装

1.1.1　机房设备安装

　　目前，我国除了四大运营之外，还有一个基础建设厂商，即中国铁塔，全称中国铁塔股份有限公司。中国铁塔是在落实"网络强国"战略、深化国企改革、促进电信基础设施资源共享的背景下，由中国移动通信有限公司、中国联合网络通信有限公司、中国电信股份有限公司和中国国新控股有限责任公司出资，于 2014 年 7 月 15 日设立的大型国有通信铁塔基础设施服务企业。之所以成立中国铁塔，主要是因为在此之前运营商各自建网，而理论上点对点的通信问题只需要一张"可靠的"网络即可，三张网有些浪费；而且建设三张网会对稀缺的站点资源、土地资源造成挤占，导致道路反复开挖、基站布点密集、难以达到最优布点等问题。中国铁塔成立后，主要从事通信铁塔等基站配套设施和高铁地铁公网覆盖、大型室内分布系统的建设、维护和运营等，可以减少国内移动通信行业铁塔以及相关基础设施的重复建设，提高行业投资效率，进一步提高电信基础设施共建共享水平，缓解企业选址难的问题。

　　一个通信基站的开通运营，其基站选址、土建施工、市电引入、铁塔安装和相关通信设备等基础配套设施安装主要由中国铁塔完成，之后将基站交付给各运营商，运营商则负责移动通信传输系统搭建和无线设备安装。传输系统包括传输设备安装和光缆布放，传输设备安装例如 PTN、SDH、OTN 等；光缆布放有管道光缆、直埋光缆、架空光缆等。无线设备安装包括 BBU、RRU、天线、AAU 等。由中国铁塔负责完成的基础设施工作内容如下：

　　土建施工：目前常见的通信机房包括室内宏基站、室外宏基站、室分、微站、皮基站、飞基站等。建设类型包括了共享和新建两种方式，共享是在原有运营商的设备地址和通信机房直接安装设备或简单改造即可；新建是在新选的基站位置，重新规划基站的建设方式，从而进行地基基础施工。

市电引入：通信电源是通信设备的心脏，在通信系统中，具有举足轻重的地位。通信设备对电源系统的要求是：可靠、稳定、小型、高效。通信机房交流供电系统包括交流供电线路、燃油发电机组、低压交流电屏、逆变器、交流不间断电源（UPS）等。交流供电线路为220V/380V，引入类型有转供电和直供电，引入方式包括附墙、架空、地埋等方式。直流供电系统由直流配电屏、蓄电池、整流设备、直流变换器等部分组成。

铁塔安装：通信铁塔类型种类多样化，可根据不同地形、不同场景、不同需求安装，具体类型包括普通落地塔、美化塔、楼顶塔、美化天线，每种类型的铁塔又有多种塔型。具体如图 3-1-1 所示。

基础通信设备安装：一个新建机房土建和市电引入完成后，就可以安装相关的通信设备，包括电源柜、综合柜、交流配电箱、铜排、馈线窗、整流模块、空调、灭火器、走线架、蓄电池、动环监控等。

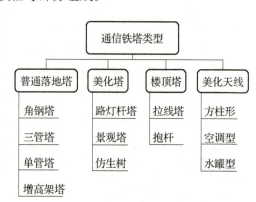

图 3-1-1　通信铁塔类型

全部环节验收合格之后即可交付给运营使用，安装无线通信设备。

1. 施工前准备

在基站设备安装之前应做好充足的准备工作，以确保各项工作可以顺利完成，避免无法进站、施工材料不够的情况出现，耽误工程进度，造成人力、物力资源浪费。施工前的准备工作见表 3-1-1。

表 3-1-1　施工前准备工作

序号	控制点	施工前准备工作	责任人
1	收集施工信息站点	1. 基站名称、地址、施工计划、施工图纸、基站配置信息、自检表 2. 网管、监理、督导、施工主管电话	施工队长、项目负责人
2	准入权限	1. 确认进站施工是否已经协调好，机房钥匙或门禁卡是否具备 2. 需要介绍信/工作证的站点，是否已准备齐全	施工队长、项目负责人
3	工具准备	施工所需工具是否已准备齐全，各类工具、材料、废料合理整齐摆放	施工队长
4	设备物料领取	1. 主设备：确认机柜、电池等已经提前发送到站 2. 线缆：根据料单领取电源线、接地线、铜鼻子、扎带、胶带等	施工队长、项目负责人
5	安全交底	由施工组长做安全交底，对现场工作涉及安全方面的事项进行强调	施工队长
6	卫生清理	对施工现场进行简单清理，做到安全文明施工	施工队长

各项工作准备做好之后，即可开始安装配套设备。

2. 设备安装

设备安装有室外和室内型宏基站之分，室内宏基站设备安装工作量比室外宏基站大，具体内容和要求如下。

（1）室外宏基站安装

1）机柜安装。室外机柜类型多，包括了单柜、双柜、三柜等，安装时机柜应按照设计要求位置安装，安装水平、垂直和稳固；安装时使用配发膨胀螺栓固定可靠、齐全。安装单柜时，4颗膨胀螺丝固定，平垫弹垫齐全；安装多柜时，如果多柜每个柜子都是独立安装的，那么按要求每个机柜必须固定4个膨胀螺丝，如果联柜是整体安装，即底座和顶板是一体的，机柜采用组装完成，那么整体机柜只需要4个膨胀螺丝固定，联柜之间采用配发的连接片连接。固定机柜时，先将机柜按照设计位置摆放好，然后对照底座膨胀螺丝的孔位，使用记号笔标记打孔位置，然后将机柜适当挪动，以不影响电锤打眼为准，按照标注的打孔位置依次打孔，并将膨胀螺丝安装到位，最后将机柜平移至设计位置，上紧膨胀螺丝。

2）保护接地。使用 $35mm^2$ 黄绿地线将标有接地表示符号的地排连接至平台上的扁铁入地网，室外扁铁连接处须使用胶泥和胶带缠绕，并穿 PVC 保护套管。

3）线缆连接及布放。

①市电引入：一般使用 $4×16mm^2$ 电源线并套 PVC 管保护，PVC 管使用白色扎带固定在配电箱的抱杆上，间距保持 30cm 为宜，电源引入线在地面或墙面使用金属管卡固定，间距保持在 100cm。

②电池线连接：室外电池分为两组，一般每组4块，安装于机柜内部，电池线使用 $35mm^2$ 黑色多股铜线连接，电池则按照正负极性连接，连接处螺丝必须紧固。

③机柜内部直流分配单元电源连接：以双柜为例，分为电源柜和设备柜，直流分配单元电源安装于设备柜内，直流分配单元分重要负载和非重要负载，分别连接至电源柜的直流输出空开的重要负载空开和非重要负载空开。

4）机柜底部盖板安装。室外宏基站的机柜固定及走线完成后，应及时安装底座挡板，注意需要开口的地方，不应过大，应避开进风口，开口处或进线洞使用防火泥封堵。

（2）室内宏基站安装

1）馈线窗安装。馈线窗按照设计图纸上的位置进行安装；馈线窗的安装需经过画线、打孔、固定等过程，安装时需要注意馈线窗的方向和安装位置；安装完毕后的馈线窗需牢固、水平，同时以关上机房门不透光为准，不透光为合格。

2）走线架安装。走线架安装前应检查材料质量，不得使用生锈、污渍、破损的铁件材料。走线架安装或加固应满足设计图纸要求。组装走线架时以走线架横档间距为6个孔距为准，走线架的安装有立柱安装和吊挂安装两种方法。立柱安装时应垂直，间距均匀并在一条直线上，走线架对墙加固处应满足相关规范和要求；走线架吊挂安装应牢固、垂直，膨胀螺栓孔尽量避开机房主承重梁，一列有多个吊挂时，吊挂应在一条直线上。走线架需用 $16mm^2$ 以上的线缆进行复接，复连接地处须去漆，打磨，固定好以后做防锈处理。

3）电池及支架安装。室内电池（共48块）为2组，每组由24块铅酸电池组成，每组电池分别安装在电池架上，安装过程为组装电池架→地面划线打眼→固定电池架→电池摆放→连接片连接电池→贴标签→测试电池，测试无问题则安装完毕；电源线按照设计路由布放，布放需横平竖直，线缆弯曲半径符合要求；电池架须使用35mm² 黄绿线单独接至室内接地排。

4）机柜安装。由于室内机房类型多，安装环境可分为自建混砖机房、彩钢房和集装箱等站点；机房内机柜分为电源柜和综合柜，按照设计图纸位置安装；机柜底部用膨胀螺丝固定牢固、数量齐全。需要注意的是集装箱与自建机房及彩钢房不同，往往由于其空间限制，集装箱站点的机柜高度不能高于2m，同时特殊环境下安装时若无法用固定螺丝固定，可以考虑向上和走线进行固定。

5）线缆连接及布放。

①市电引入：常采用3×25+1×16mm² 三相四线多股铜线连接配电箱和电源柜，在配电箱侧按照黄、绿、红色序安装火线，蓝线接入零线端子排；电源柜侧按照黄、绿、红色序安装火线，蓝线接入零线端子排。

②电池线连接：一般使用150mm² 黑色电源线连接电池和电源柜；在电池组侧按照设计路由布放电池线，不能有交叉，保证美观；电源柜侧直接接入500A熔丝处，注意连接之前先拔掉熔丝。

③线缆布放要求整齐、美观，保持横平竖直，走线架上的线缆靠边走线，预留空间给后期设备安装走线，每个横担上都要求有一处十字绑扎。

（3）标签粘贴

无论是室外还是室内宏基站，标签粘贴要求一致，所有线缆须粘贴打印标签，标签为长方形，不可手写并且格式统一；所有标签粘贴可靠，朝向一致；如采用顺着线缆贴，要用透明胶带缠绕固定，如采用缠绕贴，必须保证正面能看清全部内容。

3. 设备通电检查

所有设备安装完成后，检查机架内电源线和各接线器、连接电缆插头连接是否正确，应牢固可靠不松动。在机架电源输入端应检查电源电压、极性、相序。保持机架和机框内部应清洁，清除芯线头、脱落的紧固件或其他异物。所有设备和连接确认无误后，进行通电检查，检查内容如下：

1）合上机架供电侧开关，在机架电源输入端检查电源电压、极性、相序；

2）接通机架告警保险，观察告警信息是否正常；

3）开启主电源开关，逐级接通分保险，通过鼻闻、眼看、耳听注意有无异味、冒烟、打火和不正常的声音等现象；

4）开启机架备电源开关，断开主电源开关，观察设备是否仍正常运行；

上述机架加电过程中，应随时检查各种信号灯、电表指示是否符合规定，如有异常，应关机检查。加电检查时，应戴防静电手环，手环与机架接地点应接触良好。

4. 施工收尾

整理现场工具和多余线缆，清洁打扫机房及施工区域，将施工垃圾打包妥善处理。安装完成后，由施工组长按照项目部或监理方的要求，完成质量自检，并拍摄完工照片。

1.1.2 天馈线系统安装

天馈线系统是移动通信无线传输系统中非常重要的部分，其安装质量的好坏直接影响到通信系统的传输质量，有时甚至会造成重大的通信故障，天馈系统安装应提前做好各项准备。

1. 施工前准备

在天馈系统施工前应做好准备工作，其准备工作和前述表 3-1-1 不同之处在于设备物料领取环节应确认领取的设备变为：BBU、DCPD、AAU、SPN、光纤等是否已领取。同时因为天馈系统安装涉及登高作业，因此还要关注天气因素，当风力达到 5 级以上时，禁止进行高空作业；风力达到 4 级时，禁止在铁塔上吊装天线；雷雨天气禁止上塔作业。

2. 天馈系统安装

安装的天线、馈线运送到安装现场，应首先检查天线有无损伤，配件是否齐全，然后选择合适的组装地点进行组装。在组装过程中，应禁止天线面着地受力，避免损伤天线表面。同时检查吊装滑轮等所使用的安装工具必须安全完好，无故障隐患；钢丝绳、棕绳、麻绳等没有锈蚀、磨损等不安全因素。

依据设计核对天线的安装位置、方位角度，确定安装方案，布置安装天线后放尾绳，制定安全措施，划定安装区域，设立警示标志。检查抱杆和铁塔连接支架的所有螺栓，进行安装前紧固，以防止抱杆不牢固，造成安装测试后引起天线偏离固定位置，造成传输故障。同样，对于天线支架、GPS 天线支架在安装前，也应仔细检查所有的连接螺栓是否齐全、完好。以下以中兴通讯 5G 天馈设备为例，其安装步骤如下：

（1）室外部分安装技术要点

1）现场施工人员必须穿戴好防护用品，保证人身安全，也要注重正常运行网络的安全。

2）AAU 安装时，抱杆的直径为 60～120mm，同时抱杆壁厚最小尺寸 4mm，应可以承受 AAU 的重量，如图 3-1-2 所示。

3）规范吊装注意牵引，避免碰撞导致设备损伤，待 AAU 安装完成才可解除吊装绳，挂高、方位角、下倾角与设计一致，如图 3-1-3 所示。

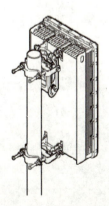
图 3-1-2 安装示意图

图 3-1-3 吊装示意图

4）AAU 抱杆固定挂件上的 2 个卡片必须在上侧（天面方向），不允许装反，如图 3-1-4

所示。

5）AAU 安装后面板无划痕和污渍，方位角、下倾角符合设计，天面无遮挡，如图 3-1-5 所示。

6）光缆冗余部分应在室外规范盘绕并十字绑扎光缆和电源线分开走线。

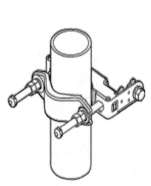

图 3-1-4 挂件安装示意图　　图 3-1-5 安装后实物图

7）GPS 天线安装时其内部馈线头处须做防水，同时应安装在较空旷位置处，天线的安装位置应处于避雷针 45°保护范围内。

8）AAU 电源线接地在馈线窗口附近做防水，接地线夹角需朝下，不可朝上或斜向上，优先保证防水。AAU 接地点不要打在抱杆主体上，应打在角钢上。

（2）室内部分安装技术要点

1）线缆的规格、型号、路由走向、接地方式等应满足工程设计的要求。电源线和光缆/光纤进入机房前应有滴水弯，防止雨水进入机房，滴水弯最低处应低于馈线窗下沿；室外光缆从室外进入室内，可独立使用一个馈线孔，入室前应做滴水弯，防水弯应与同期进入机房的线缆弯曲一致。

2）直流分配单元 DCPD10B 的 2 路电源输入应接入电源柜内 100A 空开或者熔丝。端口 10 接 BBU，9、8、7 号端口接 AAU1、AAU2、AAU3 小区（从左到右数，左起第 1 个为 10），如图 3-1-6 所示。

3）DCPD10B、BBU、走线导风插箱自上而下安装，因 DCPD10B 采用双路 100A 输入，DCPD10B 和 BBU 之间要预留 2U 空间，如图 3-1-7 所示。

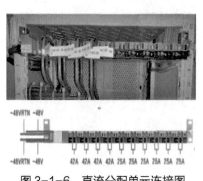
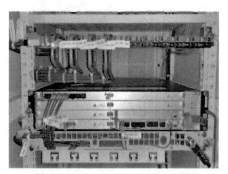

图 3-1-6 直流分配单元连接图　　图 3-1-7 DCPD10B 和 BBU 安装图

4）电源线机柜左侧布线，信号线机柜右侧布线，尾纤从导风插箱正面走线槽出线，未使用的光口用防尘帽做好防护。

5）BBU 上须安装好防静电手环，插拔单板时必须佩戴防静电手环。

6）线缆两端应安装标识牌或者标签，内容应统一、清晰、明了；同时应挂在正面容易看见的地方，保持美观、一致。

1.2 通信光缆施工技术

1.2.1 通信管道工程施工技术

通信管道按照其在通信管网中所处的位置和用途可分为进出局管道、主干管道、中继管道、分支管道和用户管道 5 类。目前常用的管材有水泥管、钢管、塑料管，塑料管又分为双壁波纹管、栅格管、梅花管、硅芯管、ABS 管等。通信管道的施工一般分为划线定位、开凿路面与开挖管道沟槽、制作管道基础、管道敷设、管道包封及管道沟槽回填等工序。

1. 划线定位

通信管道应满足光缆的布放和使用要求，施工时应按照设计文件及规划部门已批准的位置（坐标、高程）进行路由复测、划线定位。划线定位时，应确定划出管道中心线及人（手）孔中心的位置，并设置平面位置临时用桩及控制沟槽基础标高的临时水准点。临时用桩的间距应根据施工需要确定，以 20~25m 为宜。临时确定的水准点间距以不超过 150m 为宜，应满足施工测量的精度要求。遇到特殊情况变化较大时，应报规划部门重新批准；通信管道应避免与燃气管线、高压电力电缆同侧敷设，不可避免时，间距符合要求。

2. 开凿路面与开挖管道沟槽

划线定位以后，施工人员就可以按照管道中心线的位置，以管群宽度加上肥槽（施工面或放坡）为上口宽度开凿路面，向下开挖。开槽时，遇不稳定土壤、挖深超过 2m 或低于地下水位时，应进行必要的支护。

3. 制作管道基础

（1）基础类别

管道基础分为天然基础、素混凝土基础和钢筋混凝土基础。把原土整平、夯实后直接作为管道基础的称为天然基础。在土质均匀、坚硬的情况下，铺设钢管管道或硬塑料管道时可采用天然基础。以混凝土作为管道基础的为素混凝土基础。在土质均匀、坚硬的情况下，一般采用素混凝土基础。在混凝土内增加钢筋的基础，为钢筋混凝土基础。在土质松软、不均匀、有扰动等土壤不稳定的情况下，或与其他市政管线交叉跨越频繁的地段，一般采用钢筋混凝土基础。

（2）基础要求

1）做混凝土基础时须按设计图给定的位置选择中心线，中心线左右偏差应小于 10mm。

2）使用天然地基时，沟底要平整无波浪。抄平后的表面应夯打一遍，以加强其表面密实度。

3）水泥管道混凝土基础的宽度应比管道孔群宽度宽 100mm（两侧各宽 50mm），塑料管道混凝土基础宽度应比管道孔群宽度宽 200mm（两侧各宽 100mm）。

4）钢筋混凝土基础的配筋要符合设计要求，绑扎要牢固。需局部增加钢筋的混凝土基础，要查验基础加筋部位的准确位置。

5）混凝土管道基础施工时，两侧需支模板，模板内侧应平整并安装牢固。

6）浇灌混凝土基础时，应振捣密实、表面平整、无断裂、无波浪，混凝土表面不起皮、不粉化，接槎部分要做加筋处理，以保证基础的整体连接，混凝土强度等级应不低于 C15，混凝土的强度应使用回弹仪进行测试。

7）在地下水位高于管道地基的情况下，应采用具有较好防水性能的防水混凝土。

4. 管道敷设

敷设管道前，应按照图纸给定的位置，确定中心线。不同的管道对于地基的要求不同，但安装的坡度系数一般都应在 3‰~5‰或按设计要求，防止管道内积水。管群进入人孔时，管道顶部距人孔上覆不得小于 300mm，底部距人孔基础不得小于 400mm。除了硅芯管道单段长度不宜超过 1000m，其他常见管道单段长度不超过 150m。

5. 管道包封

在管道敷设完毕后，若管道埋深较浅或管道周围有其他管线跨越时，应对管群采取包封加固措施，在管道两侧及顶部采用 C15 混凝土包封 80~100mm。做混凝土包封时，必须使用有足够强度和稳定性的模板，模板与混凝土接触面应平整，拼缝紧密；在混凝土达到初凝后，拆除模板。包封的负偏差应小于 5mm。

浇筑混凝土时要做到配比准确、拌和均匀、浇筑密实、养护得体。侧包封与顶包封应一并连续浇筑。在管群外侧及顶部绑扎钢筋后再浇筑混凝土，为钢筋混凝土包封，一般用于跨越障碍或管道距路面的距离过近的部位。

6. 管道沟槽回填

管道沟槽的回填，要从沟槽对应的两侧同时进行，以避免做好的管道受到过大的侧压力而变形移位。管道回填土时，首层应用细土填至管道顶部 500mm 处后进行夯实；再按 300mm/层分步夯实至规定高度。管道沟槽回填后，要做必要的管孔试通。

1.2.2 通信架空线路工程施工技术

架空线路工程是将光缆架设在杆路上的一种光缆敷设方式，光缆的固定大都采用钢绞线支撑的吊挂方式。它具有投资省、施工周期短的优点，所以在省内干线及本地网工程中仍被广泛地运用。架空线路工程施工流程和技术要求如下：

1. 立杆

立杆首先应确定电杆洞深，电杆洞深是根据电杆的类别、现场的土质以及项目所在地的负荷区决定的，应符合设计或相关验收规范的规定。其次是确定杆距，杆距设置应满足设计要求。一般情况下，市区杆距为 35~45m，郊外杆距为 50~55m。光缆线路跨越小河或其他障碍物时，可采用长杆档方式。在轻、中、重负荷区杆距超过 70m、65m、50m 时，应按长杆档标准架设。在立电杆过程中应遵循以下要求：

1）直线线路的电杆位置应在线路路由中心线上。电杆中心与路由中心线的左右偏差不应大于50mm；除终端杆外，杆身应上下垂直，杆面不得错位。

2）角杆根部应在线路转角点沿线路夹角平分线内移，水泥电杆的内移值为100~150mm，木杆内移值为200~300mm，拉线收紧后杆梢应向外角倾斜，使角杆梢位于两侧直线杆路杆梢连线的交叉点上。因地形限制或装撑杆的角杆可不内移。

3）终端杆的杆梢应向拉线侧倾斜100~120mm。

2. 拉线

拉线按作用分有角杆拉线、终端拉线、双方拉线（抗风拉线）、三方拉线、四方拉线（防凌拉线）、泄力拉线和其他作用的拉线；按建筑方式分有落地拉线、高桩拉线、吊板拉线、V形拉线。拉线安装的基本要求如下：

1）拉线地锚坑的洞深，应根据拉线程式和现场土质情况确定，应满足设计要求或相关验收规范的规定。洞深允许偏差应小于50mm。

2）标称距高比为1，落地拉线受地形所限，距高比不得小于0.75，不得大于1.25。拉线入土点的位置距电杆的距离（拉距）应等于距高比乘以拉高；拉线地锚坑的近似中心位置距拉线入土点的距离应等于地锚坑深乘以距高比。

3）对于角杆拉线，角深≤13m的角杆，可安装1根与吊线程式相同的钢绞线作拉线，拉线应安装在角杆内角平分线的反侧；角深13~25m范围内的角杆、拉线距高比在0.75~1.0之间且角深大于10m的角杆、距高比小于0.5且角深大于6.5m的角杆，应采用比吊线程式高一级的钢绞线作拉线或与吊线同一程式的2根钢绞线作拉线，并设2根顶头拉线；角深大于25m的角杆应设2根顶头拉线，也可分成2个角深大致相等且转变方向相同的双角杆。角杆装设有两条拉线时，每条拉线应分别装在对应的线条张力的反侧方，2条拉线的出土点应相互内移600mm。常见拉线程式有7/2.2、7/2.6、7/3.0。

4）顶头拉线应装在终端杆上，其程式应采用比吊线程式高一级的钢绞线，安装位置应设在杆路直线受力方向的反侧；当直线杆路较长或杆上负荷较大时，终端杆前一档可安装1条7/3.0钢绞线的顺线拉线。

5）一般地锚出土长度为300~600mm，允许偏差50~100mm；拉线地锚的实际出土点与规定出土点之间的偏移应≤50mm。地锚的出土斜槽应与拉线成直线；拉线地锚应埋设端正，不得偏斜，地锚的拉线盘应与拉线垂直。

6）拉线的上把夹固、中把夹固、缠绕应符合设计或GB 51171—2016《通信线路工程验收规范》的要求。靠近电力设施及闹市区的拉线，应根据设计规定加装绝缘子；人行道上易被行人触碰的拉线应设置拉线标识，在距离地面高2.0m以下的拉线部位应用绝缘材料保护。

3. 架空吊线及光缆敷设

1）架空吊线程式应符合设计规定。按先上后下、先难后易的原则确定吊线的方位，一条吊线必须在杆路的同一侧，不能左右跳。吊线夹板在电杆上的位置宜与地面等距，坡度变化不宜超过杆距的2.5%，特殊情况不宜超过5%，吊线距电杆顶的距离一般情况下应≥500mm，在特殊情况下应≥250mm。原则上架设第一条吊线时，吊线宜设在杆路的人行道（或有建筑物）侧。同一杆路架设两层吊线时，同侧两层吊线间距应为400mm，两侧上下交替安装时，两侧的层间垂直距离应为200mm。

2）线路与其他设施的最小水平净距、与其他建筑物的最小垂直净距以及交越其他电气设施的最小垂直净距应符合设计或相关验收规范的要求。

3）吊线在电杆上的坡度变更大于杆距的5%且小于10%时，应加装仰角辅助装置或俯角辅助装置。辅助装置的规格应与吊线一致。角深在5~25mm的角杆应加装角杆吊线辅助装置。

4）敷设光缆时应根据光缆外径选用挂钩程式，挂钩的搭扣方向应一致，托板不得脱落。电杆两侧的第一个光缆挂钩应距电杆250mm，允许偏差±20mm；杆路之间光缆挂钩的间距为500mm，允许偏差±30mm。

5）架空光缆敷设后应自然平直，并保持不受拉力、无扭转、无机械损伤状态。光缆在电杆上应按设计或相关验收规范标准做弯曲处理，伸缩弯在电杆两侧的第一个挂钩之间下垂200mm。

1.2.3　通信直埋线路工程施工技术

直埋线路是将光缆直接埋入地下，直埋线路工程施工流程和技术要求如下：

1. 挖填光缆沟

1）直埋光缆与其他建筑设施间的最小间距应满足设计要求或验收规范规定。

2）光缆沟的截面尺寸应符合施工设计图要求，其沟底宽度随光缆数目而变。

3）光缆埋深应符合设计要求或相关验收规范规定。

4）光缆沟的质量要求为五个字：直、弧、深、平、宽。即以施工单位所画灰线为中心开挖缆沟，光缆线路直线段要直，不得出现蛇形弯；转角点应为圆弧形，不得出现锐角；按土质及地段状况，缆沟应达到设计规定深度；沟底要平坦，不能出现局部塌方或深度不够的问题；为了保证附属设施的安装质量，必须按标准保证沟底的宽度。

5）光缆沟回填土时，应先回填300mm厚的碎土或细土，并应人工踏平；石质沟应在敷设前、后铺100mm厚碎土或细土；待安装完其他配套设施（排流线、红砖、盖板等）后，再继续回填土，每回填300mm应夯实一次；第一次回填时，严禁用铁锹、镐等锐利工具接触光缆，以免损伤光缆。

2. 直埋光缆敷设安装及保护

1）光缆在沟底敷设自然平铺，不出现紧绷腾空现象，应保证光缆全部贴到沟底，不得有背扣；同沟敷设的光缆平行排列，不出现重叠或交叉，缆间的平行距离应不小于100mm；布放光缆时应防止光缆在地上拖放，特别是丘陵、山区、石质地带，应采取措施防止光缆外护层摩擦破损；光缆在各类管材中穿放时，管材内径应不小于光缆外径的1.5倍。

2）穿越允许开挖路面的公路或乡村大道时，光缆应采用钢管或塑料管保护；穿越有动土可能的机耕路时，应采用铺红砖或水泥盖板保护，通过村镇等动土可能性较大的地段时，可采用大长塑料管、铺红砖或水泥盖板保护；穿越有疏浚、拓宽规划或挖泥可能的沟渠、水塘时，可采用半硬塑料管保护，并在上方覆盖水泥盖板或水泥砂浆袋。

3）光缆线路在下列地点应采取保护措施。

①高低差在0.8m及以上的沟坎处，应设置护坎保护。

②穿越或沿靠山涧、溪流等易受水流冲刷的地段，应设置漫水坡。

③光缆敷设在坡度大于20°、坡长大于30m的坡地，宜采用"S"形敷设。坡面上的缆沟有受水冲刷可能时，可以设置堵塞加固或分流，一般堵塞间隔为20m左右。坡度大于30°的地段，堵塞的间隔应为5~10m；在坡度大于30°的较长斜坡地段，应敷设铠装缆。

④光缆在桥上敷设时应考虑机械损伤、振动和环境温度的影响，应采用钢管或塑料管等保护措施；光缆在地面埋深不足时，可以采用水泥包封。

⑤光缆离电杆拉线较近时，应穿放不小于20m的塑料管保护。

⑥直埋通信线路还应按相应的设计和规范要求埋设光缆标石。

1.2.4 通信管道线路工程施工技术

通信管道线路工程是在架设好的地下管道内铺设通信光缆，由于其位置相对固定并可以有效降低地上空间的占用，而且安全稳定、便于管理和巡检，深受各大运营商的青睐。管道线路工程施工流程和技术要求如下：

1. 管孔选用

选用管孔总原则：先下后上，先侧后中，逐层使用，大对数电缆、干线光缆一般应敷设在靠下靠侧的管孔。

管孔必须对应使用，同一条光缆所占用的孔位，在各个人（手）孔应尽量保持不变。

2. 清刷管道和人（手）孔

清刷管道前，应首先检查设计图纸规定使用的管孔是否空闲，进、出口的状态是否完好；然后用低压聚乙烯塑料穿管（孔）器或预留在管孔中的光缆牵引铁线或电缆牵引钢丝绳加转环、钢丝刷、抹布清刷管孔。对于密封性较高的塑料管道，可采用自动减压式洗管技术，利用气洗方式清刷管孔。

3. 子管敷设

在一个管孔内布放多根塑料子管，每根子管穿放一条光缆；在孔径90mm的管孔内，应一次敷足三根或三根以上子管；子管不得跨人（手）孔敷设，不得在管道内有接头；子管在人（手）孔中伸出的长度为200~400mm；空余子管用子管塞子封堵。

4. 管道光缆敷设

管道光缆敷设技术要求如下：

1）在管道进出口处采用保护措施，避免损伤光缆。

2）管道光缆在人（手）孔内应紧靠人（手）孔的孔壁，并按设计要求予以固定，用尼龙扎带绑扎在托架上，或用卡固法固定在孔壁上。光缆在人（手）孔内子管外的部分，应使用波纹塑料软管保护，并予以固定。人（手）孔内的光缆应排列整齐。

3）光缆接头盒在人（手）孔内，宜安装在常年积水的水位线以上的位置，并采用保护托架或按设计方法承托。

4）光缆接头处两侧光缆预留的重叠长度应符合设计要求，接续完成后的光缆余长应按设计规定的方法，盘放并固定在人（手）孔内。

5. 光缆和接头在人（手）孔内的排列规则

光缆和接头在人（手）孔内的排列规则如下：

1）光缆应在托板或人（手）孔壁上排列整齐，上、下不得重叠相压，不得互相交叉或从人（手）孔中间直穿。

2）在人（手）孔内，光缆接头距离两侧管道出口处的光缆长度不应小于400mm。

3）在人（手）孔内，接头不应放在管道进口处的上方或下方，接头和光缆都不应该阻挡空闲管孔，避免影响今后敷设新的光缆。

当管道内光缆铺设完成后，人（手）孔内的光缆应设置有醒目的识别标识或标志吊牌。

1.2.5 综合布线工程施工技术

综合布线系统是一个模块化、灵活性极高的建筑物或建筑群内的信息传输系统，是建筑物内的"信息高速公路"。它既能使语音、数据、图像通信设备和交换设备与其他信息管理系统彼此相连，也能使这些设备与外部通信网络相连接。它包括建筑物到外部网络、电信局线路上的连线点与工作区的语音、数据终端之间的所有线缆及相关联的布线部件。综合布线系统由不同系列的部件组成，其中包括传输介质（铜线或者光纤）、线路管理及相关连接硬件（比如配线架、连接器、插座、插头、适配器等）、传输电子线路和电器保护设备等硬件。综合布线工程施工流程和技术要求如下：

1. 技术准备

开工前，施工人员首先应熟悉施工图纸，了解设计内容及设计意图，检查工程所采用的设备和材料，掌握图纸所提出的施工要求，明确综合布线工程和主体工程以及其他安装工程的交叉配合方式，以便及早采取措施，确保在施工过程中不破坏建筑物的强度，不破坏建筑物的外观，不与其他工程发生位置冲突。

熟悉和工程有关的其他技术资料，如施工和验收规范、技术规程、质量检验评定标准以及设备、材料厂商提供的资料，即安装使用说明书、产品合格证、试验记录数据等。

2. 工具准备

根据综合布线工程施工范围和施工环境的不同，应准备不同类型和不同品种的施工工具。准备的工具主要有：室外沟槽施工工具，线槽、线管和桥架施工工具，线缆敷设工具，线缆端接工具，线缆测试工具等。

3. 线缆的布放要求

线缆布放前应核对其规格、程式、路由及位置是否与设计规定相符；布放的线缆应平直，不得产生扭绞、打圈等现象，不应受到外力挤压和损伤；在布放前，线缆两端应贴有标签，标明起始和终端位置以及信息点的标号，标签书写应清晰、端正、正确和牢固；信号电缆、电源线、双绞线缆、光缆及建筑物内其他弱电线缆应分离布放；布放线缆应有冗余，在二级交接间、设备间的双绞电缆预留长度一般应为3~6m，工作区应为0.3~0.6m，有特殊要求的，应按设计要求预留；线缆布放过程中为避免受力和扭曲，应制作合格的牵引端头。如果采用机械牵引，应根据线缆布放环境、牵引的长度、牵引的张力等因素选用集中牵引或分散牵引等方式。

4. 线缆测试

线缆测试内容包括接线图测试、布线链路长度测试、衰减测试、近端串扰测试、衰减串扰比测试、传播时延测试、回波损耗测试等。

学习足迹

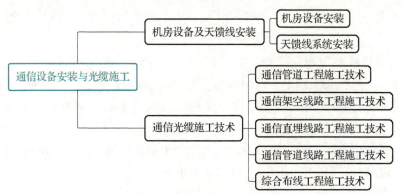

图 3-1-8　单元 1 学习足迹

拓展训练

一、填空题

1. 室外电池分为 2 组，一般每组_____块，室内电池分为 2 组，一般每组_____块。
2. 通信直埋线路工程施工中，在光缆沟回填土时，应先回填_____厚的碎土或细土，并应人工踏平；石质沟应在敷设前、后铺_____厚碎土或细土；待安装完其他配套设施（排流线、红砖、盖板等）后，再继续回填土，每回填_____应夯实一次。
3. GPS 天线应安装在较空旷位置，同时应处于避雷针下_____角的保护范围内。
4. 馈线进入机房前应有_____，防止雨水进入机房。
5. 通信架空线路施工过程中，拉线按建筑方式分有_____、_____、_____、_____。

二、判断题

1. 电源线可以不采用整段线料，中间可以有接头。　　　　　　　　（　　）
2. 除了 ABS 管道单段长度不宜超过 1000m，其他常见管道单段长度不超过 150m。　　（　　）
3. 架空线路工程施工过程中，一般情况下，市区杆距为 35~45m，郊外杆距为 50~55m。　　（　　）
4. 直埋光缆施工过程中，在光缆沟回填土时，应先回填 300mm 厚的碎土或细土，并应人工踏平。　　（　　）
5. 管道线路工程施工时，选用管孔的总原则是：先上后下，先侧后中，逐层使用。　　（　　）

三、简答题

1. 设备通电检查时，简述设备通电的顺序。
2. 简述通信管道施工工序。

单元 2　项目实施进度控制

学习导航

学习目标	【知识目标】 1. 了解项目进度管理概述 2. 熟悉项目进度影响的因素 【技能目标】 1. 熟练编制施工进度计划 2. 熟悉工程实施中如何进行进度控制 【素质目标】 1. 培养学生在项目管理中对进度控制的能力 2. 培养学生在项目上按工期要求完工的意识
本单元重难点	1. 双代号网络计划图编制和时间参数的计算 2. 进度控制的方法
授课课时	4 课时

任务导入

本次承揽的无线网 5G 一期主设备新建工程，施工内容包括 5G 主设备安装和传输光缆敷设。尚云通信技术有限公司和建设单位于 3 月初签订了施工合同，施工内容包括走线架安装、线缆布放、传输设备安装和测试等。合同约定 4 月 15 日开工，9 月 15 日完工。身为项目管理人员，应该采取哪些措施来保证按期完工。

任务分析

项目在实施前，首先应编制施工计划，项目管理人员应该学会如何编制施工计划。在实施过程中，可能会遇到各种突发情况，导致项目进度滞后，因此，项目管理人员应合理安排资源供应、采取合理的控制方法，保证施工项目按期完成。

任务实施

2.1　项目进度控制概述

进度控制的目的是通过控制实现工程的进度目标。为了实现进度目标，首先应先编制进度计划，然后进行进度控制，进度控制的过程中随着项目的进展，进度计划也是不断调整的过程。如果只重视进度计划的编制，而不重视进度计划必要的调整，则进度无法得到控制。

2.1.1 项目进度控制的任务

1. 建设单位方进度控制的任务

建设单位方进度控制的任务涉及控制整个项目实施阶段的进度，包括设计准备阶段的工作进度、设计进度、施工进度、物资采购进度，以及项目动用前准备阶段的工作进度。

2. 设计方进度控制的任务

设计方进度控制的任务是依据设计任务委托合同对设计工作进度的要求控制设计工作进度，这是设计方履行合同的义务。另外，设计方应尽可能使设计工作的进度与招标、施工和物资采购等工作进度相协调。设计单位应在出图计划中标明每张图纸的名称、图纸规格、负责人和出图日期。出图计划是设计方进度控制的依据，也是建设单位方控制设计进度的依据。

3. 施工方进度控制的任务

施工方进度控制的任务是依据施工任务委托合同对施工进度的要求控制施工进度，这是施工方履行合同的义务。施工方应视项目的特点和施工进度控制的需要，编制深度不同的控制性、指导性和实施性施工的进度计划，以及按不同计划周期（年度、季度、月度和旬）的施工计划等，在执行该计划的施工中，经常检查施工实际进度情况，并将其与计划进度相比较，若出现偏差，分析产生的原因和对工期的影响程度，并寻找措施纠正偏差；若已经无法纠偏，则应该修改原计划，不断地如此循环，直至工程竣工验收。

4. 供货方进度控制的任务

供货方进度控制的任务是依据供货合同对供货的要求控制供货进度，这是供货方履行合同的义务。供货进度计划应包括供货的所有环节，如采购、加工制造、运输等。

施工单位是工程实施的一个重要参与方，很多的工程项目，特别是大型重点通信工程项目，工期要求紧迫，往往施工方的工程进度压力非常大，施工过程中如果盲目赶工，难免出现施工质量问题和施工安全问题，并且会增加施工成本。施工进度的控制不仅关系到施工进度目标能否实现，还直接关系到工程的质量和成本，因此在施工之前，首先应建立起项目进度计划系统。根据项目进度控制不同的需要和不同的用途，建设单位方和项目各参与方可以构建多个不同的通信工程项目进度计划系统，如不同深度的进度计划构成的计划系统，包括：总进度计划、项目子系统进度计划、项目子系统中的单项工程进度计划。

2.1.2 施工进度计划的编制步骤

1. 项目描述

项目描述就是用一定的形式列出项目目标、项目的范围、项目如何执行、项目完成计划等内容，对项目整体做一个概要性的说明，它是编制项目进度计划和工作分解的依据。

2. 工作分解和活动界定

要编制进度计划就要进行工作分解，将一个整体项目分解为若干项工作或活动，明确完成项目的每一个工作单元。通信工程项目的分解一般是按时间、项目组成、地域、工作内容等的不同进行分解。例如，按工作时间分解，可将工程项目分解为准备阶段、施工阶段、验收阶段等不同阶段；按工作内容分解，可分解为不同的模块，比如将一个无线设备工程分解为项目管理、材料采购、设备安装、本机测试、系统调测等不同内容。

3. 工作描述和工作责任分配

为了更明确地描述项目所包含的各项工作的具体内容和要求，明确项目各工作的责任人或责任部门，便于计划编制，也便于工程实施过程中更清晰地领会各工作的内容，便于责任落实，需要将工作分解的每一项工作进行详细描述并分配工作责任。

4. 工作排序或工作关系确定

工作排序就是识别和记录项目工作之间的逻辑关系，列出每项工作的紧前工作和紧后工作。除了首尾两项工作，每项工作都至少有一项紧前工作和一项紧后工作。

5. 计算工作量，估算资源需求

根据工作分解情况，计算工作量，并估算执行各项工作所需材料、人员、设备或用品的种类和数量，明确完成各项工作所需的资源种类、数量和特性，以便做出更准确的成本和持续时间估算。对于通信工程项目，可结合施工定额、类似项目历史信息确定。

6. 估算工作持续时间

项目部根据施工图设计、合同工期的要求、预算定额、施工现场的具体特点以及拟参加项目施工的主要施工人员的施工实力，并考虑本单位对项目的施工资源配备能力，确定完成每项工作所花费的时间量，为制定进度计划过程提供依据。

7. 制定进度计划

依据工作排序及估算的工作持续时间，使用网络图或横道图相关技术绘制相应的进度计划图。

8. 进度计划的优化

根据约束条件和目标不同，初步制定进度计划，不一定满足工期目标和资源限制条件。因此在资源或工期受限的条件下要达到工期短、质量优、成本低的目标，有时还需要进行优化。

2.2 项目进度计划的编制与调整

2.2.1 横道图

横道图是一种最简单、运用最广泛的传统的进度计划方法，在建设领域中的应用非常广泛。其原理是通过条状图来显示项目和进度等随着时间变化的进展情况，横道图表示进度的时候直观易懂，容易被人们接受。横道图的画法如图 3-2-1 所示。

横道图可将工作简要说明直接放在横道上，也可以将最重要的逻辑关系标注在图内，横道图常用于小型项目或大型项目的子项目上。横道图计划表中的横道（进度线）与时间坐标相对应，这种表达方式较直观，易看懂计划编制的意图。但是，横道图进度计划法也存在一些问题，如：

1）各工作之间的逻辑关系可以设法表达，但不易表达清楚。
2）适用于手工编制计划。
3）不能确定计划的关键工作、关键路线和各种时间参数计算。
4）计划调整只能用手工方式进行，工作量较大。
5）难以适应大的进度计划系统。

ID	任务名称	开始日期	结束日期	持续时间	2022-06-01 1 2 3 4 5 6 7 8 9 10 11 12 13 14 15 16 17 18 19 20 21 22 23 24 25 26 27 28 29 30
1	路由复测	2022-06-01	2022-06-03	3.0日	
2	划线定位	2022-06-02	2022-06-05	4.0日	
3	沟槽开挖	2022-06-06	2022-06-07	2.0日	
4	基础施工	2022-06-08	2022-06-10	3.0日	
5	铺设管道	2022-06-11	2022-06-15	5.0日	
6	管道包封	2022-06-16	2022-06-19	4.0日	
7	人手孔制作	2022-06-21	2022-06-27	7.0日	
8	管道回填	2022-06-27	2022-06-30	4.0日	

图 3-2-1　横道图的画法

2.2.2　工程网络计划技术

国际上，工程网络计划有许多名称，如 CPM、PERT、CPA、MPM 等。我国 JGJ/T 121—2015《工程网络计划技术规程》推荐的常用的工程网络计划类型包括：双代号网络计划、双代号时标网络计划、单代号网络计划。

1. 双代号网络计划图

双代号网络计划图是以箭线及其两端节点的编号表示工作的网络图，如图 3-2-2 所示。

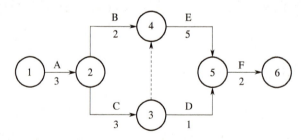

图 3-2-2　双代号网络计划图

双代号网络计划图在绘制过程中应遵循一定的规则如下：

（1）箭线

1）实箭线代表实际的工作，既占用时间，又消耗资源。

2）虚箭线代表虚工作，既不占用时间，又不消耗资源。虚箭线是实际工作中并不存在的一项虚设工作，只是为了正确表达工作之间的逻辑关系，起着工作之间的联系、区别和断路三个作用。

3）无双向箭线，无节点箭线，无循环回路，箭线不宜交叉，交叉不可避免时一般使用过桥法。

（2）节点

节点是网络图中箭线之间的连接点，网络图中有三种类型的节点：

1）起点节点，有且只有一个。

2）中间节点，可以有很多。

3）终点节点，有且只有一个。

一项工作只有唯一的一条箭线和相应的一对节点表示，节点的编号顺序应从小到大，可以不连续，但不允许重复。

（3）线路

从起始节点到终点节点的通路叫线路，其中工作持续时间之和最长的线路称为关键线路，且至少有一条。

（4）逻辑关系

1）工艺关系，绘图时不可逆转。

2）组织关系，绘图时可以调整。

（5）工作代号和持续时间

水平箭线上，箭线上方为工作代号，下方为工作的持续时间；垂直箭线上，左边为工作代号，右边为持续时间。工作代号不得重复。

（6）双代号网络计划图时间参数的计算

双代号网络图时间参数计算的目的在于通过计算各项工作的时间参数，常用六时标注法计算时间参数，确定网络图的关键工作、关键线路和计算工期，优化和调整各项工作持续时间，使得工程可以按进度计划按时完成。计算时涉及的时间参数主要有以下几个：

1）工作持续时间。工作 i–j 从开始到完成的时间（D_{i-j}）。

2）工期。

①计算工期，T_c 表示根据网络计划时间参数计算出来的工期；

②要求工期，T_r 表示建设单位所要求的工期；

③计划工期，T_p 表示根据要求工期和计算工期，项目经理部所确定的作为实施目标的工期。

3）网络计划图中工作的六个时间参数见表 3-2-1。

表 3-2-1　六个时间参数

序号	参数名称	表示方法	含义
1	最早开始时间	ES_{i-j}	在各紧前工作全部完成后，本工作有可能开始的最早时间
2	最早完成时间	EF_{i-j}	在各紧前工作全部完成后，本工作有可能完成的最早时间
3	最迟开始时间	LS_{i-j}	在不影响整个任务工期的前提下，本工作必须开始的最迟时间
4	最迟完成时间	LF_{i-j}	在不影响整个任务工期的前提下，本工作必须完成的最迟时刻
5	总时差	TF_{i-j}	在不影响整个任务工期的前提下，本工作可以利用的机动时间
6	自由时差	FF_{i-j}	在不影响其紧后工作最早开始时间的前提下，本工作可以利用的机动时间

4）双代号之间的箭线标注工作名称/代号，下方标注持续时间，同时六时标注法各时间参数计算公式如下，表示时间参数的方法如图 3-2-3 所示。

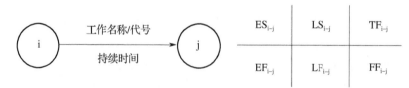

图 3-2-3　时间参数标注方法

①若已知工作 i-j 最早开始时间 ES_{i-j}，则最早完成时间 $EF_{i-j}=ES_{i-j}+D_{i-j}$；
②若已知工作 i-j 最迟完成时间 LF_{i-j}，则最迟开始时间 $LS_{i-j}=LF_{i-j}-D_{i-j}$；
③总时差（TF_{i-j}）：在不影响总工期的前提下，本工作可以利用的所有机动时间，$TF_{i-j}=LS_{i-j}-ES_{i-j}$ 或 $LF_{i-j}-EF_{i-j}$。
④自由时差（FF_{i-j}）：在不影响其紧后工作（假设为 j-k）最早开始的前提下，本工作可以利用的机动时间，$FF_{i-j}=$ 紧后工作 $ES_{j-k}-$ 本工作 EF_{i-j}。

例如有如下双代号网络计划图，计算图中各项工作的时间参数，结果如下图 3-2-4 所示：

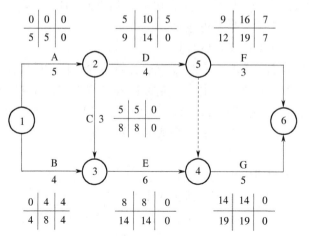

图 3-2-4　双代号网络计划图时间参数计算

（7）关键工作和关键线路的确定
1）关键工作：关键工作指的是网络计划中总时差最小的工作。当计划工期等于计算工期时，总时差为零的工作就是关键工作。
2）关键线路：线路上的工作持续总时间最长的线路为关键线路。

2. 双代号时标网络计划图
（1）双代号时标网络计划图的概念
双代号时标网络计划图是以时间坐标为尺度编制的网络计划，时标网络计划中应实箭线表示工作，以虚箭线表示虚工作，以波形线表示工作的自由时差，如图 3-2-5 所示。

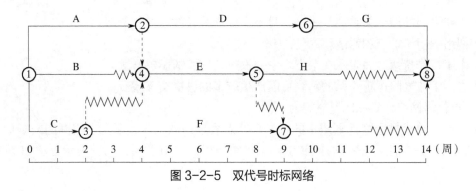

图 3-2-5 双代号时标网络

(2) 双代号时标网络计划图的特点

1) 实箭线表示实工作,虚箭线表示虚工作,波形线表示自由时差。

2) 虚工作必须以垂直方向的虚箭线表示,有自由时差时加波形线表示。

3) 兼有双代号网络计划与横道图计划的优点。

4) 在图中可以直接显示出工期、各项工作的开始与完成时间,工作的自由时差及关键线路。

5) 可以统计每一个单位时间的资源需要量,以便进行资源优化和调整。

6) 修改麻烦,重新绘图往往需要运用计算机后更容易。

(3) 双代号时标网络计划参数的计算

1) 从双代号时标网络计划图中可以直接读出各项工作的最早开始与最早完成时间,工作的自由时差及关键线路;其中波形线的长度表示自由时差。

2) 总时差、最迟开始和最迟完成时间需要计算。

3) 没有波形线的通路即为关键线路,一般从后向前找关键线路更加容易。

4) 终点节点所对应的时刻点即为该工程的计算工期。

3. 单代号网络计划图

(1) 单代号网络计划图的基本概念

单代号网络计划图是以节点及其编号表示工作,以箭线表示工作之间逻辑关系的网络图,并在节点中加注工作代号、名称和持续时间,以形成单代号网络计划,如图 3-2-6 所示。

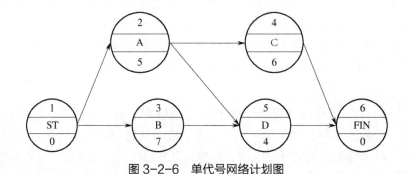

图 3-2-6 单代号网络计划图

(2) 单代号网络计划图的特点

单代号网络计划图与双代号网络计划图相比,具有以下特点:

1）工作之间的逻辑关系容易表达，且不用虚箭线，故绘图较简单。
2）网络图便于检查和修改。
3）由于工作持续时间表示在节点之中，没有长度，故不够直观。
4）表示工作之间逻辑关系的箭线可能产生较多的纵横交叉现象。
（3）单代号网络计划图的基本符号

1）节点。单代号网络计划图中的每一个节点表示一项工作，节点宜用圆圈或矩形示意。节点所表示的工作名称、持续时间和工作代号等应标注在节点内，两种表示方法如图3-2-7所示。

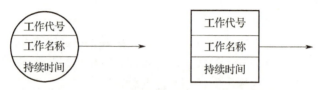

图 3-2-7　单代号网络计划图时间参数标注

单代号网络计划图中的节点必须编号，编号标注在节点内，其号码可间断，但严禁重复。箭线的箭尾节点编号应小于箭头节点的编号。一项工作必须有唯一的一个节点及相应的一个编号。

2）箭线。单代号网络计划图中的箭线表示紧邻工作之间的逻辑关系，既不占用时间，也不消耗资源。箭线应画成水平直线、折线或斜线。箭线水平投影的方向应自左向右，表示工作的行进方向。工作之间的逻辑关系包括工艺关系和组织关系，在网络图中均表现为工作之间的先后顺序。

3）线路。单代号网络计划图中，各条线路应用该线路上的节点编号从小到大依次表述。

单代号网络计划图的绘图规则大部分与双代号网络计划图的绘图规则相同，故不再进行解释。

2.2.3　影响通信工程进度的因素

确定施工进度目标并编制科学合理的进度计划之后，施工过程中要对施工进度进行控制，保证各项工作进度按计划时间完成。但在工程实际实施过程中，往往会受到企业自身组织管理水平及外部环境条件变化的影响。通信设备安装工程一般在室内施工，线路工程多在室外，影响工程进度的因素主要包括施工单位内部的影响因素和建设单位、设计单位、设备材料供应单位、监理单位、政府部门等相关单位的外部影响因素。以下以施工单位为例，影响如下：

1. 内部影响因素

1）管理方面：施工资源调配不当、工作安排不合理、窝工，施工计划不合理，对突发情况应对不力，管理水平低、发生了安全事故等。应当从管理思想、方法、手段、承发包模式、合同管理、风险管理、网络计划应用、重视信息技术应用等方面着手，提高管理水平。

2）技术方面：技术力量不足，如设备检测人员技术不熟，操作不熟练，员工素质低；施工单位采用的施工方法或技术措施不当；应用新技术、新材料、新工艺时缺乏经验，不能保证质量等，这些因素都会影响施工进度；同时车辆及主要机具、仪表的数量或性能不能满足工程需要等。企业可以采用不同的设计理念、设计技术路线、设计方案；改变施工技术、施工方法和施工机械等技术措施保证项目进度。

3）财务和环境方面：现场资金紧缺，合同不能及时签订，资金不能及时拨付；跨区域施工，协调、联系困难；材料或备件不能及时到达施工现场；使用了不合格的材料或备件等。企业应编制资金的需求计划、落实资金的供给和使用，采取经济激励措施、资源需求等保证项目进度。

2. 外部影响因素

1）施工条件方面：配套线路未建好，电路不通；配套机房、基站等未建好；不具备供电条件；材料或设备不能及时到达施工现场，或备件欠缺；材料及设备厂家提供的设备、备件规格等不符合设计要求；设计不合理，设计变更，增加了工程量；测试阶段，跨单位区域协调不到位等。

2）施工环境方面：安装、测试人员乘车时交通不畅；机房在居民区，施工时因噪声扰民需固定时间段施工等。

3）大型事件方面：政府的重要会议、重大节假日、国家的重大活动、大型军事活动等需要封网。

4）意外事件方面：火灾、重大工程事故等。

5）不可抗力：战争、严重自然灾害等。

2.2.4　施工进度控制

由于工程实施过程中受到多方面的影响，可能会造成实际进度与计划进度有偏差。如果进度偏差没有及时纠正，则必定会影响工程进度目标的实现。因此，在施工进度计划执行过程中，必须采取有效手段对进度计划实施过程进行监测，以便及时发现问题并纠正偏差，当偏差无法纠正时，应运用有效的进度计划调整方法来解决问题。

1. 施工进度计划实施中的检查与分析

对施工进度计划实施中的检查，应经常地、定期地对进度计划执行情况进行动态监测，并进行实际进度与计划进度的比较分析，以便发现问题，及时采取措施调整计划。具体实现步骤如下：

（1）收集整理实际进度数据

在施工进度计划执行过程中，管理人员可通过施工进度报表、现场实地检查和施工进度协调会议的方式收集实际进度数据，这些实际进度数据是分析施工进度和调整施工进度计划的直接依据。将收集到的实际进度数据进行加工处理，形成与计划进度具有可比性的数据。

（2）实际进度与计划进度比较分析

将工程实际进度数据与计划进度数据进行比较，可以确定实际施工状况与计划目标的偏差，从而得出实际进度比计划进度超前、滞后或一致的结论，为施工进度计划调整提供依据。

（3）分析进度偏差产生原因

通过实际进度与计划进度的比较分析，发现有进度偏差时，首先需要分析产生进度偏差的原因，以便后续采取措施予以纠偏。造成施工进度偏差的原因有多种，但可分为两大类：一类属于施工单位自身原因；另一类属于施工单位以外原因，如建设单位延迟提供施工场地、施工图纸等，以及出现不可抗力原因等。

如因施工单位自身原因造成施工进度拖后而延长工期，由此造成的一切损失由施工单位承担，施工单位需要采取赶工措施加快施工进度。如因建设单位或不可抗力原因造成施工进度拖后而延长工期，施工单位则有权要求延长合同工期，如果同时伴随有费用损失则可能还会向建设单位提出费用索赔以弥补损失。由此可见，分析判断施工进度偏差产生原因，对于建设单位和施工单位都十分重要。

（4）分析进度偏差对后续工作及总工期的影响

基于施工进度网络计划，利用自由时差和总时差可以分析某项工作的实际进度偏差对后续工作及总工期的影响程度，以确定是否应采取措施调整进度计划。

2.进度计划的调整

（1）当计算工期不满足计划工期时

当计算工期不满足计划工期时，可以压缩关键工作，方法如下：

1）缩短持续时间对质量和安全影响不大的工作；

2）有充足备用资源的工作；

3）缩短持续时间所需增加的费用最少的工作等。

（2）进度计划调整的方法

1）实际进度提前时，在尚未完成的关键工作中，选择资源强度大或费用高的工作延长其持续时间，以降低其资源强度或费用；

2）实际进度延误时，在尚未完成的关键工作中，选择资源强度小或费用低的工作缩短其持续时间。

当工程进度延误需要缩短某些工作的持续时间来缩短工期时，通常可以采取如下措施来达到目的：

①组织措施。如增加工作面，组织更多施工队伍；增加每天施工时间，采用加班或多班制施工方式；增加劳动力和施工机械数量等；

②技术措施。如改进施工工艺和施工技术，缩短工艺技术间歇时间；采用更先进的施工方式，减少施工过程数量；采用更先进的施工机械等；

③经济措施。如实行包干奖励；提高奖金数额；对所采取的技术措施给予相应经济补偿等。

学习足迹

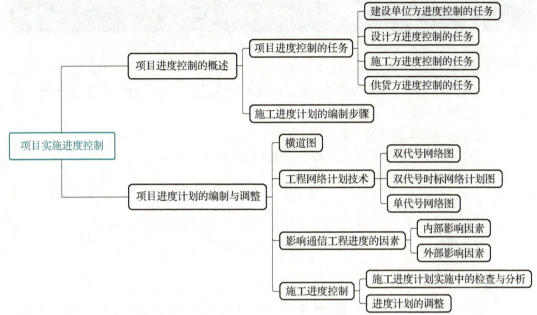

图 3-2-8　单元 2 学习足迹

拓展训练

一、填空题

1. 在网络计划中，工作的自由时差是指在不影响_____的前提下，该工作可以利用的机动时间。
2. 已知某通信工程网络计划中某工作自由时差为 3 天，总时差为 5 天。该工作实际进度拖后影响总工期 1 天。那么，该工作实际进度拖后_____天。
3. 网络图中工作的六个时间参数分别是_____、_____、_____、_____、_____、_____。
4. 在双代号网络图中，需要应用虚箭线来表示工作之间的_____。
5. 在网络计划中，判断关键工作的条件是该工作_____。

二、判断题

1. 建设单位方进度控制的任务涉及控制整个项目实施阶段的进度，但不包括项目动用前准备阶段的工作进度。（　　）
2. 网络计划中工作与其紧后工作之间的时间间隔等于该工作紧后工作的最早开始时间与该工作最迟完成时间之差。（　　）
3. 在工程网络计划中，如果某项工作的拖延时间超过其自由时差，但没有超过总时差，则该项工作会影响工程总工期。（　　）
4. 横道图进度计划的特点是可以确定关键工作、关键路线与时差，但工作之间逻辑关系不易表达清楚。（　　）
5. 最早完成时间的含义是在各紧前工作全部完成后，本工作有可能完成的最早时间。（　　）

三、简答题

1. 影响通信工程进度的因素有什么？
2. 进度计划调整的方法包括哪些？

单元 3　项目实施成本控制

学习导航

学习目标	【知识目标】 1. 了解项目成本管理的概念 2. 熟悉项目成本的影响因素 【技能目标】 1. 熟练编制成本计划的方法 2. 熟悉成本控制的方法 【素质目标】 1. 培养学生在项目管理中对成本控制的能力 2. 培养学生在项目上节约成本的意识
本单元重难点	1. 使用赢得值法判断项目的进度和成本完成情况 2. 成本的影响因素和控制方法
授课课时	6 课时

任务导入

尚云通信技术有限公司承揽的 5G 主设备安装工程中包括了 120 个基站设备安装，施工内容包括基站的设备、天馈线及楼顶抱杆安装等。施工前，项目经理组织所有操作人员召开了项目启动大会，会议确定了 5G 主设备工程计划在 60 天完成，平均每天完成 2 个站点，计划每个站点成本为 1200 元，工程进行到 30 天时项目部进行了检查，发现实际共完成 50 个站点，实际每个站点花费为 1500 元。

任务分析

项目在实施过程中，应定期收集工程的实际值，将实际值与计划值进行比较，确定项目的成本是否超支，进度是否滞后，若出现了问题应及时采取措施，控制项目的成本支出，同时提高项目的施工进度。

任务实施

3.1 成本控制的概念

3.1.1 工程项目施工成本

1. 施工成本的概念

通信工程项目施工成本是指施工单位在进行项目的施工过程中所发生的全部生产经营费用支出的总和。

成本管理必须在保证工期和质量满足要求的情况下，采取相应管理措施，包括组织措施、经济措施、技术措施、合同措施，把成本控制在计划范围内，同时进一步寻求最大程度的成本节约，提升项目的盈利能力。

施工成本由直接成本和间接成本组成。其中：直接成本指构成工程实体或有助于工程实体形成的费用，包括人工费、材料费、施工机具使用费等。间接成本指准备施工、组织和管理施工生产的全部费用支出，非直接用于也无法直接计入工程对象，但又必须发生的费用，包括管理人员工资、办公费、差旅交通费等。与前面所述工程造价有所不同，工程造价由建设单位管理，而成本管理则是由施工单位管理。

2. 成本管理的任务

成本管理的任务包括：成本计划编制、成本控制、成本核算、成本分析、成本考核。

（1）成本计划编制

成本管理首先应编制实施性成本计划，施工预算是编制实施性成本计划的主要依据，施工成本计划是以货币形式编制施工项目的计划期内的生产费用、成本水平、成本降低率以及为降低成本所采取的主要措施和规划的书面方案，它是建立施工项目成本管理责任制，开展成本控制和核算的基础，是该项目降低成本的指导性文件，是设立目标成本的依据。

通信工程项目施工成本计划的编制方式通常有两种：按施工成本组成编制施工成本计划和按施工进度编制施工成本计划。

1）按施工成本组成编制施工成本计划就是依据项目各工作的资源需求估算和资源价格，或者按照各工作的工程量和企业内部定额分别计算出人工费、材料费、施工机具使用费和企业管理费的预算金额。

2）按施工进度编制施工成本计划，通常可在控制项目进度网络图的基础上，进一步扩充得到。在建立网络图时，一方面确定完成各项工作所需花费的时间，另一方面确定完成这一工作合适的施工成本支出计划。

（2）成本控制

成本控制是在施工过程中，对影响成本的各种因素加强管理，并采取各种有效措施，将实际发生的各种消耗和支出严格控制在成本计划范围内；通过动态监控并及时反馈，严格审查各项费用是否符合标准，计算实际成本和计划成本之间的差异并进行分析，进而采取多种措施，减少或消除损失浪费。

通信工程项目施工成本控制应贯穿于项目从投标阶段开始直至保证金返还的全过程，是企业全面成本管理的重要环节。成本控制可分为事先控制、事中控制（过程控制）和事后控制。

（3）成本核算

施工成本核算包括两个基本环节：一是按照规定的成本开支范围对施工成本进行归集和分配，计算出施工成本的实际发生额；二是根据成本核算对象，采用适当的方法，计算出该施工项目的总成本和单位成本。

施工成本核算一般以单位工程为对象，但也可以按照承包工程项目的规模、工期、结构类型、施工组织和施工现场等情况，结合成本管理要求，灵活划分成本核算对象。

对竣工工程的成本核算，应区分竣工工程现场成本和竣工工程完全成本，竣工工程现场成本核算，由项目管理机构核算分析，目的是考核项目管理绩效；竣工工程完全成本由企业财务部门核算分析，目的是考核企业的经营效益。

（4）成本分析

成本分析是在成本核算的基础上，按照一定的原则，采用一定的方法对成本的形成过程和影响成本升降的因素进行分析，控制实际成本的支出，揭示成本计划完成情况，查明成本升降的原因，以寻求进一步降低成本的途径，包括有利偏差的挖掘和不利偏差的纠正。

（5）成本考核

在项目完成后，对项目成本形成中的各责任者，按项目成本目标责任制的有关规定，把一定时期内企业生产经营过程中所发生的费用，按其性质和发生地点，分类归集、汇总、核算，计算出该时期内生产经营费用发生总额和分别计算出每种产品的实际成本和单位成本的管理活动，评定施工项目成本计划的完成情况和各责任者的业绩，并以此给予相应的奖励和处罚。通过成本考核，做到有奖有惩，赏罚分明，才能有效地调动每一位员工在各自施工岗位上努力完成目标成本的积极性，从而降低施工项目成本，提高企业的效益。

3. 通信工程项目施工成本的影响因素

（1）施工企业的规模和技术装备水平

施工企业的规模和技术装备水平决定了企业的市场竞争实力规模大、技术装备水平高的企业，市场竞争力较强，承揽的工程项目较多，每个工程项目所分担的固定成本就会降低。所以，企业的规模和技术装备水平在一定程度上决定了施工企业固定成本的高低，扩大企业规模、配备相应的技术装备，提高企业竞争能力，承接较多的工程项目，可以降低施工项目所分摊的固定成本。

（2）企业员工的技术水平和操作的熟练程度

通信领域最大的一个特点就是科技含量高、技术发展快，因此企业是否具备相应的人才队伍、是否具有科学的施工方法、参与工程项目人员的技术水平的高低、操作是否熟练，都将决定施工项目的进度和返工，影响到施工成本。

（3）施工环境方面

施工环境对成本的影响主要有：测试人员乘车时交通不畅；在居民区施工时因噪声扰民而需固定时间段施工等造成窝工损失。

（4）意外事件方面

意外事件对成本的影响是指火灾、重大工程事故、战争、严重自然灾害等造成停工损失以及人员和财产损失。

4. 成本管理的程序

项目成本管理应遵循下列程序：

1）掌握生产要素的价格信息。
2）确定项目合同价。
3）编制成本计划，确定成本实施目标。
4）进行成本控制。
5）进行项目过程成本分析。
6）进行项目过程成本考核。
7）进行通信工程项目成本考核，编制项目成本报告。
8）项目成本管理资料归档。

3.1.2 工程项目施工成本计划

1. 施工成本计划的类型

对于工程项目而言，成本计划是一个不断深化的过程，在这个过程的不同阶段形成不同深度和不同作用的成本计划，按其不同作用可以分为三类。

（1）竞争性成本计划

竞争性成本计划是项目投标及签订合同阶段的估算成本计划。这类成本计划以招标文件为依据，以有关价格条件说明为基础，结合调研和现场考察获得的情况，根据本企业的工料消耗标准、水平、价格资料和费用指标，对本企业完成招标工程所需要支出的全部费用的估算。在投标报价过程中，虽也着力考虑降低成本的途径和措施，但总体上较为粗略。

（2）指导性成本计划

指导性成本计划是选派项目经理阶段的预算成本计划，是项目经理的责任成本目标。它以合同标书为依据，按照企业的预算定额标准制定的设计预算成本计划，且一般情况下只是确定责任总成本指标。

（3）实施性成本计划

实施性成本计划是项目施工准备阶段的施工预算成本计划，它以项目实施方案为依据，落实项目经理责任目标为出发点，采用企业的施工定额通过施工预算的编制而形成的实施性施工成本计划。

以上三类成本计划相互衔接、不断深化，构成了整个通信工程项目成本的计划过程。

2. 成本计划的编制方法

（1）按成本组成编制成本计划

按照成本组成编制，安装工程费由人工费、材料费、施工机具使用费、企业管理费、利润、规费和增值税组成。

（2）按项目组成编制施工成本计划

大中型工程项目通常是由若干单项工程构成的，而每个单项工程包括了多个单位工程，每个单位工程又是由若干个分部分项工程所构成。首先把项目总施工成本分解到单项工程和单位工程中,再进一步分解到分部工程和分项工程中,如图 3-3-1 所示。

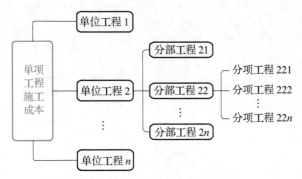

图 3-3-1 按项目结构分解施工成本

在完成项目成本目标分解之后,接下来就要具体地分配成本,编制分项工程的成本支出计划,从而形成详细的成本计划表,表的内容包括分项工程编码、工程内容、计量单位、工程数量、计划成本、分项总计。

在编制成本支出计划时,既要在项目总的方面考虑总的预备费,也要在主要的分项工程中考虑不可预见费,避免在具体编制成本计划时,出现个别单位工程或工程量表中某项内容的工程量计算有较大出入,使原来的成本预算失实。

(3)按工程进度编制施工成本计划

编制按工程进度的施工成本计划,通常可利用控制项目进度的网络图进一步扩充而得。即在建立网络图时,一方面确定完成各项工作所需花费的时间,另一方面确定完成这一工作的合适的施工成本支出计划。在编制网络计划时,既要充分考虑进度控制对项目划分要求,也要考虑确定施工成本支出计划对项目划分的要求。

按工程进度编制施工成本计划的步骤如下:

1)确定工程项目进度计划,编制进度计划的横道图。

2)根据单位时间内完成的实物工程量或投入的人力、物力和财力,计算单位时间的成本,在时标网络图上按时间编制成本支出计划,如图 3-3-2 所示。

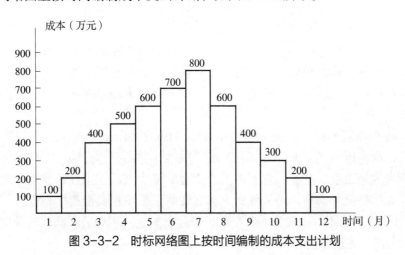

图 3-3-2 时标网络图上按时间编制的成本支出计划

3）建立直角坐标系，横坐标为项目的工期，纵坐标为累计成本金额。确定好了单位时间段内对应的累计资金支出点后，用一条平滑的曲线依次连接各点即可得到成本累计曲线，也可称为"S"型曲线，如图 3-3-3 所示。

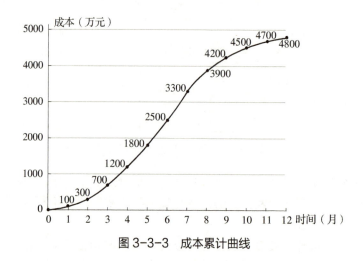

图 3-3-3　成本累计曲线

"S"型曲线必然被包含在全部工作都按最早开始时间开始和全部工作都按最迟开始时间开始的曲线所组成的"香蕉图"内，其特点如下：

①所有工作都按最早开始时间开始：对保证项目按期竣工有利，对节约资金贷款利息无利。

②所有工作都按最迟开始时间开始：对节约资金贷款利息有利，对保证项目按期竣工无利。

以上三种编制施工成本计划的方法在实践中，往往将这几种方法结合起来使用，达到最优的使用效果。

3.2　工程成本管理

3.2.1　通信工程项目成本控制

成本控制是在项目成本的形成过程中，对生产经营所消耗的人力资源、物资资源和费用开支进行指导、监督、检查和调整，及时纠正将要发生和已经发生的偏差，同时也是一项综合管理工作，在项目实施过程中尽量使项目实际发生的成本控制在项目预算范围之内的一项项目管理工作。

如何做好成本控制，赢得值法（Earned Value Management，EVM）是目前工程上经常采用的控制方法，赢得值法能全面衡量工程进度、成本状况的整体方法，其基本要素是用货币量代替工程量来测量工程的进度，它不以投入资金的多少来反映工程的进展，而是以资金已经转化为工程成果的量来衡量，是一种完整和有效的工程项目监控指标和方法。赢得值法最初是美国国防部于 1967 年首次确立的。目前，国际上先进的工程公司已普遍采用赢得值法进行工程项目的费用、进度综合分析控制。

1. 赢得值法的三个基本参数
(1) 已完工作预算费用

已完工作预算费用（Budgeted Cost for Work Performed，BCWP），是指在某一时间已经完成的工作（或部分工作），以批准认可的预算为标准所需要的资金总额，由于建设单位正是根据这个值为承包人完成的工作量支付相应的费用，也就是承包人获得（挣得）的金额，故称为赢得值或挣值。

$$已完工作预算费用（BCWP）= 已完成工作量 \times 预算单价$$

(2) 计划工作预算费用

计划工作预算费用（Budgeted Cost for Work Scheduled，BCWS），即根据进度计划，在某一时刻应该完成的工作，以预算为标准所需要的资金总额，一般来说，除非合同有变更，BCWS 在工程实施过程中应保持不变。

$$计划工作预算费用（BCWS）= 计划工作量 \times 预算单价$$

(3) 已完工作实际费用

已完成工作实际费用（Actual Cost for Work Performed，ACWP），即到某一时刻为止，已完成的工作实际花费的总金额。

$$已完工作实际费用（ACWP）= 已完成工作量 \times 实际单价$$

2. 赢得值法 4 个评价指标

根据赢得值法的 3 个基本参数，可以确定赢得值法的 4 个评价指标，用来评价项目的进度和费用偏差。

(1) 费用偏差（Cost Variance，CV）

$$费用偏差 = 已完工作预算费用 - 已完工作实际费用（CV=BCWP-ACWP）$$

当计算得到的费用偏差（CV）为负值时，即表示项目成本超出预算费用；反之，当费用偏差（CV）为正值时，则表示实际费用节约，没有超出预算费用。

(2) 进度偏差（Schedule Variance，SV）

$$进度偏差 = 已完工作预算费用 - 计划工作预算费用（SV=BCWP-BCWS）$$

当计算得到的进度偏差（SV）为负值时，表示进度延误，即实际进度落后于计划进度；当进度偏差（SV）为正值时，表示进度提前，即实际进度快于计划进度。

(3) 费用绩效指数（Cost Performance Index，CPI）

$$费用绩效指数 = 已完工作预算费 / 已完工作实际费用（CPI=BCWP/ACWP）$$

当费用绩效指数 <1 时，表示超支，即实际费用高于预算费用；
当费用绩效指数 >1 时，表示节支，即实际费用低于预算费用。

(4) 进度绩效指数（Schedule Performance Index，SPI）

$$进度绩效指数 = 已完工作预算费用 / 计划工作预算费用（SPI=BCWP/BCWS）$$

当进度绩效指数 <1 时，表示进度延误，即实际进度比计划进度滞后；
当进度绩效指数 >1 时，表示进度提前，即实际进度比计划进度快。

费用（进度）偏差和费用（进度）绩效指数的不同点在于，如果同样是10万元的费用偏差，对于总费用100万元的项目和1亿元的项目而言，造成的严重性显然是不同的。因此，费用（进度）偏差适合对同一项目做偏差分析，费用（进度）绩效指数适合对同一项目和不同项目做偏差分析。

在项目实施过程中，赢得值法的三个基本参数可以形成三条曲线，即计划工作预算费用（BCWS）、已完工作预算费用（BCWP）、已完工作实际费用（ACWP）曲线，如图3-3-4所示。

采用赢得值法进行费用、进度综合控制，还可以根据当前的进度、费用偏差情况，通过原因分析，对趋势进行预测，预测项目结束时的进度、费用情况。

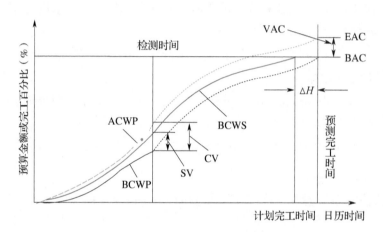

图 3-3-4　赢得值法评价曲线

BAC（Budget at Completion）——项目完工预算，指编制计划时预计的项目完工费用。

EAC（Estimate at Completion）——预测的项目完工估算，指计划执行过程中根据当前的进度、费用偏差情况预测的项目完工总费用。

VAC（Variance at Completion）——预测项目完工时的费用偏差，VAC=BAC－EAC。采用赢得值法评价曲线最理想的状态是已完工作实际费用、计划工作预算费用、已完工作预算费用三条曲线靠得很近、平稳上升，表示项目按预定计划目标进行。

偏差分析的一个重要目的就是要找出引起偏差的原因，从而采取有针对性的措施，减少或避免相同问题的再次发生。在进行偏差原因分析时，首先应当将已经导致和可能导致偏差的各种原因逐一列举出来。导致不同工程项目产生费用偏差的原因具有一定共性，因而可以通过对已建项目的费用偏差原因进行归纳、总结，为该项目采取预防措施提供依据。产生费用偏差的原因如图3-3-5所示。

3.施工成本控制措施

项目成本控制工作是一项综合管理工作，要在成本、进度、技术、质量、安全之间综合平衡，将项目实施过程中实际发生的成本控制在项目预算范围之内。施工成本主要发生在施工阶段，应重点控制施工阶段的成本，若施工计划和施工图设计出现变更，应正确处理变更问题，适时调整成本计划；若无工程变更，则通过确定成本目标并按计划成本组织施工，合理配置资源，对施工现场发生的各项成本费用进行有效控制。

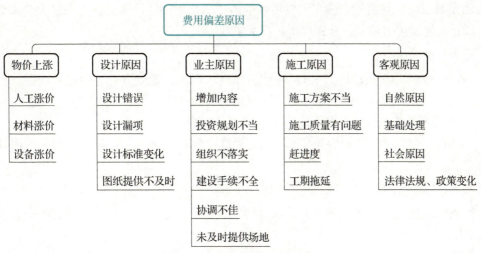

图 3-3-5　产生费用偏差原因

主要包括以下几个方面：

1）控制人工费。控制人工费支出的主要手段是实行"量价分离"，将作业用工及零星用工按定额工日的一定比例综合确定用工数量与单价，通过劳务合同进行控制。同时施工过程中加强劳动定额管理，提高劳动生产率，降低工程耗用人工工日。

2）控制材料费。材料费的控制同样按照"量价分离"原则，控制材料用量和材料价格，但应保证材料符合设计要求和质量标准。材料价格是由买价、运杂费、运输中的合理损耗等组成，可以通过掌握市场信息，应用招标和询价等方式控制材料、设备的采购价格。在施工阶段，合理使用材料，通过定额控制、指标控制、计量控制、包干控制等手段控制物资材料的消耗量等。

3）控制施工机械设备使用费。施工机械使用费主要由台班数量和台班单价两方面决定，因此应该合理地选择和使用施工机械，有效控制施工机械使用费。

4）控制施工分包费。若该工程可以分包，则项目经理部在确定施工方案的初期就应确定工程的分包范围，决定分包范围的因素主要是施工项目的专业性和项目规模。控制分包费用应做好分包工程的询价、订立平等互利的分包合同、建立稳定的分包关系网络、加强施工验收和分包结算等工作。

3.2.2　成本核算

成本核算是指把一定时期内企业生产经营过程中所发生的费用，按其性质和发生地点，分类归集、汇总、核算，计算出该时期内生产经营费用发生总额和分别计算出每种产品的实际成本和单位成本的管理活动。其基本任务是正确、及时地核算产品实际总成本和单位成本，提供正确的成本数据，为企业经营决策提供科学依据，并借以考核成本计划执行情况，综合反映企业的生产经营管理水平。

项目成本核算不同于企业会计的成本核算。会计的成本核算只有在报告期结束时才形成信息,是静态的核算,科目设立仅能达到项目;项目的成本核算是实时信息,是动态的,科目设立能达到项目分解后的每项工作或工序。因此项目部必须建立项目的成本核算机制,及时分析和预测未完工程的施工成本。发现可能造成成本增加的因素时,应积极主动采取预防措施,制止可能发生的浪费,确保成本目标的实现。

1. 成本核算的依据

1)各种财产物资的收发、领退、转移、报废、清查、盘点资料。做好各项财产物资的收发、领退、清查和盘点工作,是正确计算成本的前提条件。

2)与成本核算有关的各项原始记录和工程量统计资料。

3)工时、材料、费用等各项内部消耗定额以及材料、结构件、作业、劳务的内部结算指导价。

2. 成本核算的范围

工程成本包括从建造合同签订开始至合同完成止所发生的、与执行合同有关的直接费用和间接费用。

直接费用是指为完成合同所发生的、可以直接计入合同成本核算对象的各项费用支出。直接费用包括:耗用的材料费用、耗用的人工费用、耗用的机械使用费和其他直接费用(其他可以直接计入合同成本的费用)。

间接费用是企业下属的施工单位或生产单位为组织和管理施工生产活动所发生的费用。

3. 成本核算的程序

成本核算是企业会计核算的重要组成部分,应当根据工程成本核算的要求和作用,按照企业会计核算程序总体要求,确立工程成本核算程序。

根据会计核算程序,结合工程成本发生的特点和核算的要求,工程成本的核算程序为:

1)对所发生的费用进行审核,以确定应计入工程成本的费用和计入各项期间费用的数额。

2)将应计入工程成本的各项费用,区分为哪些应当计入本月的工程成本,哪些应由其他月份的工程成本负担。

3)将每个月应计入工程成本的生产费用,在各个成本对象之间进行分配和归集,计算各工程成本。

4)对未完工程进行盘点,以确定本期已完工程实际成本。

5)将已完工程成本转入工程结算成本;核算竣工工程实际成本。

4. 成本核算的方法

施工项目成本核算的方法主要有表格核算法、会计核算法,或者两种核算方法的综合使用。概念如下:

(1)表格核算法

表格核算法是通过对施工项目内部各环节进行成本核算,以此为基础,核算单位和各部门定期采集信息,按照有关规定填制一系列的表格,完成数据比较、考核和简单的核算,形成工程项目成本的核算体系,作为支撑工程项目成本核算的平台。这种核算的优点是简便易懂,方便操作,实用性较好;缺点是难以实现较为科学严密的审核制度,精度不高,覆盖面较小。

（2）会计核算法

会计核算方法是建立在会计对工程项目进行全面核算的基础上，再利用收支全面核实和借贷记账法的综合特点，按照施工项目成本的收支范围和内容，进行施工项目成本核算。不仅核算工程项目施工的直接成本，而且还要核算工程项目在施工过程中出现的债权债务、为施工生产而自购的工具、器具摊销、向发包单位的报量和收款、分包完成和分包付款等。这种核算方法的优点是科学严密，人为控制的因素较小而且核算的覆盖面较大；缺点是对核算工作人员的专业水平和工作经验都要求较高。项目财务部门一般采用此种方法。

（3）两种核算方法的综合使用

因为表格核算具有操作简单和表格格式自由等特点，因而对工程项目内各岗位成本的责任核算比较实用。施工单位除对整个企业的生产经营进行会计核算外，还应在工程项目上设成本会计，进行工程项目成本核算，以减少数据的传递，提高数据的及时性，便于与表格核算的数据接口。总的来说，用表格核算法进行工程项目施工各岗位成本的责任核算和控制，用会计核算法进行工程项目成本核算，两者互补，相得益彰，确保工程项目成本核算工作的开展。

3.2.3 成本分析

成本分析是利用核算及其他有关资料，对成本水平与构成的变动情况，系统研究影响成本升降的各因素及其变动的原因。通信工程通常采用表格法、横道图法和赢得值曲线法，进行进度、成本的综合评价和分析，并预测完成项目需要的总费用。

前面我们已经对成本偏差的原因进行了分析和施工成本控制，但往往还需要通过对比分析，使用赢得值法对项目成本、进度进行综合分析，判断成本、进度偏差程度，发现某一方面已经出现费用超支，或预计最终将会出现费用超支，出现不可控的情况之后，应立即采取合理有效的纠偏措施。

纠偏首先是要确定纠偏的主要对象，偏差的原因有些是无法避免和控制的，如不可抗力等客观原因，应尽可能做到防患于未然，力争减少该原因所产生的经济损失。在确定了纠偏的主要对象之后，就需要采取有针对性的纠偏措施。纠偏措施可采取组织措施、经济措施、技术措施和合同措施。通常要压缩已经超支的费用，而不损害其他目标是十分困难的，一般只有当给出的措施比原计划已选定的措施更为有利，或使工程范围减少，或生产效率提高，成本才能降低，例如：

1）寻找新的、更好更省的、效率更高的技术方案；
2）购买部分产品，而不是采用完全由自己生产的产品；
3）重新选择供应商，但会产生供应风险，选择需要时间；
4）改变实施过程；
5）删除一部分工作，变更工程范围，这会提高风险，降低质量；
6）索赔，例如向业主、承(分)包商、供应商索赔以弥补费用超支等。

3.2.4 成本考核

成本考核是衡量成本降低的实际成果，也是对成本指标完成情况的总结和评价。施工单位应建立和健全工程项目成本考核制度，作为工程项目成本管理责任体系的组成部分，确定项目成本考核目的、时间、范围、对象、方式、依据、指标、组织领导、评价与奖惩原则。

成本考核的主要依据是成本计划确定的各类指标，同时还要参考成本计划、成本控制、成本核算和成本分析的资料。

企业对项目管理机构责任成本的考核主要包括：

1）项目成本目标和阶段成本目标完成情况；
2）建立以项目经理为核心的成本管理责任制的落实情况；
3）成本计划的编制和落实情况；
4）对各部门、各施工队和班组责任成本的检查和考核情况；
5）在成本管理中贯彻责权利相结合原则的执行情况。

企业对项目管理机构责任成本的考核要求是成本和效益应进行全面评价、考核与奖惩。公司层对项目管理机构进行考核与奖惩时，既要防止虚盈实亏，也要避免实际成本归集差错等的影响，使成本考核真正做到公平、公正、公开，在此基础上落实成本管理责任制的奖惩措施，项目管理机构应根据成本考核结果对相关人员进行奖惩。

学习足迹

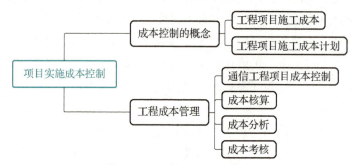

图 3-3-6　单元 3 学习足迹

拓展训练

一、填空题

1. 某通信工程承包商计划月工程量为 3200m³，计划单价为 15 元 /m³。月底检查时，实际完成工程量为 2800m³，实际单价为 20 元 /m³，则该工程的计划工作预算费用（BCWS）为_____元。
2. 某新建基站地基基础计划开挖土方 4000m³，预算单价 72 元 /m³，一周后检查时实际完成工程量为 4500m³，实际单价 68 元 /m³，则该工程的费用偏差（CV）为_____元。
3. 建筑安装工程费由_____、_____、_____、_____、_____、_____、_____组成。
4. 成本管理的任务包括：_____、_____、_____、_____、_____。
5. 准备施工、组织和管理施工生产的全部费用支出属于施工成本中的_____。

二、判断题

1. 在保证工期和质量满足要求的情况下，采取措施，将实际成本控制在计划范围内，并寻求成本节约。（   ）
2. 某通信工程月底出现了 ACWP>BCWP>BCWS，则说明该工程的费用超支，进度偏差滞后。（   ）
3. 人工费、材料费、施工机具使用费属于成本中的间接费用。（   ）
4. 通信工程项目施工成本控制应贯穿于项目从投标阶段开始直至竣工验收合格的全过程。（   ）
5. "S"型曲线是用一条平滑的曲线依次连接各点即可得到的成本累计曲线。（   ）

三、简答题

1. 简述通信工程项目施工成本的影响因素。
2. 阐述成本考核的目的。

单元 4　项目实施质量控制

学习导航

学习目标	【知识目标】 1. 熟悉通信工程项目质量控制的基本理论 2. 熟悉项目质量控制与处置方法 【技能目标】 1. 掌握通信工程项目质量的影响因素和控制方法 2. 掌握通信工程质量事故和处理方法 【素质目标】 1. 培养学生对于工程质量重要性的意识 2. 培养学生对质量控制和事故处理的管理能力
本单元重难点	1. 通信工程项目质量的影响因素 2. 通信工程质量控制的方法 3. 通信工程质量问题和事故处理
授课课时	6 课时

任务导入

尚云通信技术有限公司承揽的传输光缆敷设工程包括了 100km 的直埋光缆和架空光缆敷设，合同约定光缆及材料由建设单位采购，由施工单位从仓库运至相应地点。尚云通信技术有限公司计划在 50 天内完成，同时制定了安全措施，做好了各项准备工作，严格按照批准的施工方案开始进场施工。期间监理工程师巡视时发现部分直埋段的光缆埋深不符合设计要求，随即签发监理工程师整改通知单要求整改。光缆敷设完成后，测试发现部分路段光缆接头损耗值偏大，施工单位检查发现是光缆接头盒的质量不合格，经过更换后工程最终如期完工。

任务分析

往往造成工程质量事故的原因是多方面的，在实际工作中由于自然灾害、施工单位质量意识淡薄、施工偷工减料、质量管理体系不完善、检验制度不严密、工程层层分包、结构设计错误、工程材料不合格等种种原因，引发了工程质量事故。作为项目管理人员，应准确地识别项目质量控制点，提前做好应对措施，防患于未然。

任务实施

4.1 工程项目质量的要求

4.1.1 建设工程项目质量相关概念

1. 建设工程项目质量概念

建设工程项目质量是指通过项目实施形成的工程实体的质量，是反映建筑工程满足法律、法规的强制性要求和合同约定的要求，包括在安全、使用功能以及在耐久性能、环境保护等方面满足要求的明显和隐含能力的特性总和。其质量特性主要体现在适用性、安全性、耐久性、可靠性、经济性及与环境的协调性六个方面。

2. 质量控制的概念

工程项目的质量要求主要是由建设单位方提出的。工程项目质量控制，就是在项目实施整个过程中，包括项目的勘察设计、招标采购、施工安装、竣工验收等各个阶段，项目参与各方致力于实现项目质量总目标的一系列活动。这些活动主要包括：

1）设定目标：按照质量要求，确定需要达到的标准和控制的区间、范围、区域。
2）测量检查：测量实际成果满足所设定目标的程度。
3）评价分析：评价控制的能力和效果，分析偏差产生的原因。
4）纠正偏差：对不满足设定目标的偏差，及时采取针对性措施尽量纠正偏差。

3. 工程质量终身责任制

《国务院办公厅关于促进建筑业持续健康发展的意见》（国办发〔2017〕19号）中规定，全面落实各方主体的工程质量责任，特别要强化建设单位的首要责任和勘察、设计、施工、监理单位的主体责任。符合下列情形之一的，县级以上地方人民政府住房和城乡建设主管部门应当依法追究项目负责人的质量终身责任。

1）发生工程质量事故。
2）发生投诉、举报、群体性事件、媒体报道并造成恶劣社会影响的严重工程质量问题。
3）由于勘察、设计或施工原因造成尚在设计使用年限内的建筑工程不能正常使用。
4）存在其他需追究责任的违法违规行为。

严格执行工程质量终身责任制，在建筑物明显部位设置永久性标牌，公示质量责任主体和主要责任人。对违反有关规定、造成工程质量事故的，依法给予责任单位停业整顿、降低资质等级、吊销资质证书等行政处罚并通过国家企业信用信息公示系统予以公示，给予注册执业人员暂停执业、吊销资格证书、一定时间直至终身不得进入行业等处罚。对发生工程质量事故造成损失的，要依法追究经济赔偿责任，情节严重的要追究有关单位和人员的法律责任。

4.1.2 工程参与各方的质量责任和义务

1. 建设单位相关的质量责任和义务

住房和城乡建设部《关于落实建设单位工程质量首要责任的通知》（建质规〔2020〕9号）

规定，建设单位是工程质量第一责任人，依法对工程质量承担全面责任。对因工程质量给工程所有权人、使用人或第三方造成的损失，建设单位依法承担赔偿责任，有其他责任人的，可以向其他责任人追偿。

建设单位要科学合理确定工程建设工期和造价，严禁盲目赶工期、抢进度，不得迫使工程其他参建单位简化工序、降低质量标准。若要调整合同约定的勘察、设计周期和施工工期的，应相应调整相关费用。因极端恶劣天气等不可抗力以及重污染天气、重大活动保障等原因停工的，应给予合理的工期补偿。

建设单位要在收到工程竣工报告后及时组织竣工验收，重大工程或技术复杂工程可邀请有关专家参加，未经验收合格不得交付使用。

在工程建设过程中，特别要强化建设单位的首要责任。为确保建设工程的质量，必须规范建设单位的行为，落实项目法人责任制，明确其质量责任。

（1）依法发包工程

建设单位项目负责人对工程质量承担全面责任，不得违法发包、肢解发包，不得以任何理由要求勘察、设计、施工、监理单位违反法律法规和工程建设标准，降低工程质量，其违法违规或不当行为构成工程质量事故或质量问题应当承担责任。同时按照合同约定应由施工单位采购用于工程的装配式建筑构配件、建筑材料和设备，建设单位不得指定生产厂、供应商。

（2）依法向有关单位提供原始资料

资料是工程勘察、设计、施工、监理等单位进行相关工程建设的基础性材料。建设单位作为建设活动的总负责方，必须向有关单位提供真实、准确、齐全的原始资料，以及施工地段地下管线现状资料，是其基本的责任和义务。

（3）限制不合理的干预行为

通信工程发包单位，不得迫使承包方以低于成本的价格竞标，不得任意压缩合理工期，如果盲目要求赶工期，势必会简化工序，不按规程操作，从而给工程留下质量隐患。建设单位不得以任何理由，诸如建设资金不足、工期紧等，明示或者暗示设计单位或者施工单位违反工程建设强制性标准，降低建设工程质量。

（4）依法报审施工图设计文件

我国于1998年开始进行建筑工程项目施工图设计文件审查试点工作，施工图设计文件是设计文件的重要内容，是编制施工图预算、安排材料、设备订货、安装和工程验收等工作的依据，施工图设计文件的质量直接影响建设工程的质量，施工图设计文件未经审查批准的，不得使用。

（5）依法实行工程监理

《建设工程质量管理条例》规定，下列建设工程必须实行监理：

1）国家重点建设工程。

2）大中型公用事业工程。

3）成片开发建设的住宅小区工程。

4）利用外国政府或者国际组织贷款、援助资金的工程。

5）国家规定必须实行监理的其他工程。

建设单位应当委托具有相应资质等级的工程监理单位进行监理，监理人员应具有较高的技术水平和丰富的工程经验，也可以委托具有工程监理相应资质等级并与被监理工程的施工承包单位没有隶属关系或者其他利害关系的该工程的设计单位进行监理。

（6）依法办理工程质量监督手续

建设单位在开工前，应当按照国家有关规定办理工程质量监督手续；办理工程质量监督手续，应提供以下文件和资料：

1）工程规划许可证。

2）设计单位资质等级证书。

3）监理单位资质等级证书，监理合同及《工程项目监理登记表》。

4）施工单位资质等级证书及营业执照副本。

5）工程勘察设计文件。

6）中标通知书及施工承包合同等。同时接受政府主管部门的工程质量监督。

2. 勘察、设计单位相关的质量责任和义务

勘察、设计质量实行单位与注册执业人员双重责任，即勘察、设计单位应当按照法律法规和工程建设强制性标准进行勘察、设计，并对其勘察、设计的质量负责。注册建筑师、注册结构工程师等注册执业人员应当在设计文件上签字，对设计文件负责，对因勘察、设计导致的工程质量事故或质量问题承担责任。谁勘察设计谁负责，谁施工谁负责，这是国际上通行的做法。

勘察文件是设计的基础资料，是设计的依据。因此先勘察、后设计是工程建设的基本做法，也是基本建设程序的要求，我国对各类设计文件的编制制度都有规定，在实践中应当贯彻执行。设计单位应在设计文件中注明工程合理使用年限，工程合理使用年限是指从工程竣工验收合格之日起，工程的地基基础、主体结构能保证在正常情况下安全使用的年限。

设计单位在设计文件中选用的通信设备及材料、建筑构配件等，应当注明规格、型号、性能等技术指标，其质量要求必须符合国家规定的标准。除有特殊要求的建筑材料、专用设备、工艺生产线等外，设计单位不得指定生产厂家和供应商。设计单位应当就审查合格的施工图设计文件向施工单位作出详细说明。当工程出现质量问题后，设计单位应当参与通信工程质量事故分析，并对因设计造成的质量事故，提出相应的技术处理方案。

3. 监理单位相关的质量责任和义务

工程监理单位接受建设单位的委托，代表建设单位，对建设工程进行管理，因此工程监理单位也是建设工程质量的责任主体之一。工程监理单位相关的质量责任和义务有以下方面。

（1）依法承担工程监理业务

工程监理单位应当在其资质等级许可的监理范围内，承担工程监理业务。禁止工程监理单位超越本单位资质等级许可的范围或者以其他工程监理单位的名义承担工程监理业务。禁止工程监理单位允许其他单位或者个人以本单位的名义承担工程监理业务。工程监理单位不得转让工程监理业务。

（2）对有隶属关系或其他利害关系的回避

工程监理单位与被监理工程的施工承包单位以及建筑材料、建筑构配件和设备供应单位不得有隶属关系或者其他利害关系。如果有这种关系，工程监理单位在接受监理委托前，应

当自行回避；对于没有回避而被发现的，建设单位可以依法解除委托关系。监理单位对施工质量承担监理责任，如果监理单位不按照监理合同约定履行监理义务或者降低工程质量标准，造成质量事故的，要承担相应的法律责任。

（3）工程监理的职责和权限

工程监理单位应当选派具备相应资格的总监理工程师和监理工程师进驻施工现场。未经监理工程师签字，建筑材料、建筑构配件和设备不得在工程上使用或者安装，施工单位不得进行下一道工序的施工。未经总监理工程师签字，建设单位不得拨付工程款，不得进行竣工验收。

（4）工程监理的形式

监理工程师应当按照工程监理规范的要求，采取旁站、巡视和平行检验等形式，对建设工程实施监理。三种工作方式的内涵如下：

1）旁站。是指旁站是指在关键部位或关键工序的施工过程中，监理人员在施工现场所采取的监督活动。

2）巡视。是指除了关键点的质量控制外，监理工程师还应对施工现场进行定期或不定期的监督检查活动。旁站和巡视的目的不同，巡视是以了解情况和发现问题为主，巡视的方法以目视和记录为主。旁站是以确保关键工序或关键操作符合规范要求为目的，除了目视以外，必要时还要辅以常用的检测工具，实施旁站的监理人员主要以监理员为主，而巡视则是所有监理人员都应进行的一项日常工作。

3）平行检验。是指项目监理机构利用一定的检查或检测手段在承包单位自检的基础上，按照一定的比例独立进行检查或检测的活动。

4. 施工单位的质量责任和义务

中华人民共和国住房和城乡建设部《建筑工程五方责任主体项目负责人质量终身责任追究暂行办法》（建质〔2014〕124 号）规定，建筑工程开工建设前，施工单位法定代表人应当签署授权书，明确本单位项目负责人，参与新建、扩建、改建的建筑工程项目负责人按照国家法律法规和有关规定，在工程设计使用年限内对工程质量承担相应责任。

为了加强对建设工程质量的管理，保证建设工程质量，保证人民生命和财产安全，施工单位应遵循必要的质量行为规范。

（1）依法承揽及分包工程

通信工程施工单位应当依法取得相应等级的资质证书，并在其资质等级许可的范围内承揽工程；不得超越本单位资质等级许可的业务范围或者以其他施工单位的名义承揽工程；不得允许其他单位或者个人以本单位的名义承揽工程。施工单位不得转包或者违法分包，总承包单位依法将通信工程分包给其他单位的，分包单位应当接受总承包单位的质量管理，应当按照分包合同的约定对其分包工程的质量向总承包单位负责，总承包单位与分包单位对分包工程的质量承担连带责任。

通信工程实行总承包的，总承包单位应当对全部通信工程质量负责；通信工程勘察、设计、施工、设备采购的一项或者多项实行总承包的，总承包单位应当对其承包的通信工程或者采购设备的质量负责。

（2）建立健全相关制度

施工单位应当建立质量责任制，明确工程项目经理、技术负责人、现场负责人等相关管理人员及操作人员的职责与权限。主要包括制定质量目标计划，建立考核标准，并层层分解落实到具体的责任单位和责任人，特别是项目经理、技术负责人和施工管理负责人。

施工单位应当建立健全教育培训制度，根据岗位职责的能力要求、法定的强制性培训及持证上岗要求，对员工进行有效的教育培训，使其能够持续满足要求。

（3）施工前质量策划及设备器材检验工作

施工单位应坚持做好施工前的质量策划，编制施工组织设计，对每项工程都应制定保证质量的措施。施工单位应按行业的相关要求，参加设备和器材出厂或施工现场开箱的检验工作。施工单位必须按照工程设计要求，施工技术标准和合同约定，对工程材料进行检验。检验的设备、材料应当有书面记录和专人签字，未经检验或者检验不合格的，不得使用。

（4）遵守标准，按图施工

施工单位必须按照工程设计图纸和施工技术标准施工，不得擅自修改工程设计，不得偷工减料。严格工序管理，坚持"三检"（自检、互检、专检）制度，做好隐蔽工程的质量检查和记录，施工单位在施工过程中发现设计文件和图纸有差错的，应当及时向监理单位或者建设单位提出意见和建议。

（5）自觉接受质量监督机构的质量监督

质量监督机构是政府依据有关质量法规、规章行使质量监督职能的机构，施工单位应自觉接受质量监督机构的质量监督，为质量监督检查提供方便，并与之积极配合。

（6）提供竣工资料及工程返修、保修

施工单位在施工完毕后，应提供完整的施工技术档案和准确详细的竣工资料；对施工中出现质量问题或者竣工验收不合格的部位，应当负责返修；对所承建的工程项目，应按合同规定在保修期内负责保修。

4.1.3　工程建设标准的分类

工程建设标准的分类要突出建设单位首要责任，落实施工单位主体责任，明确工程使用安全主体责任，履行政府的工程质量监管责任。《中华人民共和国标准化法》规定，标准包括国家标准、行业标准、地方标准、团体标准、企业标准。

1. 工程建设国家标准

（1）工程建设国家标准的范围和类型

国家标准分为强制性标准和推荐性标准，强制性标准必须执行，推荐性标准国家鼓励采用。对保障人身健康和生命财产安全、国家安全、生态环境安全以及满足经济社会管理基本需要的技术要求，应当制定强制性国家标准。对满足基础通用、与强制性国家标准配套、对各有关行业起引领作用等需要的技术要求，可以制定推荐性国家标准。下列标准属于强制性标准：

1）工程建设勘察、规划、设计、施工及验收等通用的综合标准和重要的通用的质量标准。

2）工程建设通用的有关安全、卫生和环境保护的标准。

3）工程建设重要的通用的术语、符号、代号、量与单位、建筑模数和制图方法标准。

4）工程建设重要的通用的试验、检验和评定方法等标准。

5）工程建设重要的通用的信息技术标准。

（2）工程建设国家标准的制定

国务院标准化行政主管部门负责强制性国家标准的立项、编号和对外通报。

（3）工程建设国家标准的审批发布和编号

强制性国家标准由国务院批准发布或者授权批准发布。强制性标准文本应当免费向社会公开。国家推动免费向社会公开推荐性标准文本。

（4）国家标准的复审与修订

组织起草部门应当根据反馈和评估情况，对强制性国家标准进行复审，提出继续有效、修订或者废止的结论，并送国务院标准化行政主管部门。复审周期一般不得超过 5 年。

2. 工程建设行业标准

对没有推荐性国家标准、需要在全国某个行业范围内统一的技术要求，可以制定行业标准。行业标准由国务院有关行政主管部门制定，报国务院标准化行政主管部门备案。

行业标准不得与国家标准相抵触。行业标准的某些规定与国家标准不一致时，必须有充分的科学依据和理由，并经国家标准的审批部门批准。行业标准在相应的国家标准实施后，应当及时修订或废止。

3. 工程建设地方标准

地方标准由省级人民政府标准化行政主管部门制定；设区的市级人民政府标准化行政主管部门根据本行政区域的特殊需要，经所在地省级人民政府标准化行政主管部门批准，可以制定本行政区域的地方标准。

4. 工程建设团体标准

国家鼓励学会、协会、商会、联合会、产业技术联盟等社会团体协调相关市场主体共同制定满足市场和创新需要的团体标准，由本团体成员约定采用或者按照本团体的规定供社会自愿采用。

国家鼓励社会团体制定高于推荐性标准相关技术要求的团体标准；鼓励制定具有国际领先水平的团体标准。

5. 工程建设企业标准

企业可以根据需要自行制定企业标准，或者与其他企业联合制定企业标准。国家实行团体标准、企业标准自我声明公开和监督制度，企业应当公开其执行的强制性标准、推荐性标准、团体标准或者企业标准的编号和名称。

标准化是国家治理现代化的必然要求，标准化的实施有利于保护人体健康，保障人身和财产安全；稳定和提高产品、工程和服务的质量，促进企业走质量效益型发展道路，增强企业素质，提高企业竞争力。

4.2 项目质量的影响因素分析

4.2.1 影响工程质量的因素

为了有针对性地制定质量问题及质量事故的预防、应对及改进措施，避免质量问题或质量事故的发生，项目负责人应在施工前和施工过程中根据项目的实际状况、参与施工的人员水平及工程项目的具体特点，从项目实施过程中影响质量形成的各种客观因素和主观因素入手，包括人的因素、机械因素、材料（含设备）因素、方法因素和环境因素，简称"人、机、料、法、环"。全方面分析判断对工程质量的影响力，找出影响质量的主要因素。项目质量的影响因素分析见表3-4-1。

表3-4-1 项目质量的影响因素分析

序号	影响因素		因素分析
1	人		事在人为，人的因素起决定性的作用，我国实行建筑业企业经营资质管理制度、市场准入制度、执业资格注册制度、作业及管理人员持证上岗制度等
2	机械		施工机械和各类施工工器具，包括施工过程中使用的运输设备、吊装设备、操作工具、测量仪器、计量器具以及施工安全设施等
3	材料		材料是工程施工的基本物质条件，材料包括工程材料和施工用料，又包括原材料、半成品、成品、构配件和周转材料等
4	方法		也可以称为技术因素，包括勘察、设计、施工所采用的技术和方法，以及工程检测、试验的技术和方法等
5	环境	自然环境	工程地质、水文、气象条件和地下障碍物以及其他不可抗力等影响项目质量的因素，例如地质、水文、气象、不可抗力的影响
		社会环境	各种社会环境因素对项目质量造成的影响，包括法律法规的健全程度、经营者的经营理念、项目法人决策的理性化程度等
		管理环境	项目参建单位的质量管理体系、质量管理制度和各参建单位之间的协调等因素，例如参建单位的质量管理体系是否健全，运行是否有效
		施工作业环境	项目实施现场平面和空间环境条件，各种能源、介质供应，例如通风、照明、安全防护设施、交通运输、道路条件等

4.2.2 工程质量事故原因分析

工程质量事故产生的原因是多方面的，大致分为技术原因、管理原因、社会经济原因以及人为事故和自然灾害原因。其中技术原因主要是项目实施过程中出现的勘察、设计、施工时技术方面的失误，如对现场环境情况了解不够，技术指标设计不合理，重要及特殊工序技术措施不到位等。管理原因主要是管理失误或制度不完善，如施工或监理检验制度不严密，质量控制不到位，设备、材料检验不严格等。社会经济原因主要是建设领域存在的不规范行为等。对于工程各参建单位，可能导致工程质量问题的错误行为主要有：

1. 建设单位的错误行为

规划不够全面，违反基本建设程序，在工程建设方面往往出现先施工、后设计或边施工、边设计、边投产的"三边工程"；将工程发包给不具备相应等级的勘察设计、监理、施工单位；向工程参建单位提供的资料不准确、不完整；任意压缩工期；工程招投标中，以低于成本的价格中标、承包费过低、不能及时拨付工程款；对于不合格的工程按合格工程验收等。

2. 监理单位的错误行为

没有建立完善的质量管理体系；没有制定具体的监理规划或监理实施细则；不能针对具体项目制定适宜的质量控制措施；监理工程师不熟悉相关规范、技术要求和工程验收标准；现场监理人员业务不熟练、缺乏责任感；在监理工作过程中不能忠于职守。

3. 勘察设计单位的错误行为

未按照工程强制性标准及设计规范进行勘察设计；勘察不详细或不准确，对相关影响因素考虑不周；技术指标设计不合理；对于采用新技术、新材料、新工艺的工程未提出相应的技术措施和建议；设计中未明确重要部位或重要环节及具体要求等。

4. 施工单位的错误行为

施工前策划不到位，没有完善的质量保证措施；承担施工任务的人员不具备相关知识，不能胜任工作；未交底或交底内容不正确、不完善；未给作业人员提供适宜的作业指导文件；检验制度不严密，质量控制不严格；监视和测量设备管理不善或失准；未按照工程设计要求对设备及材料进行检验；发现质量问题时，没有分析原因；相关人员缺乏质量意识、责任感以及违规作业等。

5. 设备供应单位的错误行为

没有建立设备材料性能的检验制度，供应人员不熟悉设备性能、技术指标和要求，不熟悉设备检验方法，把不合格的设备运到工地，给工程质量带来隐患。

4.2.3 项目质量统计分析

通信工程质量管理中常用的项目质量和影响因素统计分析方法有三种，分别是调查分析法、排列图法、因果分析法。

（1）调查分析法

调查分析法又称调查表法，是利用表格进行数据收集和统计的一种方法。在质量控制活动中，利用统计调查表收集数据，简便灵活，便于整理，实用有效。它没有固定的格式，可根据需要和具体情况，设计出不同统计调查表。常用的调查表有：工程作业质量分布调查表、不合格项目调查表、不合格原因调查表、施工质量检查评定调查表等。统计调查表往往同其他统计方法结合起来应用，可以更好、更快地找出问题的原因，以便采取改进的措施。

（2）排列图法

排列图法是分析影响质量主要因素的方法。排列图有两个作用：一是按重要顺序显示出每个质量改进项目对整个质量问题的作用；二是识别进行质量改进的机会。

（3）因果分析法

又称鱼刺图法，因果分析法是一种逐步深入研究寻找影响项目质量原因的方法。首先找出要解决的问题，针对问题点，从人、机、料、法、环五个方面找出出现的可能原因，在充分分析的基础上，从中选择1~5项最主要原因，来反映项目质量主要影响因素。

例如某施工企业承接了一项光缆架空线路工程，光缆运送至施工现场后经检验全部合格，施工人员在做好各项准备工作后开始光缆布放和接续工作。施工完成后，测试人员进行光缆中继段测试时发现部分接续点损耗过大,用因果分析图法分析影响接续损耗原因如图 3-4-1 所示。

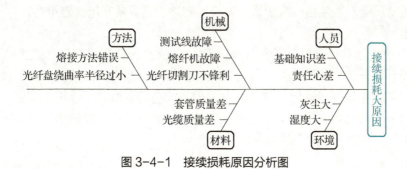

图 3-4-1　接续损耗原因分析图

4.2.4　项目质量风险分析与控制

通信工程项目质量的影响因素中,有可控因素,有不可控因素;这些因素对项目质量的影响存在不确定性,从而形成了通信工程项目的质量风险。

工程项目质量风险通常就是指某种因素对实现项目质量目标造成不利影响的不确定性,这些因素导致发生质量损害的概率和造成质量损害的程度都是不确定的。在项目实施的整个过程中,对质量风险进行识别、评估、响应及控制,减少风险源的存在,降低风险事故发生的概率,减少风险事故对项目质量造成的损害,把风险损失控制在可以接受的程度,是项目质量控制的重要内容。

1. 质量风险识别

项目质量风险具有广泛性,影响质量的各方面因素都可能存在风险,项目实施的各个阶段都有不同的风险,进行风险识别应广泛收集质量风险相关信息。

2. 质量风险评估

质量风险评估包括两个方面:一是评估各种质量风险发生的概率;二是评估各种质量风险可能造成的损失量。《建设工程项目管理规范》(GB/T 50326—2017)将工程建设风险事件按照不同风险程度分为 4 个等级:

一级风险,风险等级最高,风险后果是灾难性的,并造成恶劣社会影响和政治影响。

二级风险,风险等级较高,风险后果严重,可能在较大范围内造成破坏或人员伤亡。

三级风险,风险等级一般,风险后果一般,对工程建设可能造成破坏的范围较小。

四级风险,风险等级较低,风险后果在一定条件下可以忽略,对工程本身以及人员等不会造成较大损失。

项目风险评估包括以下工作:

1)利用已有数据资料(主要是类似项目有关风险的历史资料)和相关专业方法分析各种风险因素发生的概率;

2)分析各种风险的损失量,包括可能发生的工期损失、费用损失,以及对工程的质量、功能和使用效果等方面的影响;

3)根据各种风险发生的概率和损失量,确定各种风险的风险量和风险等级。

3. 质量风险响应

质量风险响应就是根据风险评估的结果，针对各种质量风险制定应对策略和风险管理计划。常用的质量风险对策包括风险规避、减轻、转移、自留及其组合等策略。

（1）规避

采取恰当的措施避免质量风险的发生。例如：依法进行招投标，慎重选择有资质、有能力的项目设计、施工、监理单位，避免因质量责任单位选择不当而发生质量风险；正确进行项目的规划选址，避开不良地基或容易发生地质灾害的区域；不选用不成熟、不可靠的设计、施工技术方案；合理安排施工工期和进度计划，避开可能发生的水灾、风灾、冻害对工程质量的损害等。以上都是规避质量风险的办法。

（2）减轻

针对无法规避的质量风险，研究制定有效的应对方案，尽量把风险发生的概率和损失量降到最低程度，从而降低风险量和风险等级。例如，在施工中有针对性地制定和落实有效的施工质量保证措施和质量事故应急预案，可以降低质量事故发生的概率和减少事故损失量；承包单位依法实行联合承包，联合体各方共担风险，也是减轻风险的方法。

（3）转移

依法采用正确的方法把质量风险转移给其他方承担。转移的方法有：

1）分包转移，例如施工总承包单位依法把自己缺乏经验、没有足够把握的部分工程，通过签订分包合同，分包给有经验、有能力的单位施工。

2）担保转移，例如建设单位在工程发包时，要求承包单位提供履约担保；工程竣工结算时，扣留一定比例的质量保证金等。

3）保险转移，例如质量责任单位向保险公司投保适当的险种，把质量风险全部或部分转移给保险公司等。

（4）自留

又称风险承担。当质量风险无法避免，或者估计可能造成的质量损害不会很严重而预防的成本很高时，风险自留也常常是一种有效的风险响应策略。风险自留有两种：无计划自留和有计划自留。无计划自留是指不知风险存在或虽预知有风险而未做预处理，一旦风险事件发生，再视造成的质量缺陷情况进行处理。有计划自留指明知有一定风险，经分析由自己承担风险更为合理，预先做好处理可能造成的质量缺陷和承担损失的准备。可以采取设立风险基金的办法，在损失发生后用基金弥补；在建筑工程预算价格中通常预留一定比例的不可预见费，一旦发生风险损失，由不可预见费支付。

4. 质量风险控制

对于施工项目而言，通过监视质量形成过程，消除所有阶段引起不合格质量的因素，以达到质量要求，获取经济效益，而采用的各种质量作业技术和活动。按照质量形成过程，可分为准备、实施、竣工三个阶段进行。以下为5G基站施工过程中常见的质量控制要点。

（1）现场勘查

机房内部装修质量；地槽、走线路由检查；交流电源引入质量，机房照明情况检查；机房的防静电地板（如有）情况检查；空调系统情况检查，机房温度、湿度情况检查；机房的防雷接地排、保护接地排是否有空余位置；机房内消防设施的完整性。

（2）器材检验

现场开箱检验设备，主要材料的品种、规格、数量、外观检查；检查设备、主要材料的出厂合格证书、技术说明书是否齐全。

（3）走线架安装

走线架安装的位置、高度、水平度、垂直偏差；吊挂、撑铁的安装。

（4）室内设备的安装

机架安装质量，基座的位置、水平度；机架安装的位置、垂直度，机架底部加固、机架上加固制作；机架的标志制作；子架安装的位置检查；面板布设；子架安装、插接件的连接。

（5）室外设备的安装

地线排的接地电阻；塔上设备安装的位置、方向、紧固；馈线的接头、固定、防水、弯曲度、接地等装置的制作。

（6）光缆、电缆布放及成端

光纤的布放路由走向、衰耗、标志；射频光缆布放的路由走向、排序以及绑扎、成端、标志的制作质量；电力电缆布放的路由走向、绝缘、极性、标志。电缆头的焊接应牢固度、光滑度、余线长短的一致性。

（7）设备测试阶段

设备测试阶段在设备通电检查时，检查电源线连接的极性是否正确，电源电压、加电步骤是否正确。基站设备测试时，检查发送功率、天馈线系统驻波比等。

4.3 全面质量管理思想

TQM（Total Quality Management）即全面质量管理，我国从20世纪80年代开始引进和推广全面质量管理，其基本原理就是强调在企业或组织最高管理者的质量方针指引下，实行全面、全过程和全员参与的质量管理。

1. 全面质量管理的特点

全面质量管理（TQM）的主要特点是：以顾客满意为宗旨；领导参与质量方针和目标的制定；提倡预防为主、科学管理、用数据说话等。在当今世界标准化组织颁布的ISO 9000质量管理体系标准中，处处都体现了这些特点和思想。建设工程项目的质量管理，同样应贯彻"三全"管理的思想和方法。

全面质量管理：各个参与方工程（产品）质量和工作质量的全面管理。

全过程质量管理：项目策划与决策过程；勘察设计过程；设备材料采购过程；施工组织与实施过程；检测设施控制与计量过程；施工生产的检验试验过程；工程质量的评定过程；工程竣工验收与交付过程；工程回访维修服务过程等。

全员参与质量管理：各个部门、各个岗位都应承担着相应的质量职能。

2. 质量管理的PDCA循环

全面质量管理的思想基础和方法依据就是PDCA循环。PDCA循环是美国质量管理专家沃特·阿曼德·休哈特首先提出的，由戴明采纳、宣传并获得普及，所以又称戴明环。PDCA

循环的含义是将质量管理分为四个阶段，即 Plan（计划）、Do（实施）、Check（检查）和 Action（处置）。首先制订工作计划，然后实施，并进行检查，对检查出的质量问题提出改进措施。这四个阶段有先后、有联系、首尾相接，每执行一次为一个循环，称为 PDCA 循环，每个循环相对上一循环都有一个提高。PDCA 循环示意图如图 3-4-2 所示。

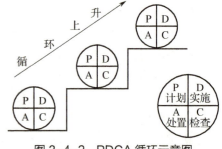

图 3-4-2　PDCA 循环示意图

（1）计划（Plan）

计划包括确定质量目标和制定实现质量目标的行动方案。

（2）实施（Do）

各项活动实施之前，根据质量计划进行行动方案的交底；在质量活动的实施过程中要求严格执行计划的行动方案，规范行为，把质量计划的各项规定和安排落实到具体的资源配置和作业技术活动中去。

（3）检查（Check）

对计划实施过程进行各种检查，包括作业者的自检、互检和专职管理者专检。各类检查也都包含两大方面：首先检查是否严格执行了计划的行动方案，实际条件是否发生了变化，不执行计划的原因；其次是检查计划执行的结果，即产出的质量是否达到标准的要求，对此进行确认和评价。

（4）处置（Action）

处置分纠偏和预防改进两个方面。纠偏是采取措施解决当前的质量问题；预防改进是将目前的质量状况反馈管理部门，为今后类似质量问题的预防提供借鉴。

3. 施工质量控制的基本环节

施工质量控制应贯彻全面、全员、全过程质量管理的思想，运用动态控制原理，进行质量的事前控制、事中控制和事后控制。

（1）事前质量控制

即在正式施工前进行的事前主动质量控制，通过编制施工质量计划，明确质量目标，制定施工方案，设置质量管理点，落实质量责任，分析可能导致质量目标偏离的各种影响因素，针对这些影响因素制定有效的预防措施，防患于未然。事前质量预控要求针对质量控制对象的控制目标、活动条件、影响因素进行周密分析，找出薄弱环节，制定有效的控制措施和对策。

（2）事中质量控制

指在施工质量形成过程中，对影响施工质量的各种因素进行全面的动态控制。事中质量控制也称作业活动过程质量控制，包括质量活动主体的自我控制和他人监控的控制方式。自我控制是第一位的，即作业者在作业过程对自己质量活动行为的约束和技术能力的发挥，以完成符合预定质量目标的作业任务；他人监控是对作业者的质量活动过程和结果，由来自企业内部管理者和企业外部有关方面进行监督检查，如工程监理机构、政府质量监督部门等的监控。

施工质量的自控和监控是相辅相成的系统过程。自控主体的质量意识和能力是关键，是施工质量的决定因素；各监控主体所进行的施工质量监控是对自控行为的推动和约束。因此，自控主体必须正确处理自控和监控的关系，在致力于施工质量自控的同时，还必须接受来自建设单位、监理等方面对其质量行为和结果进行的监督管理，包括质量检查、评价和验收。自控主体不能因为监控主体的存在和监控职能的实施而减轻或推脱其质量责任。

事中质量控制的目标是确保工序质量合格，杜绝质量事故发生；控制的关键是坚持质量标准；控制的重点是工序质量、工作质量和质量控制点的控制。

（3）事后质量控制

事后质量控制也称为事后质量把关，使不合格的工序或最终产品（包括单位工程或整个工程项目）不流入下道工序、不进入市场。事后控制包括对质量活动结果的评价、认定；对工序质量偏差的纠正；对不合格产品进行整改和处理。控制的重点是发现施工质量方面的缺陷，并通过分析提出施工质量改进的措施，保证质量处于受控状态。

以上三大环节不是互相孤立和截然分开的，它们共同构成有机的系统过程，实质上也就是质量管理 PDCA 循环的具体化，在每一次滚动循环中不断提高，达到质量管理和质量控制的持续改进。

4.4 施工质量不合格和事故的处理

4.4.1 工程质量不合格

1. 质量不合格和质量缺陷

根据 GB/T 19000—2016《质量管理体系基础和术语》的定义，工程产品未满足质量要求，即为质量不合格；而与预期或规定用途有关的质量不合格，称为质量缺陷。

2. 质量问题和质量事故

凡是工程质量不合格，影响使用功能或工程结构安全，造成永久质量缺陷或存在重大质量隐患，甚至直接导致工程倒塌或人身伤亡，必须进行返修、加固或报废处理，按照由此造成人员伤亡和直接经济损失的大小区分，在规定限额以下的为质量问题，在规定限额以上的为质量事故。

3. 工程质量事故

工程质量事故是指由于建设、勘察、设计、施工、监理等单位违反工程质量有关法律法规和工程建设标准，使工程产生结构安全、重要使用功能等方面的质量缺陷，造成人身伤亡或者重大经济损失的事故。工程质量事故具有成因复杂、后果严重、种类繁多、往往与安全事故共生的特点，建设工程质量事故的分类有多种方法，不同专业工程类别对工程质量事故的等级划分也不尽相同。

（1）按事故造成损失的程度分级

根据《生产安全事故报告和调查处理条例》规定，按工程质量事故造成的人员伤亡或者直接经济损失，将工程质量事故分为4个等级：

1) 特别重大事故，是指造成30人以上死亡，或者100人以上重伤，或者1亿元以上直接经济损失的事故。

2) 重大事故，是指造成10人以上30人以下死亡，或者50人以上100人以下重伤，或者5000万元以上1亿元以下直接经济损失的事故。

3) 较大事故，是指造成3人以上10人以下死亡，或者10人以上50人以下重伤，或者1000万元以上5000万元以下直接经济损失的事故。

4) 一般事故，是指造成3人以下死亡，或者10人以下重伤，或者100万元以上1000万元以下直接经济损失的事故。

该等级划分所称的"以上"包括本数，所称的"以下"不包括本数。

（2）按事故责任分类

1) 指导责任事故：指由于工程实施指导或领导失误而造成的质量事故。例如，由于工程负责人片面追求施工进度，放松或不按质量标准进行控制和检验，降低施工质量标准等。

2) 操作责任事故：指在施工过程中，由于实施操作者不按规程和标准实施操作，而造成的质量事故。例如，浇筑混凝土时随意加水，机房安装设备时不按要求接地等。

3) 自然灾害事故：指由于突发的严重自然灾害等不可抗力造成的质量事故。例如地震、台风、暴雨、雷电、洪水等对工程造成破坏甚至倒塌。这类事故虽然不是人为责任直接造成，但灾害事故造成的损失程度也往往与人们是否在事前采取了有效的预防措施有关，相关责任人员也可能负有一定责任。

4.4.2 施工质量事故报告和调查处理程序

施工中发生事故时，发生质量事故的时候往往也伴随有安全事故，施工企业应当采取紧急措施减少人员伤亡和事故损失，发生事故后应按照国家有关规定及时向有关部门报告。

1. 事故报告

《建设工程质量管理条例》规定，建设工程发生质量事故，有关单位应当在24h内向当地建设行政主管部门和其他有关部门报告。对重大质量事故，事故发生地的建设行政主管部门和其他有关部门应当按照事故类别和等级向当地人民政府和上级建设行政主管部门和其他有关部门报告。特别重大质量事故的调查程序按照国务院有关规定办理。

《生产安全事故报告和调查处理条例》规定，事故发生后，事故现场有关人员应当立即向本单位负责人报告；单位负责人接到报告后，应当于1h内向事故发生地县级以上人民政府安全生产监督管理部门和负有安全生产监督管理职责的有关部门报告。情况紧急时，事故现场有关人员可以直接向事故发生地县级以上人民政府安全生产监督管理部门和负有安全生产监督管理职责的有关部门报告。安全生产监督管理部门和负有安全生产监督管理职责的有关部门逐级上报事故情况，每级上报的时间不得超过2h。任何单位和个人对事故不得迟报、漏报、谎报或者瞒报。

根据事故的不同等级，事故的上报部门也不相同，具体见表3-4-2。

表 3-4-2　事故上报部门

序号	事故类别	上报部门	
1	特别重大事故	国务院	安全生产监督管理部门和负有安全生产监督管理职责的有关部门
2	重大事故		
3	较大事故	省、自治区、直辖市人民政府	
4	一般事故	设区的市级人民政府	

特别重大事故以下等级事故，事故发生地与事故发生单位不在同一个县级以上行政区域的，由事故发生地人民政府负责调查，事故发生单位所在地人民政府应当派人参加。

事故上报的报告内容：

1）事故发生的时间、地点、工程项目名称、工程各参建单位名称。
2）事故发生的简要经过、伤亡人数和初步估计的直接经济损失。
3）事故原因的初步判断。
4）事故发生后采取的措施及事故控制情况。
5）事故报告单位、联系人及联系方式。
6）其他应当报告的情况。

2. 事故调查

特别重大事故由国务院或者国务院授权有关部门组织事故调查组进行调查。重大事故、较大事故、一般事故分别由事故发生地省级人民政府、设区的市级人民政府、县级人民政府负责调查。未造成人员伤亡的一般事故，县级人民政府也可以委托事故发生单位组织事故调查组进行调查。事故调查组应当自事故发生之日起 60 日内提交事故调查报告；特殊情况下，经负责事故调查的人民政府批准，提交事故调查报告的期限可以适当延长，但延长的期限最长不超过 60 日。调查结果要整理编写成事故调查报告，其主要内容应包括：

1）事故项目及各参建单位概况。
2）事故发生经过和事故救援情况。
3）事故造成的人员伤亡和直接经济损失。
4）事故项目有关质量检测报告和技术分析报告。
5）事故发生的原因和事故性质。
6）事故责任的认定和对事故责任者的处理建议。
7）事故防范和整改措施。

3. 事故的原因分析

找出造成事故的主要原因，特别是对涉及施工、勘察、设计、材料和管理等方面的质量事故，事故的原因往往比较复杂，因此，必须对调查所得到的资料、数据进行仔细的分析，必要时组织对事故项目进行检测鉴定和专家技术论证，找出造成事故的主要原因。

4. 制定事故处理的技术方案

事故的处理要建立在原因分析的基础上，要广泛地听取专家及有关方面的意见，制定出安全可靠、技术可行、不留隐患、经济合理的技术方案，同时具有可操作性，可以满足建设工程功能和使用要求。

5. 事故处理

事故处理的内容包括两方面内容，一是事故的技术处理，按经过论证的技术方案进行处理，解决事故造成的质量缺陷问题；二是事故的责任处罚，有关机关依据人民政府对事故调查报告的批复，按照法律、行政法规规定的权限和程序，对事故发生单位和有关人员进行行政处罚，对负有事故责任的国家工作人员进行处分。事故发生单位按照有关要求对本单位负有事故责任的人员进行处理。负有事故责任的人员涉嫌犯罪的，依法追究刑事责任。

事故发生单位应当认真吸取事故教训，落实防范和整改措施，防止事故再次发生。

6. 事故处理的鉴定验收

通过检查鉴定和验收，确认质量事故的技术处理是否达到预期的目的和依然存在隐患。在质量鉴定过程中，应严格按施工验收规范和相关质量标准的规定进行，必要时可以委托具有资质的检测单位进行，通过实际量测、试验和仪器检测等方法获取必要的数据，以便准确地对事故处理的结果作出鉴定，形成鉴定验收结论。

7. 提交事故处理报告

事故处理完成后，必须尽快提交完整的事故处理报告，其内容包括：

1）事故调查的原始资料、测试的数据。
2）事故原因分析和论证结果。
3）事故处理的依据。
4）事故处理的技术方案及措施。
5）实施技术处理过程中有关的数据、记录、资料。
6）检查验收记录。
7）对事故相关责任者的处罚情况和事故处理的结论等。

事故调查报告应当附具有关证据材料。事故调查组成员应当在事故调查报告上签名。

4.4.3 施工质量缺陷处理的基本方法

1. 返修处理

当项目的某些部分的质量虽未达到规范、标准或设计规定的要求，存在一定的缺陷，但经过采取整修等措施后可以达到要求的质量标准，又不影响使用功能或外观的要求时，可采取返修处理的方法。

返修包括施工过程中出现质量问题的通信工程和竣工验收不合格的通信工程两种情形：

1）因施工单位的原因致使通信工程质量不符合约定的，发包人有权要求施工单位在合理期限内无偿修理或者返工、改建。
2）对于非施工单位原因造成的质量问题，施工单位也应当负责返修，但是因此而造成的损失及返修费用由责任方负责。

2. 加固处理

主要是针对危及结构承载力的质量缺陷的处理。通过加固处理，使建筑结构恢复或提高承载力，重新满足结构安全性与可靠性的要求，使结构能继续使用或改作其他用途。

3. 返工处理

当工程质量缺陷经过返修、加固处理后仍不能满足规定的质量标准要求，或不具备补救可能性，则必须采取重新制作、重新施工的返工处理措施。

4. 限制使用

当工程质量缺陷按修补方法处理后无法保证达到规定的使用要求和安全要求，而又无法返工处理的情况下，不得已时可作出诸如结构卸荷或减荷以及限制使用的决定。

5. 不作处理

某些工程质量问题虽然达不到规定的要求或标准，但其情况不严重，对结构安全或使用功能影响很小，经过分析、论证、法定检测单位鉴定和设计单位等认可后可不作专门处理。

6. 报废处理

出现质量事故的项目，经过分析或检测，采取上述处理方法后仍不能满足规定的质量要求或标准，则必须予以报废处理。

学习足迹

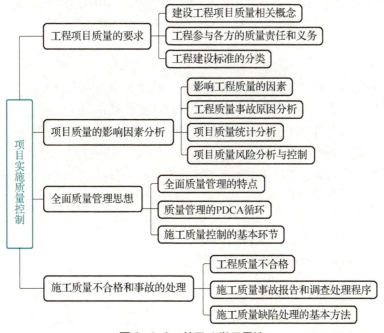

图 3-4-3　单元 4 学习足迹

拓展训练

一、填空题

1. 全面质量控制思想（TQM）的实施包括四个阶段，称为 PDCA 循环，又称为戴明环，其中 P 指_____、D 指_____、C 指_____、A 指_____。
2. 通信工程项目质量的影响因素，主要是指在项目质量目标策划、决策和实现过程中影响质量形成的各种客观因素和主观因素，若采用因果分析图法分析质量的影响因素包括_____、_____、_____、_____和环境，共 5 个方面的因素。
3. 某通信工程在浇筑楼板混凝土时，发生支模架坍塌，造成 4 人死亡，6 人重伤，该工程质量事故应判定为_____事故。
4. 全面质量管理是指各个参与方_____和_____的全面管理。
5. 工程建设风险事件可以按照不同风险程度划分，其中风险等级最高，风险后果是灾难性的，并造成恶劣社会影响和政治影响，其等级为_____。

二、判断题

1. 事故发生后，事故现场有关人员应当立即向本单位负责人报告。（　　）
2. 项目质量的影响因素分析中，技术因素起决定性的作用。（　　）
3. 施工单位质量管理中的"三检"制度指的是旁站、巡视、平行检验。（　　）
4. 未经监理工程师签字，建设单位不拨付工程款，不进行竣工验收。（　　）
5. 企业标准应当通过标准信息公共服务平台向社会公开。（　　）

三、简答题

1. 事故上报的报告内容应包括哪些内容？
2. 施工质量缺陷处理的基本方法有哪些？

模块 3　设备安装与管理

单元 5　安全与环境管理

学习导航

学习目标	【知识目标】 1. 熟悉通信工程安全管理的内涵和方法 2. 清楚建设工程安全管理的目的 【技能目标】 1. 掌握安全生产管理制度 2. 掌握生产安全事故隐患排查和治理 【素质目标】 1. 培养学生提高对于安全和环境保护的意识 2. 培养学生管理安全与环境保护管理能力
本单元重难点	1. 安全生产教育培训制度 2. 我国安全生产管理制度 3. 施工现场环境污染分类与防治的规定
授课课时	6 课时

任务导入

项目在月度安全教育培训会上，项目经理带领项目所有人员观看了一起安全事故，希望引起所有人员对于安全的重视，事故过程为：2023 年 7 月 10 日下午，位于某市人民广场，一名工人在数十米高的通信塔上进行安装作业，16：05 左右，通信塔下半部分意外倾斜，接着迅速倒塌，身处顶端的工人紧跟其后掉了下来。经查，系本地运营商的信号塔在安装施工过程中发生倒塌，造成一名在塔上的安装作业人员随塔摔落，经送市人民医院抢救无效后死亡。事件暴露出，对于工程安全方面的控制，不可松懈。

任务分析

造成安全事故的原因是多方面的，例如未按规范要求做好佩戴安全带等防护措施、施工前未进行安全生产教育和培训、专职安全员监督失职、施工人员不具备高处或带电作业资格等等。主要原因还是人员的思想麻痹，思想麻痹是安全生产最大的敌人，因思想麻痹而引发的事故数不胜数。安全生产需要时刻警惕，容不得半点麻痹大意的思想。

任务实施

5.1 安全管理

职业健康安全管理体系是企业总体管理体系的一部分，目前我国推荐性标准的职业健康安全管理体系标准是 2020 年 3 月 6 日，国家市场监管总局、国家标准化管理委员会（SAC）批准的 GB/T 45001—2020《职业健康安全管理体系要求及使用指南》，目前已普遍被企业采用，该标准规定了职业健康安全管理体系的目的，是防止对工作人员造成与工作相关的伤害和健康损害，并提供健康安全的工作场所。

5.1.1 职业健康安全管理的目的

职业健康安全管理的目的是在生产活动中，通过职业健康安全生产的管理活动，对影响生产的具体因素进行控制，使生产因素中的不安全状态和行为尽可能减少或消除，同时不引发事故，以保证生产活动中人员的健康和安全。对于建设工程项目而言，职业健康安全管理的目的是防止和尽可能减少生产安全事故、保护从业人员的健康与安全、保障人民群众的生命和财产免受损失；控制可能影响或影响工作场所内的员工（包括临时工）或任何其他人员的健康安全的条件和因素；避免因管理不当对人员健康和安全造成危害。

方针是一个国家或政党确定的引导事业前进的方向和目标，是为达到事业前进的方向和一定目标而确定的一个时期的指导原则。从 1949 年至今，我国的安全生产方针逐渐演变，这种演变随着我国政治和经济的发展在渐进。演进过程如下：

1949—1983 年："生产必须安全、安全为了生产"方针。

1984—2004 年："安全第一，预防为主"方针。

2005 年至今："安全第一、预防为主、综合治理"方针。

"安全第一"，就是在生产过程中把安全放在第一重要的位置上，切实保护劳动者的生命安全和身体健康。坚持安全第一，是贯彻落实以人为本的科学发展观、构建社会主义和谐社会的必然要求。

"预防为主"，就是把安全生产工作的关口前移，超前防范，建立预教、预测、预想、预报、预警、预防的递进式、立体化事故隐患预防体系，改善安全状况，预防安全事故。在新时期，预防为主就是通过建设安全文化、健全安全法制、提高安全科技水平、落实安全责任、加大安全投入，构筑坚固的安全防线。

"综合治理"，就是要适应我国安全生产形势的要求，自觉遵循安全生产规律，正视安全生产工作的长期性、艰巨性和复杂性，抓住安全生产工作中的主要矛盾和关键环节，综合运用经济、法律、行政等手段，人管、法治、技防多管齐下，并充分发挥社会、职工、舆论的监督作用，有效解决安全生产领域的问题。

5.1.2 通信工程安全生产管理

由于建设工程规模大、周期长、参与人数多、环境复杂多变，导致安全生产的难度很大。2017年2月颁布的《国务院办公厅关于促进建筑业持续健康发展的意见》（国办发〔2017〕19号）中强调，建筑工程应完善工程质量安全管理制度，落实工程质量安全主体责任，强化工程质量安全监管，提高工程项目质量安全管理水平。《中华人民共和国建筑法》规定，建筑工程安全生产管理必须坚持安全第一、预防为主、综合治理的方针，建立健全安全生产的责任制度和群防群治制度。建筑施工企业应当建立健全劳动安全生产教育培训制度，加强对职工安全生产的教育培训；未经安全生产教育培训的人员，不得上岗作业。因此，依据现行的法律法规，通过建立各项安全生产管理制度体系，规范建设工程参与各方的安全生产行为，重大工程项目中进行风险评估或论证，在项目中将信息技术与安全生产深度融合，提高建设工程安全生产管理水平，防止和避免安全事故的发生是非常重要的。

1. 安全生产责任制度

安全生产责任制是指企业的各级领导、职能部门、有关工程技术人员和生产工人在劳动生产过程中，对各自职务或业务范围内的安全生产负责的制度。安全生产责任制是最基本的安全管理制度，是所有安全生产管理制度的核心。

《中华人民共和国安全生产法》规定，生产经营单位的全员安全生产责任制应当明确各岗位的责任人员、责任范围和考核标准等内容。生产经营单位应当建立相应的机制，加强对安全生产责任制落实情况的监督考核，保证安全生产责任制的落实。企业安全生产管理人员包括：生产经营单位的主要负责人、项目负责人、专职安全生产管理人员。生产经营单位的主要负责人是本单位安全生产第一责任人，对本单位安全生产工作全面负责。其他负责人对职责范围内的安全生产工作负责。生产经营单位的主要负责人对本单位安全生产工作负有下列职责：

1）建立健全并落实本单位全员安全生产责任制，加强安全生产标准化建设。

2）组织制定并实施本单位安全生产规章制度和操作规程。

3）组织制定并实施本单位安全生产教育和培训计划。

4）保证本单位安全生产投入的有效实施。

5）组织建立并落实安全风险分级管控和隐患排查治理双重预防工作机制，督促、检查本单位的安全生产工作，及时消除生产安全事故隐患。

6）组织制定并实施本单位的生产安全事故应急救援预案。

7）及时、如实报告生产安全事故。

根据《建设工程安全生产管理条例》（中华人民共和国国务院令第393号）规定，项目负责人对本项目安全生产管理全面负责。专职安全生产管理人员负责对安全生产进行现场监督检查。发现安全事故隐患，应当及时向项目负责人和安全生产管理机构报告；对违章指挥、违章操作的，应当立即制止。建筑施工企业安全生产管理机构专职安全生产管理人员的配备应满足下列要求，并应根据企业经营规模、设备管理和生产需要予以增加。

（1）建筑施工企业安全生产管理机构专职安全生产管理人员配备要求

1）建筑施工总承包资质序列企业：特级资质不少于6人；一级资质不少于4人；二级和二级以下资质企业不少于3人。

2）建筑施工专业承包资质序列企业：一级资质不少于3人；二级和二级以下资质企业不少于2人。

3）建筑施工劳务分包资质序列企业：不少于2人。

4）建筑施工企业的分公司、区域公司等较大的分支机构应依据实际生产情况配备不少于 2 人的专职安全生产管理人员。

（2）总承包单位配备项目专职安全生产管理人员配备要求

1）建筑工程、装修工程按照建筑面积配备：① 1 万 m² 以下的工程不少于 1 人；② 1 万~5 万 m² 的工程不少于 2 人；③ 5 万 m² 及以上的工程不少于 3 人，且按专业配备专职安全生产管理人员。

2）土木工程、线路管道、设备安装工程按照工程合同价配备：① 5000 万元以下的工程不少于 1 人；② 5000 万~1 亿元的工程不少于 2 人；③ 1 亿元及以上的工程不少于 3 人，且按专业配备专职安全生产管理人员。

采用新技术、新工艺、新材料或致害因素多、施工作业难度大的工程项目，项目专职安全生产管理人员的数量应当根据施工实际情况，在以上规定的配备标准上增加。

2. 安全生产许可证制度

《安全生产许可证条例》（中华人民共和国国务院第 397 号令）规定国家对建筑施工企业实施安全生产许可证制度。其目的是严格规范安全生产条件，进一步加强安全生产监督管理，防止和减少生产安全事故。国务院建设主管部门负责中央管理的建筑施工企业安全生产许可证的颁发和管理，其他企业由省、自治区、直辖市人民政府建设主管部门进行颁发和管理，并接受国务院建设主管部门的指导和监督。

（1）安全生产许可证的申请

建筑施工企业未取得安全生产许可证的，不得从事建筑施工活动。建筑施工企业申请安全生产许可证时，应当向住房城乡建设主管部门提供下列材料：

1）建筑施工企业安全生产许可证申请表。

2）企业法人营业执照。

3）与申请安全生产许可证应当具备的安全生产条件相关的文件、材料。

建筑施工企业申请安全生产许可证，应当对申请材料实质内容的真实性负责，不得隐瞒有关情况或者提供虚假材料。

（2）安全生产许可证的有效期

安全生产许可证的有效期为 3 年。安全生产许可证有效期满需要延期的，企业应当于期满前 3 个月向原安全生产许可证颁发管理机关办理延期手续。企业在安全生产许可证有效期内，严格遵守有关安全生产的法律法规，未发生死亡事故的，安全生产许可证有效期届满时，经原安全生产许可证颁发管理机关同意，不再审查，安全生产许可证有效期延期 3 年。建筑施工企业变更名称、地址、法定代表人等，应当在变更后 10 日内，到原安全生产许可证颁发管理机关办理安全生产许可证变更手续。建筑施工企业破产、倒闭、撤销的，应当将安全生产许可证交回原安全生产许可证颁发管理机关予以注销。建筑施工企业安全生产许可证遗失补办，由申请人告知资质许可机关，由资质许可机关在官网发布信息。

3. 政府监管

住房城乡建设主管部门在审核发放施工许可证时，应当对已经确定的建筑施工企业是否有安全生产许可证进行审查，对没有取得安全生产许可证的，不得颁发施工许可证。安全生产许可证颁发管理机关发现企业不再具备安全生产条件的，应当暂扣或者吊销安全生产许可证。企业不得转让、冒用安全生产许可证或者使用伪造的安全生产许可证。

《建设工程安全生产管理条例》第五章"监督管理"对建设工程安全监督管理的规定内容如下：

1）国务院负责安全生产监督管理的部门依照《中华人民共和国安全生产法》的规定，对全国建设工程安全生产工作实施综合监督管理。

2）县级以上地方人民政府负责安全生产监督管理的部门依照《中华人民共和国安全生产法》的规定，对本行政区域内建设工程安全生产工作实施综合监督管理。

3）国务院建设行政主管部门对全国的建设工程安全生产实施监督管理。国务院铁路、交通、水利等有关部门按照国务院规定的职责分工，负责有关专业建设工程安全生产的监督管理。

4）县级以上地方人民政府建设行政主管部门对本行政区域内的建设工程安全生产实施监督管理。县级以上地方人民政府交通、水利等有关部门在各自的职责范围内，负责本行政区域内的专业建设工程安全生产的监督管理。

5）县级以上人民政府负有建设工程安全生产监督管理职责的部门在各自的职责范围内履行安全监督检查职责时，有权纠正施工中违反安全生产要求的行为，责令立即排除检查中发现的安全事故隐患，对重大隐患可以责令暂时停止施工。建设行政主管部门或者其他有关部门可以将施工现场安全监督检查委托给建设工程安全监督机构具体实施。

4. 安全生产教育培训制度

企业安全生产教育培训一般包括对企业领导，项目经理、技术负责人和技术干部，班组长和安全员的安全教育。具体内容如下：

（1）企业领导的安全教育

企业法定代表人安全教育的主要内容包括：

1）国家有关安全生产的方针、政策、法律、法规及有关规章制度。

2）安全生产管理职责、企业安全生产管理知识及安全文化。

3）有关事故案例及事故应急处理措施等。

（2）项目经理、技术负责人和技术干部的安全教育

项目经理、技术负责人和技术干部安全教育的主要内容包括：

1）安全生产方针、政策和法律、法规。

2）项目经理部安全生产责任。

3）典型事故案例剖析。

4）本项目安全要求及其相应的安全技术知识。

（3）班组长和安全员的安全教育

班组长和安全员的安全教育内容包括：

1）安全生产法律、法规、安全技术及技能、职业病和安全文化的知识。

2）本企业、本班组和工作岗位的危险因素、安全注意事项。

3）本岗位安全生产职责。

4）典型事故案例。

5）事故抢救与应急处理措施。

5.1.3 职业健康安全及其解决

通信工程往往施工专业繁多且施工地域还非常广阔，不同专业的施工项目差别大，因此应注意的安全问题侧重点有所不同，例如在设备安装工程中，应注意施工人员坠落、电源短路、用电设备漏电、电源线错接、激光伤人等；在高处作业时，应注意发生人员坠落、铁塔倒塌、物体坠落伤人等；在管道、线路工程中，应注意发生施工人员触电、杆上坠落、溺水、人(手)孔内毒气使人窒息、跌入沟坑等问题。以上的职业健康安全可归纳为以下问题，并根据其特点寻求解决途径。

1. 人的不安全因素

（1）个人的不安全因素

包括人员的心理、生理、能力中所具有不能适应工作、作业岗位要求的影响安全的因素。

第一个方面：心理上的不安全因素有影响安全的性格、气质和情绪（如急躁、懒散、粗心）等。

第二个方面：生理上的不安全因素大致有 5 方面的内容，

1）视觉、听觉等感觉器官不能适应作业岗位要求的因素。

2）体能不能适应作业岗位要求的因素。

3）年龄不能适应作业岗位要求的因素。

4）有不适合作业岗位要求的疾病。

5）疲劳和酒醉或感觉朦胧。

第三个方面：能力上的不安全因素包括知识技能、应变能力、资格等不能适应工作和作业岗位要求的影响因素。

（2）人的不安全行为

人的不安全行为是指造成人身伤亡事故的人为错误。包括引起事故发生的不安全动作，也包括应该按照安全规程去做，而没有去做的行为。不安全行为反映了事故发生的人的方面的原因。不安全行为的类型有：

1）操作错误、忽视安全、忽视警告。

2）造成安全装置失效。

3）使用不安全设备。

4）手代替工具操作。

5）物体（指成品、半成品、材料、工具等）存放不当。

6）冒险进入危险场所，有分散注意力行为。

7）攀坐不安全位置（如平台护栏等）。

8）在起吊臂下作业、停留，对易燃、易爆等危险品处理错误。

9）机器运转时加油、修理、检查、调整、焊接、清扫等工作。

10）没有正确使用个人防护用品和用具。

2. 物的不安全状态

物的不安全状态是指能导致事故发生的物质条件，包括机械设备或环境所存在的不安全因素。

物的不安全状态的内容包括：物本身存在的缺陷，防护保险方面的缺陷，物的放置方法的缺陷，作业环境场所的缺陷，外部的和自然界的不安全状态，作业方法导致的物的不安全状态，保护器具信号、标志和个体防护用品的缺陷等。

物的不安全状态的类型包括：防护等装置缺陷，设备、设施等缺陷，个人防护用品缺陷，生产场地环境的缺陷等。

3. 生产安全事故隐患排查和治理

《中华人民共和国安全生产法》规定，生产经营单位应当建立安全风险分级管控制度，按照安全风险分级采取相应的管控措施；建立健全并落实生产安全事故隐患排查治理制度，采取技术、管理措施，及时发现并消除事故隐患。事故隐患排查治理情况应当如实记录，并通过职工大会或者职工代表大会、信息公示栏等方式向从业人员通报。其中，重大事故隐患排查治理情况应当及时向负有安全生产监督管理职责的部门和职工大会或者职工代表大会报告。

生产经营单位应当关注从业人员的身体、心理状况和行为习惯；加强对从业人员的心理疏导、精神慰藉，严格落实岗位安全生产责任，防止从业人员行为异常导致事故发生。

同时，由于在工程建设过程中，安全事故隐患是难以避免的，但要尽可能预防和消除安全事故隐患的发生。首先需要项目参与各方加强安全意识，做好事前控制，建立健全各项安全生产管理制度，落实安全生产责任制，注重安全生产教育培训，保证安全生产条件所需资金的投入，将安全隐患消除在萌芽之中；其次是根据工程的特点确保各项安全施工措施的落实，加强对工程安全生产的检查监督，及时发现安全事故隐患；再者是对发现的安全事故隐患及时进行处理，查找原因，防止事故隐患的进一步扩大。安全事故隐患治理原则如下：

（1）冗余安全度治理原则

为确保安全，在治理事故隐患时应考虑设置多道防线，即使发生有一两道防线无效，还有冗余的防线可以控制事故隐患。例如：通信管道施工道路上有一个坑，既要设防护栏及警示牌，又要设照明及夜间警示红灯。

（2）单项隐患综合治理原则

人、机、料、法、环境五者任一环节产生安全事故隐患，都要从五者安全匹配的角度考虑，调整匹配的方法，提高匹配的可靠性。一件单项隐患问题的整改需综合（多角度）治理。人的隐患，既要治人也要治机具及生产环境等各环节。例如某工地发生触电事故，一方面要进行人的安全用电操作教育，同时现场也要设置漏电开关，对配电箱、用电线路进行防护改造，也要严禁非专业电工乱接乱拉电线。

（3）事故直接隐患与间接隐患并治原则

对人、机、环境系统进行安全治理的同时，还需治理安全管理措施。

（4）预防与减灾并重治理原则

治理安全事故隐患时，需尽可能减少发生事故的可能性，如果不能安全控制事故的发生，也要设法将事故等级减低。但是不论预防措施如何完善，都不能保证事故绝对不会发生，还必须对事故减灾做好充分准备，研究应急技术操作规范。如应及时切断供料及切断能源的操作方法；应及时降压、降温、降速以及停止运行的方法；应及时排放毒物的方法；应及时疏散及抢救的方法；应及时请求救援的方法等。还应定期组织训练和演习，使该生产环境中每名干部及工人都真正掌握这些减灾技术。

（5）重点治理原则

按对隐患的分析评价结果实行危险点分级治理，也可以用安全检查表打分，对隐患危险程度分级。

（6）动态治理原则

动态治理就是对生产过程进行动态随机安全化治理，生产过程中发现问题及时治理，既可以及时消除隐患，又可以避免小的隐患发展成大的隐患。

在通信工程建设过程中，安全事故隐患的发现可以来自于各参与方，包括建设单位、设计单位、监理单位、施工单位、供货商、工程监管部门等。各方对于事故安全隐患处理的义务和责任，以及相关的处理程序在《建设工程安全生产管理条例》中有明确的界定。本书仅从施工单位角度谈其对事故安全隐患的处理方法。

首先对于违章指挥和违章作业行为，检查人员应当场指出，并限期纠正，预防事故的发生。同时对检查中发现的各类安全事故隐患，应做好记录，分析安全隐患产生的原因，制定消除隐患的纠正措施，报相关方审查批准后进行整改，及时消除隐患。对重大安全事故隐患排除前或者排除过程中无法保证安全的，责令从危险区域内撤出作业人员或者暂时停止施工，待隐患消除再行施工。

对于反复发生的安全隐患，应通过分析统计，属于多个部位存在的同类型隐患，即"通病"；属于重复出现的隐患，即"顽症"，查找产生"通病"和"顽症"的原因，修订和完善安全管理措施，制定预防措施，从源头上消除安全事故隐患的发生。最后检查单位应对受检单位的纠正和预防措施的实施过程和实施效果，进行跟踪验证，并保存验证记录。

5.2 通信工程环境管理

环境保护是我国的一项基本国策。环境管理的目的是保护生态环境，使社会的经济发展与人类的生存环境相协调。对于建设工程项目，环境保护主要是指保护和改善施工现场的环境。企业应当遵照国家和地方的相关法律法规以及行业和企业自身的要求，采取措施，防治在生产建设或者其他活动中产生的废气、废水、废渣、粉尘、恶臭气体、放射性物质以及噪声、光辐射、电磁辐射等对环境的污染和危害。排放污染物的企业事业单位，应当建立环境保护责任制度，明确单位负责人和相关人员的责任。

《中华人民共和国环境保护法》规定，国家要采取有利于节约和循环利用资源、保护和改善环境、促进人与自然和谐的经济、技术政策和措施，使经济社会发展与环境保护相协调。为了贯彻和执行消除或减少通信工程建设对环境的影响，严格控制环境污染，保护和改善生态环境，更好地发挥通信工程建设项目的效益，工业和信息化部颁布了YD 5039—2009《通信工程建设环境保护技术暂行规定》；对于设备试运行期间通信局（站）内部的环境要求，应按照YD/T 1821—2018《通信局（站）机房环境条件要求与检测方法》和YD/T 1712—2007《中小型电信机房环境要求》的规定执行。通信建设工程项目建设和试运行过程中，除应遵守YD 5039—2009《通信工程建设环境保护技术暂行规定》的规定以外，还应遵守相关的国家标准和规范。通信建设工程项目的环境保护要求主要涉及噪声控制、电磁辐射防护、生态环境保护和废旧物品回收及处置等几个方面。

5.2.1 一般要求

1. 环保设施"三同时"建设制度

对于产生环境污染的通信工程建设项目，建设单位必须把环境保护工作纳入建设计划，并执行"三同时制度"，即与主体工程同时设计、同时施工、同时验收投产使用。

2. 对自然环境和居住环境的保护要求

建设单位应采取有效措施预防和治理项目建设及运营过程中产生的环境污染和危害。通信工程建设项目在建设和运行过程中，应注意对生态环境的影响，保护好植被、水源、海洋环境、特殊生态环境，防止水土流失，保护好自然和城市景观。通信工程建设项目应优先采用节能、节水、废物再生利用等有利于环境与资源保护的产品。

3. 影响环境的通信建设项目的环保要求

建设对环境有影响的通信工程项目时，应依照《中华人民共和国环境影响评价法》对其进行环境影响评价。从事环境影响评价工作的单位，必须取得环境保护行政主管部门颁发的资格证书，按照资格证书规定的等级和范围，从事建设项目环境影响评价工作，并对评价结论负责。

5.2.2 施工现场环境噪声污染防治的规定

环境噪声污染，是指产生的环境噪声超过国家规定的环境噪声排放标准，并干扰他人正常生活、工作和学习的现象。在工程建设领域，环境噪声污染的防治是针对施工现场环境噪声污染。

1. 施工现场环境噪声污染的防治

施工噪声，是指在建设工程施工过程中产生的干扰周围生活环境的声音。随着城市化进程的不断加快及工程建设的大规模开展，施工噪声污染问题时有发生，尤其是在城市人口稠密地区的建设工程施工中产生的噪声污染，不仅影响周围居民的正常生活，而且损害城市形象。因此，应当依法加强施工现场噪声管理。

GB 12523—2011《建筑施工场界环境噪声排放标准》规定，建筑施工过程中场界环境噪声不得超过规定的排放限值。建筑施工场界环境噪声排放限值，昼间70dB（A），夜间55dB（A）。夜间噪声最大声级超过限值的幅度不得高于15dB（A）。"昼间"是指6:00至22:00之间的时段；"夜间"是指22:00至次日6:00之间的时段。县级以上人民政府为环境噪声污染防治的需要（如考虑时差、作息习惯差异等）而对昼间、夜间的划分另有规定的，应按其规定执行。

2. 使用机械设备可能产生环境噪声污染须申报的规定

《中华人民共和国噪声污染防治法》规定，在城市市区范围内，建筑施工过程中使用机械设备，可能产生环境噪声污染的，施工单位必须在工程开工15日以前向工程所在地县级以上地方人民政府生态环境主管部门申报该工程的项目名称、施工场所和期限、可能产生的环境噪声值和所采取的环境噪声污染防治措施的情况。

3. 禁止夜间进行产生环境噪声污染施工作业的规定

在城市市区噪声敏感建筑物集中区域内，禁止夜间进行产生环境噪声污染的建筑施工作业，但抢修、抢险作业、因生产工艺上要求或者因特殊需要必须连续作业的四种情况除外。其中因特殊需要必须连续作业的，必须有县级以上人民政府或者其有关主管部门的证明。以上规定的夜间作业，必须公告附近居民。

所谓噪声敏感建筑物集中区域，是指医疗区、科研设计区、行政办公区、居民住宅区等。所谓噪声敏感建筑物，是指医院、学校、机关、科研单位、住宅等需要保持安静的建筑物。

4. 政府监管部门的现场检查

《中华人民共和国噪声污染防治法》规定，县级以上人民政府生态环境主管部门和其他环境噪声污染防治工作的监督管理部门、机构，有权依据各自的职责对管辖范围内排放环境噪声的单位进行现场检查。

被检查的单位必须如实反映情况，并提供必要的资料。检查部门、机构应当为被检查的单位保守技术秘密和业务秘密。检查人员进行现场检查，应当出示证件。

5.2.3 电磁辐射保护要求

电磁辐射会引起对人体有害的生理效应，以及影响含有电气、电子装置等各类设备的正常工作的现象。对生物体的有害影响有热效应和非热效应，取决于电磁辐射的频率、强度、极化方式、暴露时间、受辐射部位等。因此对电磁辐射保护也是必要的。对于通信基站的电磁辐射防护措施如下：

1. 调整无线通信局（站）站址的位置

通过调整无线通信局（站）站址的位置控制电磁辐射超过限值区域的电磁辐射，对于电磁辐射超过限值的区域，可采取调整无线通信局（站）站址的措施，控制辐射超过限值标准：

1）移动通信基站选址应避开电磁辐射敏感建筑物。在无法避开时，移动通信基站的发射天线水平方向 30m 范围内，不应有高于发射天线的电磁敏感建筑物。

2）在居民楼上设立移动通信基站，天线应尽可能建在楼顶较高的构筑物上（如楼梯间）或专设的天线塔上。

3）在移动通信基站选址时，应避开电磁环境背景值超标的地区。超标区域较大而无法避开时，应向环保主管部门提出申请进行协调。

4）卫星地球站的站址应保证天线工作范围避开人口密集的城镇和村庄，天线正前方的地势应开阔，天线前方净空区内不应有建筑物。

2. 调整设备技术参数

对于电磁辐射超过限值的区域，可采取以下调整设备技术参数的措施，控制电磁辐射超过限值标准：

1）调整设备的发射功率。

2）调整天线的型号。

3）调整天线的高度。
4）调整天线的俯仰角。
5）调整天线的水平方向角。

3. 加强现场管理控制

对于电磁辐射超过限值的区域，可采取以下加强现场管理的措施，控制电磁辐射超过限值标准：

1）可设置栅栏、警告标志、标线或上锁等，控制人员进入超标区域。
2）在职业辐射安全区，应严格限制公众进入，且在该区域不应设置长久的工作场所。
3）工作人员必须进入电磁辐射超标区时，可采取暂时降低发射功率、控制暴露时间、穿防护服装等措施。
4）定期检查无线通信设施，发现隐患及时采取措施。

5.2.4 生态环境保护要求

1. 对植物、动物的保护要求

1）通信线路建设中应注意保护沿线植被，尽量减少林木砍伐和对天然植被的破坏。在地表植被难以自然恢复的生态脆弱区，施工前应将作业面的自然植被与表土层一起整块移走，并妥善养护，施工后再移回原处。
2）通信设施不得危害国家和地方保护动物的栖息、繁衍；在建设期也应采取措施减少对相关野生动物的影响。
3）通信工程建设中，不得砍伐或危及国家重点保护的野生植物。未经主管部门批准，严禁砍伐名胜古迹和革命纪念地的林木。

2. 对文物的保护要求

1）在工程建设中发现地下文物，应立即停止施工，并负责保护好现场，同时应报告当地文化行政管理部门。
2）在文物保护单位的保护范围内不得进行与保护文物无关的建设工程。如有特殊需要，必须经原公布（文物保护单位）的人民政府和上一级文化行政管理部门同意。
3）在文物保护单位周围的建设控制地带内的建设工程，不得破坏文物保护单位的环境风貌。其设计方案应征得文化行政管理部门同意。

3. 对土地的保护要求

1）通信局（站）选址和通信线路路由选取应尽量减少占用耕地、林地和草地。
2）选择通信线路路由时，应尽量减少对沙化土地、水土流失地区、饮用水源保护区和其他生态敏感与脆弱区的影响。
3）严禁在崩塌滑坡危险区、泥石流易发区和易导致自然景观破坏的区域采石、采砂、取土。
4）工程建设中废弃的砂、石、土必须运至规定的专门存放地堆放，不得向江河、湖泊、水库和专门存放地以外的沟渠倾倒；工程竣工后，取土场、开挖面和废弃的砂、石、土存放地的裸露土地，应植树种草，防止水土流失。

5）通信工程中严禁使用持久性有机污染物作杀虫剂。

6）在项目施工期，为施工人员搭建的临时生活设施宜避免占用耕地，产生的生活污水和生活垃圾不得随意排放或丢弃，应按环保部门要求妥善处置。

4. 对河流、水源的保护要求

1）在饮用水源保护区、江河湖泊沿岸及野生动物保护区不得使用化学杀虫剂。

2）建设跨河、穿河、穿堤的管道、缆线等工程设施，应符合防洪标准、岸线规划、航运要求，不得危害堤防安全，影响河道稳定、妨碍行洪畅通；工程建设方案应经有关水行政主管部门审查同意。

3）在蓄滞洪区内建设的电信设施和管道，建设单位应制定相应的防洪避洪方案，在蓄滞洪区内建造的房屋应采用平顶式结构。建设项目投入使用时，防洪工程设施应当经水行政主管部门验收。

5. 对大气的保护

1）通信局（站）使用的柴油发电机、油汽轮机的废气排放应符合环保要求。

2）通信设备的清洗，应使用对人体无毒无害溶剂，且不得含有全氯氟烃、全溴氟烃、四氯化碳等消耗臭氧层的物质。

6. 废旧物品回收及处置要求

通信工程建设单位和施工单位应采取措施，防止或减少固体废物对环境的污染。施工单位应及时清运施工过程中产生的固体废弃物，并按照环境卫生行政主管部门的规定进行利用或处置。

严禁向江河、湖泊、运河、渠道、水库及其最高水位线以下的滩地和岸坡倾倒、堆放固体废弃物。

学习足迹

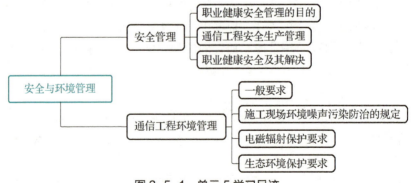

图 3-5-1　单元 5 学习足迹

拓展训练

一、填空题

1. 我国现行的安全生产管理方针是＿＿＿＿＿＿＿＿＿＿＿＿。
2. ＿＿＿＿＿＿是最基本的安全管理制度，是所有安全生产管理制度的核心。
3. 安全生产许可证的有效期为＿＿＿＿＿＿年。
4. 职业健康安全可归纳为三个问题，分别是＿＿＿＿、＿＿＿＿、＿＿＿＿。
5. 对于产生环境污染的通信工程建设项目，建设单位必须把环境保护工作纳入建设计划，并执行"三同时制度"，"三同时制度"是指＿＿＿＿、＿＿＿＿、＿＿＿＿。

二、判断题

1. 建筑施工总承包特级资质企业，专职安全生产管理人员不多于 6 人。（　　）
2. 企业安全生产教育培训一般包括对管理人员、特种作业人员和企业员工的安全教育。（　　）
3. 一件单项隐患问题的整改需综合（多角度）治理，体现了单项隐患综合治理原则。（　　）
4. 建筑施工场界环境噪声排放限值，昼间 70dB（A），夜间 50dB（A）。（　　）
5. 在工程建设中发现地下文物，工程紧急时，可以不用停工，只需要报告给当地文化行政管理部门即可。（　　）

三、简答题

1. 政府部门对建设工程安全监督管理内容有哪些？
2. 通信工程施工时对电磁辐射保护要求是什么？

模块 4　工程验收管理

【项目背景】从 20 世纪 70 年代初开始，随着工程项目管理理论研究和实际经验的积累，人们越来越重视对合同管理的研究。80 年代前人们较多地从法律方面研究合同；在 80 年代，人们较多地研究合同事务管理；从 80 年代中期以后，人们开始更多地从项目管理的角度研究合同管理问题。合同管理作为工程项目管理的一个重要的分支领域和研究的热点，将项目管理的理论研究和实际应用推向新阶段。

通信工程验收是保证项目工程顺利交付的前提条件，也是衡量工程项目建设效果的直接评判标准，是保证此项工程后期运营质量的重要措施。

单元 1　合同管理

学习导航

学习目标	【知识目标】 1. 了解合同的概念与分类 2. 熟悉合同的构成内容和合同效力分类 【技能目标】 1. 掌握合同的计价方式 2. 掌握合同争议解决和相关法律规定 3. 掌握合同的跟踪和索赔 【素质目标】 1. 培养学生合同管理的能力和争议处理 2. 培养学生认识索赔，清楚索赔的发起和实施
本单元重难点	1. 合同的组成和争议解决方式 2. 合同的跟踪和索赔
授课课时	6 课时

任务导入

作为项目的管理人员，必须要清楚合同管理内容，合同管理是企业在承包工程过程中依法进行合同订立、履行、变更、解除、终止以及审查、监督、控制等一系列行为的总称。其中订立、履行、变更、解除、转让和终止是合同管理的内容；审查、监督、控制是合同管理的手段，同时如果履行合同过程中出现争议，也应清楚争议的解决方式。

任务分析

合同管理在现代企业的管理中发挥着极为重要的作用，企业应高度重视合同管理工作，这样才能使合同管理更好地为企业提供保障，促进企业经济发展。

任务实施

1.1 合同概述

1.1.1 合同的概念

2020 年 5 月公布的《中华人民共和国民法典》（以下简称《民法典》）规定，合同是民事主体之间设立、变更、终止民事法律关系的协议。合同具有以下法律特征：

1）合同是一种法律行为。

2）合同的当事人法律地位一律平等，双方自愿协商，任何一方不得将自己的观点、主张强加给另一方。

3）合同的目的在于设立、变更、终止民事权利义务关系。

4）合同的成立必须有两个以上当事人；两个以上当事人不仅作出意思表示，而且意思表示是一致的。

建设工程合同是承包人进行工程建设，发包人支付价款的合同。建设工程合同包括建设工程勘察合同、建设工程设计合同、建设工程施工合同等。建设工程合同的订立，应当遵循自愿原则、公平原则、诚信原则，不得违反法律，不得违背公序良俗，应当有利于节约资源、保护生态环境。

1. 合同的分类

合同的分类是指按照一定的标准，将合同划分成不同的类型。合同的分类，有利于当事人找到能达到自己交易目的的合同类型，订立符合自己愿望的合同条款，便于合同的履行，也有助于司法机关在处理合同纠纷时准确地适用法律，正确处理合同纠纷。

（1）有名合同与无名合同

根据法律是否明文规定了一定合同的名称，可以将合同分为有名合同与无名合同。其中有名合同又称典型合同，是指法律上已经确定了一定的名称及具体规则的合同，如建设工程合同等。

无名合同又称非典型合同，是指法律上尚未确定一定的名称与规则的合同。合同当事人可以自由决定合同的内容，即使当事人订立的合同不属于有名合同的范围，只要不违背法律的禁止性规定和社会公共利益，仍然是有效的。

有名合同与无名合同的区分意义，主要在于两者适用的法律规则不同。对于有名合同，应当直接适用《民法典》的相关规定，如建设工程合同直接适用《民法典》中"建设工程合同"的规定。对于无名合同，首先应当适用《民法典》的一般规则，然后可比照最相类似的有名合同的规则，确定合同效力、当事人权利义务等。

（2）双务合同与单务合同

根据合同当事人是否互相负有给付义务，可以将合同分为双务合同和单务合同。

双务合同，是指当事人双方互负对待给付义务的合同，即双方当事人互享债权、互负债务，一方的合同权利正好是对方的合同义务，彼此形成对价关系。例如，建设工程施工合同中，承包人有获得工程价款的权利，而发包人则有按约定支付工程价款的义务。大部分合同都是双务合同。

单务合同，是指合同当事人中仅有一方负担义务，而另一方只享有合同权利的合同。例如，在赠予合同中，受赠人享有接受赠予物的权利，但不负担任何义务。无偿委托合同、无偿保管合同均属于单务合同。

（3）诺成合同与实践合同

根据合同的成立是否需要交付标的物，可以将合同分为诺成合同和实践合同。

诺成合同又称不要物合同，是指当事人双方意思表示一致就可以成立的合同。大多数的合同都属于诺成合同，如建设工程合同、买卖合同、租赁合同等。

实践合同又称要物合同，是指除当事人双方意思表示一致以外，尚须交付标的物才能成立的合同，如保管合同、定金合同等。

（4）要式合同与不要式合同

根据法律对合同的形式是否有特定要求，可以将合同分为要式合同与不要式合同。要式合同，是指根据法律规定必须采取特定形式的合同。如《民法典》规定，建设工程合同应当采用书面形式。不要式合同，是指当事人订立的合同依法并不需要采取特定的形式，当事人可以采取口头方式，也可以采取书面形式或其他形式。

要式合同与不要式合同的区别实际上是一个关于合同成立与生效的条件问题。如果法律规定某种合同必须经过批准才能生效，则合同未经批准便不生效；如果法律规定某种合同必须采用书面形式才成立，则当事人未采用书面形式时合同便不成立。

（5）有偿合同与无偿合同

根据合同当事人之间的权利义务是否存在对价关系，可以将合同分为有偿合同与无偿合同。

有偿合同，是指一方通过履行合同义务而给对方某种利益，对方要得到该利益必须支付相应代价的合同，如建设工程合同等。

无偿合同，是指一方给付对方某种利益，对方取得该利益时并不支付任何代价的合同，如赠予合同等。

（6）主合同与从合同

根据合同相互间的主从关系，可以将合同分为主合同与从合同。

主合同是指能够独立存在的合同；依附于主合同方能存在的合同为从合同。例如，发包人与承包人签订的建设工程施工合同为主合同，为确保该主合同的履行，发包人与承包人签订的履约保证合同为从合同。

2. 建设工程施工合同的法定形式

建设工程施工合同是建设工程合同中的重要部分，是指施工单位根据发包人的委托，完成建设工程项目的施工工作，建设单位接受工作成果并支付报酬的合同。

《民法典》规定，当事人订立合同，可以采用书面形式、口头形式或者其他形式。书面形式是合同书、信件、电报、电传、传真等可以有形地表现所载内容的形式。以电子数据交换、电子邮件等方式能够有形地表现所载内容，并可以随时调取查用的数据电文，视为书面形式。

书面形式合同的内容明确，有据可查，对于防止和解决争议有积极意义。口头形式合同具有直接、简便、快速的特点，但缺乏凭证，一旦发生争议，难以取证，且不易分清责任。其他形式合同，可以根据当事人的行为或者特定情形推定合同的成立，也可以称之为默示合同。

《民法典》明确规定，建设工程合同应当采用书面形式。

1.1.2 建设工程施工合同的内容

一个建设工程项目的实施，涉及的建设任务很多，往往需要许多单位共同参与，不同的建设任务往往由不同的单位分别承担，这些参与单位与建设单位之间应该通过合同明确其承担的任务和责任以及所拥有的权利。

由于建设工程项目的规模和特点的差异，不同项目的合同数量可能会有很大的差别，大型建设项目可能会有成百上千份合同。但不论合同数量的多少，根据合同中的任务内容可划分为勘察合同、设计合同、施工承包合同、物资采购合同、工程监理合同、咨询合同、代理合同等。勘察合同、设计合同、施工承包合同属于建设工程合同，工程监理合同、咨询合同等属于委托合同。建设工程施工合同的内容如下：

1. 禁止转包或再分包

建设工程施工合同有施工总承包合同和施工分包合同之分。施工总承包合同的发包人是建设工程的建设单位或取得建设工程总承包资格的工程总承包单位，在合同中一般称为建设单位或发包人。施工总承包合同的承包人是承包单位，在合同中一般称为承包人。

施工分包合同又有专业工程分包合同和劳务作业分包合同之分。分包合同的发包人一般是取得施工总承包合同的承包单位，在分包合同中一般仍沿用施工总承包合同中的名称，即仍称为承包人。而分包合同的承包人一般是专业化的专业工程施工单位或劳务作业单位，在分包合同中一般称为分包人或劳务分包人。

在我国，一般不允许建设单位直接指定分包商。在国际工程合同中，建设单位可以根据施工承包合同的约定，选择某个单位作为指定分包商，指定分包商一般应与承包人签订分包合同，接受承包人的管理和协调。承包人和分包人禁止转包或再分包，具体要求如下：

1）分包人不得将其承包的分包工程转包给他人，也不得将其承包的分包工程的全部或部分再分包给他人，否则将被视为违约，并承担违约责任。

2）分包人经承包人同意可以将劳务作业再分包给具有相应劳务分包资质的劳务分包企业。

3）分包人应对再分包的劳务作业的质量等相关事宜进行督促和检查，并承担相关连带责任。

2. 合同的内容

中华人民共和国住房和城乡建设部和国家工商行政管理总局于 2017 年颁发了修改的 GF 2017—0201《建设工程施工合同（示范文本）》，自 2017 年 10 月 1 日起执行。合同示范文本是为了规范和指导合同当事人双方的行为，该文本适用于房屋建筑工程、土木工程、线路管道和设备安装工程、装修工程等建设工程的施工承发包活动。

施工合同示范文本由 3 部分组成，包括协议书、通用条款、专用条款。当事人双方签订的合同，除了以上三部分组成部分外，一般还应该包括：中标通知书，投标书及其附件，有关的标准、规范及技术文件、图纸、工程量清单、工程报价单或预算书等。

合同的内容包括合同当事人的权利、义务，除法律规定的以外，主要由合同的条款确定。合同的具体内容由当事人约定，一般包括以下条款：

1）当事人的姓名或者名称和住所。

2）标的，如有形财产、无形财产、劳务、工作成果等。

3）数量，应选择使用共同接受的计量单位、计量方法和计量工具。

4）质量，可约定质量检验方法；质量责任期限与条件、对质量提出异议的条件与期限等。质量要求不明确的，按照强制性国家标准履行；没有强制性国家标准的，按照推荐性国家标准履行；没有推荐性国家标准的，按照行业标准履行；没有国家标准、行业标准的，按照通常标准或者符合合同目的的特定标准履行。

5）价款或者报酬，应规定清楚计算价款或者报酬的方法。

6）履行期限、地点和方式。

7）违约责任，可在合同中约定定金、违约金、赔偿金额以及赔偿金的计算方法等。

8）解决争议的方法。

1.1.3 合同的效力

合同效力是指法律赋予依法成立的合同所产生的约束力。合同的效力可分为四大类，即有效合同、无效合同、效力待定合同、可撤销合同。

1. 有效合同

《民法典》规定，有效合同需具备下列条件的民事法律行为：

1）行为人具有相应的民事行为能力。

2）意思表示真实。

3）不违反法律、行政法规的强制性规定，不违背公序良俗。

其中：行为人具有相应的民事行为能力是指民事主体以自己独立的行为去取得民事权利、承担民事义务的能力。自然人的行为能力分三种情况：完全行为能力、限制行为能力、无行为能力。法人的行为能力由法人的机关或者代表行使。意思表示真实是指当事人把设立、变更、终止民事权利、民事义务的内在意愿用一定形式表达出来，行为人的意思表示出于当事人的自愿，反映当事人的真实意思。

2. 无效合同

无效合同是指合同内容或者形式违反了法律、行政法规的强制性规定和社会公共利益，因而不能产生法律约束力，不受法律保护的合同。

无效合同的特征是：

1）具有违法性。
2）具有不可履行性。
3）自订立之时就不具有法律效力。

建设工程无效施工合同的主要情形：

1）承包人未取得建筑业企业资质或者超越资质等级的。
2）没有资质的实际施工人借用有资质的建筑施工企业名义的。
3）建设工程必须进行招标而未招标或者中标无效的。
4）承包人因转包、违法分包建设工程与他人签订的建设工程施工合同。

3. 效力待定合同

效力待定合同是指合同虽然已经成立，但因不完全符合有关生效要件的规定，其合同效力能否发生尚未确定，须经法律规定的条件具备才能生效。效力待定合同的产生主要有以下两个原因：

1）限制行为能力人订立的合同。《民法典》规定，限制民事行为能力人实施的纯获利益的民事法律行为或者与其年龄、智力、精神健康状况相适应的民事法律行为有效，除此以外实施的其他民事法律行为经法定代理人同意或者追认后有效。
2）无权代理人订立的合同。行为人没有代理权、超越代理权或者代理权终止后，仍然实施代理行为，未经被代理人追认的，对被代理人不发生效力。

4. 可撤销合同

可撤销合同是指因意思表示不真实，通过有撤销权的机构行使撤销权，使已经生效的合同归于无效的合同。可撤销合同的种类主要有以下几种。

（1）因重大误解订立的合同

《民法典》规定，基于重大误解实施的民事法律行为，行为人有权请求人民法院或者仲裁机构予以撤销。重大误解是指误解者作出意思表示时，对涉及合同法律效果的重要事项存在着认识上的显著缺陷，其后果是使误解者的利益受到较大的损失，或者达不到误解者订立合同的目的。这种情况的出现，是由于行为人自己的大意、缺乏经验或者信息不通而造成的。

（2）订立时显失公平的合同

《民法典》规定，一方利用对方处于危困状态、缺乏判断能力等情形，致使民事法律行为成立时显失公平的，受损害方有权请求人民法院或者仲裁机构予以撤销。显失公平的合同，使当事人之间享有的权利和承担的义务严重不对等，如标的物的价值与价款过于悬殊，承担责任或风险显然不合理的合同，都可称为显失公平的合同。

（3）以欺诈手段订立的合同

《民法典》规定，一方以欺诈手段，使对方在违背真实意思的情况下实施的民事法律行为，受欺诈方有权请求人民法院或者仲裁机构予以撤销。第三人实施欺诈行为，使一方在违背真实意思的情况下实施的民事法律行为，对方知道或者应当知道该欺诈行为的，受欺诈方有权请求人民法院或者仲裁机构予以撤销。

（4）以胁迫的手段订立的合同

《民法典》规定，一方或者第三人以胁迫手段，使对方在违背真实意思的情况下实施的民事法律行为，受胁迫方有权请求人民法院或者仲裁机构予以撤销。

可撤销合同在行使合同的撤销权时，当事人行使可撤销权需要注意以下几个方面：

1）当事人自知道或者应当知道撤销事由之日起1年内，重大误解的当事人自知道或者应当知道撤销事由之日起90日内行使撤销权。

2）当事人受胁迫，自胁迫行为终止之日起1年内行使撤销权。

3）当事人知道撤销事由后明确表示或者以自己的行为表明放弃撤销权。当事人自民事法律行为发生之日起5年内没有行使撤销权的，撤销权消灭。

1.1.4　合同的计价方式

建设工程施工承包合同的计价方式主要有三种，即单价合同、总价合同和成本加酬金合同。

1. 单价合同

当施工发包的工程内容和工程量一时尚不能十分明确、具体地予以规定时，则可以采用单价合同形式，即根据计划工程内容和估算工程量，在合同中明确每项工程内容的单位价格（如每米、每平方米或者每立方米的价格），实际支付时则根据每一个子项的实际完成工程量乘以该子项的合同单价计算该项工作的应付工程款。

单价合同的特点是单价优先，虽然在投标报价、评标以及签订合同中，人们常常注重总价格，但在工程款结算中单价优先，对于投标书中明显的数字计算错误，建设单位有权利先作修改再评标，当总价和单价的计算结果不一致时，以单价为准调整总价。

单价合同又分为固定单价合同和变动单价合同。固定单价合同条件下，无论发生哪些影响价格的因素都不对单价进行调整，因而对承包商而言就存在一定的风险。变动单价合同条件下，合同双方可以约定一个估计的工程量，当实际工程量发生较大变化时可以对单价进行调整，同时还应该约定如何对单价进行调整，例如当通货膨胀达到一定水平或者国家政策发生变化时，可以对哪些工程内容的单价进行调整以及如何调整等。因此，承包商的风险就相对较小。

由于单价合同允许随工程量变化而调整工程总价，建设单位和承包商都不存在工程量方面的风险，因此对合同双方都比较公平。缺点则是建设单位需要安排专门力量来核实已经完成的工程量，需要在施工过程中花费不少精力，协调工作量大。

2. 总价合同

总价合同是指根据合同规定的工程施工内容和有关条件，建设单位应付给承包商的款额是一个规定的金额，即明确的总价。总价合同也称作总价包干合同，即根据施工招标时的要求和条件，当施工内容和有关条件不发生变化时，建设单位付给承包商的价款总额就不发生变化。

总价合同又分为固定总价合同和变动总价合同两种。

固定总价合同的价格计算是以图纸及规定、规范为基础，工程任务和内容明确，建设单位的要求和条件清楚，合同总价一次包死，固定不变，即不再因为环境的变化和工程量的增减而变化。在这类合同中，承包商承担了全部的工作量和价格的风险。因此，承包商在报价时应对一切费用的价格变动因素以及不可预见因素都做充分的估计，并将其包含在合同价格之中。采用固定总价合同，双方结算比较简单。固定总价合同适用于工程量小、工期短，估计在施工过程中环境因素变化小，工程条件稳定并合理，工程设计详细，图纸完整、清楚，工程任务和范围明确以及工程结构和技术简单，风险小的一些项目上。

变动总价合同又称为可调总价合同，合同价格是以图纸及规定、规范为基础，按照时价进行计算，得到包括全部工程任务和内容的暂定合同价格。它是一种相对固定的价格，在合同执行过程中，由于通货膨胀等原因而使所使用的工、料成本增加时，可以按照合同约定对合同总价进行相应的调整。当然，一般由于设计变更、工程量变化和其他工程条件变化所引起的费用变化也可以进行调整。因此，通货膨胀等不可预见因素的风险由建设单位承担，对承包商而言，其风险相对较小，但对建设单位而言，不利于其进行投资控制，突破投资的风险就增大了。

3. 成本加酬金合同

成本加酬金合同也称为成本补偿合同，这是与固定总价合同正好相反的合同，工程施工的最终合同价格将按照工程的实际成本再加上一定的酬金进行计算。在合同签订时，工程实际成本往往不能确定，只能确定酬金的取值比例或者计算原则。

采用这种合同，承包商不承担任何价格变化或工程量变化的风险，这些风险主要由建设单位承担，对建设单位的投资控制很不利。而承包商则往往缺乏控制成本的积极性，常常不仅不愿意控制成本，甚至还会期望提高成本以提高自己的经济效益，因此这种合同容易被那些不道德或不称职的承包商滥用，从而损害工程的整体效益。所以，应该尽量避免采用这种合同。成本加酬金合同通常用于如下情况：

1）工程特别复杂，工程技术、结构方案不能预先确定，或者尽管可以确定工程技术和结构方案，但是不可能进行竞争性的招标活动并以总价合同或单价合同的形式确定承包商，如研究开发性质的工程项目。

2）时间特别紧迫，如抢险、救灾工程，来不及进行详细的计划和商谈。对建设单位而言，这种合同形式也有一定优点，如可以减少承包商的对立情绪，承包商对工程变更和不可预见条件的反应会比较积极和快捷；也可以利用承包商的施工技术专家，帮助改进或弥补设计中的不足等。

1.2 工程纠纷处理

1.2.1 解决工程争议规定

1. 解决开工日期及开工通知争议的规定

开工日期包括计划开工日期和实际开工日期。经发包人同意后,监理人发出的开工通知应符合法律规定。监理人应在计划开工日期 7 天前向承包人发出开工通知,工期自开工通知中载明的开工日期起算。

中华人民共和国最高人民法院《关于审理建设工程施工合同纠纷案件适用法律问题的解释(一)》(法释〔2020〕25号)规定,当事人对建设工程开工日期有争议的,人民法院应当分别按照以下情形予以认定:

1)开工日期为发包人或者监理人发出的开工通知载明的开工日期;开工通知发出后,尚不具备开工条件的,以开工条件具备的时间为开工日期;因承包人原因导致开工时间推迟的,以开工通知载明的时间为开工日期。

2)承包人经发包人同意已经实际进场施工的,以实际进场施工时间为开工日期。

3)发包人或者监理人未发出开工通知,亦无相关证据证明实际开工日期的,应当综合考虑开工报告、合同、施工许可证、竣工验收报告或者竣工验收备案表等载明的时间,并结合是否具备开工条件的事实,认定开工日期。

2. 解决竣工日期争议的规定

《建设工程施工合同(示范文本)》规定,竣工日期包括计划竣工日期和实际竣工日期。中华人民共和国最高人民法院《关于审理建设工程施工合同纠纷案件适用法律问题的解释(一)》规定,当事人对建设工程实际竣工日期有争议的,人民法院应当分别按照以下情形予以认定:

1)建设工程经竣工验收合格的,以竣工验收合格之日为竣工日期。

2)承包人已经提交竣工验收报告,发包人拖延验收的,以承包人提交验收报告之日为竣工日期。

3)建设工程未经竣工验收,发包人擅自使用的,以转移占有建设工程之日为竣工日期。

3. 解决工程价款结算争议的规定

按照合同约定的时间、金额和支付条件支付工程价款,是发包人的主要合同义务,也是承包人的主要合同权利。工程完工后,承包方应当按照合同约定向发包方提交已完成工程量报告。发包方收到工程量报告后,应当按照合同约定及时核对并确认。工程竣工结算文件经发承包双方签字确认后,应当作为工程决算的依据,未经对方同意,另一方不得就已生效的竣工结算文件委托工程造价咨询企业重复审核。发包方应当按照竣工结算文件及时支付竣工结算款。若承发包双方对于工程价款结算存在争议,则按照如下规定解决:

1)视为发包人认可承包人的单方结算价。中华人民共和国最高人民法院《关于审理建设工程施工合同纠纷案件适用法律问题的解释(一)》规定,当事人约定,发包人收到竣工结算文件后,在约定期限内不予答复,视为认可竣工结算文件的,按照约定处理。承包人请求按照竣工结算文件结算工程价款的,人民法院应予支持。

2）对工程量有争议的工程款结算。中华人民共和国最高人民法院《关于审理建设工程施工合同纠纷案件适用法律问题的解释（一）》规定，当事人对工程量有争议的，按照施工过程中形成的签证等书面文件确认。承包人能够证明发包人同意其施工，但未能提供签证文件证明工程量发生的，可以按照当事人提供的其他证据确认实际发生的工程量。

当事人就同一建设工程订立的数份建设工程施工合同均无效，但建设工程质量合格，一方当事人请求参照实际履行的合同关于工程价款的约定折价补偿承包人的，人民法院应予支持。实际履行的合同难以确定，当事人请求参照最后签订的合同关于工程价款的约定折价补偿承包人的，人民法院应予支持。

当事人签订的建设工程施工合同与招标文件、投标文件、中标通知书载明的工程范围、建设工期、工程质量、工程价款不一致，一方当事人请求将招标文件、投标文件、中标通知书作为结算工程价款的依据的，人民法院应予支持。

3）欠付工程款的利息支付。中华人民共和国最高人民法院《关于审理建设工程施工合同纠纷案件适用法律问题的解释（一）》规定，当事人对欠付工程价款利息计付标准有约定的，按照约定处理。没有约定的，按照同期同类贷款利率或者同期贷款市场报价利率计息。

利息从应付工程价款之日开始计付。当事人对付款时间没有约定或者约定不明的，下列时间视为应付款时间：

①建设工程已实际交付的，为交付之日。
②建设工程没有交付的，为提交竣工结算文件之日。
③建设工程未交付，工程价款也未结算的，为当事人起诉之日。

4. 工程垫资的处理

《保障中小企业款项支付条例》（中华人民共和国国务院令第728号）规定，政府投资项目所需资金应当按照国家有关规定确保落实到位，不得由施工单位垫资建设。

中华人民共和国最高人民法院《关于审理建设工程施工合同纠纷案件适用法律问题的解释（一）》规定，当事人对垫资和垫资利息有约定，承包人请求按照约定返还垫资及其利息的，人民法院应予支持，但是约定的利息计算标准高于垫资时的同类贷款利率或者同期贷款市场报价利率的部分除外。

当事人对垫资没有约定的，按照工程欠款处理。当事人对垫资利息没有约定，承包人请求支付利息的，人民法院不予支持。

5. 竣工工程质量争议的处理

《中华人民共和国建筑法》规定，建筑工程竣工时，屋顶、墙面不得留有渗漏、开裂等质量缺陷；对已发现的质量缺陷，建筑施工企业应当修复。《建设工程质量管理条例》（中华人民共和国国务院令第279号）规定，施工单位对施工中出现质量问题的建设工程或者竣工验收不合格的建设工程，应当负责返修。据此，建设工程竣工时发现的质量问题或者质量缺陷，无论是建设单位的责任还是施工单位的责任，施工单位都有义务进行修复或返修。但是，对于非施工单位原因出现的质量问题或质量缺陷，其返修的费用和造成的损失应由责任方承担。

建设工程竣工经验收合格后，方可交付使用；未经验收或验收不合格的，不得交付使用。在实践中，一些建设单位出于各种原因，往往未经验收就擅自提前占有使用建设工程。为此，中华人民共和国最高人民法院《关于审理建设工程施工合同纠纷案件适用法律问题的解释（一）》规定，建设工程未经竣工验收，发包人擅自使用后，又以使用部分质量不符合约定为由主张权利的，人民法院不予支持；但是承包人应当在建设工程的合理使用寿命内对地基基础工程和主体结构质量承担民事责任。

1.2.2 工程纠纷法律解决途径

所谓法律纠纷，是指自然人、法人和非法人组织之间因人身、财产或其他法律关系所发生的对抗冲突（或者争议），主要包括民事纠纷、行政纠纷、刑事案件。民事纠纷是平等主体的自然人、法人和非法人组织之间的有关人身、财产权的纠纷；行政纠纷是行政机关之间或行政机关同公民、法人和其他组织之间由于行政行为包括行政协议而产生的纠纷；刑事案件指犯罪嫌疑人或者被告人被控涉嫌犯罪的案件。

建设工程项目通常具有投资大、建造周期长、技术要求高、协作关系复杂和政府监管严格等特点，在建设工程领域里常见的是民事纠纷和行政纠纷。

1. 建设工程民事纠纷

建设工程民事纠纷，是在建设工程活动中平等主体之间发生的以民事权利义务法律关系为内容的争议。民事纠纷可分为两大类：一类是财产关系方面的民事纠纷，如合同纠纷等；另一类是人身关系的民事纠纷，如名誉权纠纷、继承权纠纷等。

民事纠纷的特点通常有三点：

1）民事纠纷主体之间的法律地位平等。

2）民事纠纷的内容是对民事权利义务的争议。

3）民事纠纷的可处分性。

发包人和承包人就有关工期、质量、造价等产生的建设工程合同争议及侵权纠纷是建设工程领域最常见的民事纠纷。

2. 建设工程行政纠纷

建设工程行政纠纷，是在建设工程活动中行政机关之间或行政机关同公民、法人和其他组织之间由于行政行为而引起的纠纷。在行政法律关系中，行政机关对公民、法人和其他组织行使行政管理职权，应当依法行政；公民、法人和其他组织也应当依法约束自己的行为，自觉守法。

在建设工程领域，易引发行政纠纷的具体行政行为主要有如下几种：

1）行政许可，即行政机关根据公民、法人或者其他组织的申请，经依法审查，准予其从事特定活动的行政管理行为，如施工许可、专业人员执业资格注册、企业资质等级核准、安全生产许可等。行政许可易引发的行政纠纷通常是行政机关的行政不作为、违反法定程序等。

2）行政处罚，是指行政机关依法对违反行政管理秩序的公民、法人或者其他组织，以减损权益或者增加义务的方式予以惩戒的行为。常见的行政处罚为警告、通报批评；罚款、没收违法所得、没收非法财物；暂扣许可证件、降低资质等级、吊销资质证书；限制开展生产经营活动、责令停产停业、责令关闭、限制从业等。行政处罚易导致的行政纠纷，通常是行政处罚超越职权、滥用职权、违反法定程序、事实认定错误、适用法律错误等。

3）行政强制，包括行政强制措施和行政强制执行。行政强制措施是指行政机关在行政管理过程中，为制止违法行为、防止证据损毁、避免危害发生、控制危险扩大等情形，依法对公民的人身自由实施暂时性限制，或者对公民、法人或者其他组织的财物实施暂时性控制的行政行为。行政强制执行是指行政机关或者行政机关申请人民法院，对不履行行政决定的公民、法人或者其他组织，依法强制履行义务的行政行为。行政强制易导致的行政纠纷，通常是行政强制超越职权、滥用职权、违反法定程序、事实认定错误、适用法律错误等。

4）行政裁决，即行政机关或法定授权的组织，依照法律授权，对平等主体之间发生的与行政管理活动密切相关的、特定的民事纠纷（争议）进行审查，并作出裁决的具体行政行为，如对特定的侵权纠纷、损害赔偿纠纷、权属纠纷、国有资产产权纠纷以及劳动工资、经济补偿纠纷等的裁决。行政裁决易引发的行政纠纷，通常是行政裁决违反法定程序、事实认定错误、适用法律错误等。

3. 建设工程民事纠纷的法律解决途径

民事纠纷的法律解决途径主要有四种：和解、调解、仲裁、民事诉讼。

（1）和解

和解是民事纠纷的当事人在自愿的基础上，就已经发生的争议进行协商、妥协与让步并达成协议，自行解决争议的一种方式，无须第三方参与劝说。通常它不仅从形式上消除当事人之间的对抗，还从心理上消除对抗。和解可以在民事纠纷的任何阶段进行，无论是否已经进入诉讼或仲裁程序。

（2）调解

调解是指当事人以外的第三方应纠纷当事人的请求，以法律、法规和政策或合同约定以及社会公德为依据，对纠纷者进行疏导、劝说，促使他们进行协商，自愿达成协议，解决纠纷的活动。在我国，调解的主要方式是人民调解、行政调解、仲裁调解、司法调解、行业调解以及专业机构调解。

（3）仲裁

《中华人民共和国仲裁法》规定，其调整范围仅限于民商事仲裁，即"平等主体的公民、法人和其他组织之间发生的合同纠纷和其他财产权纠纷"。和《中华人民共和国劳动争议调解仲裁法》规定的劳动争议仲裁概念是不一样的。

当事人可以根据纠纷发生前或纠纷发生后达成的仲裁协议，自愿将纠纷提交仲裁机构作出裁决，纠纷各方都有义务执行该裁决的一种解决纠纷的方式。法院行使国家所赋予的审判权，向法院起诉不需要双方当事人在诉讼前达成协议，只要一方当事人向有审判管辖权的法院起诉，经法院受理后，另一方必须应诉。仲裁机构通常是民间团体的性质，其受理案件的管辖权来自双方协议，没有仲裁协议就无权受理仲裁。但是，有效的仲裁协议可以排除法院的管辖权；纠纷发生后，一方当事人提起仲裁的，另一方应当通过仲裁程序解决纠纷。

（4）民事诉讼

民事诉讼是诉讼的基本类型之一，是指人民法院在当事人和其他诉讼参与人参加下，以审理、裁判、执行等方式解决民事纠纷的活动，以及由此产生的各种诉讼关系的总和。诉讼参与人包括原告、被告、第三人、证人、鉴定人、勘验人等。

在我国，《中华人民共和国民事诉讼法》是调整和规范法院及诉讼参与人的各种民事诉讼活动的基本法律。

调解、仲裁均建立在当事人自愿基础上，只要有一方当事人不愿意进行调解、仲裁，则调解和仲裁将不会发生。但民事诉讼不同，只要原告的起诉符合法定条件和约定条件，无论被告是否愿意，诉讼都会发生。此外，和解、调解协议的履行依靠当事人自觉，但法院的裁判则具有强制执行效力，一方当事人不履行生效判决或裁定，另一方当事人可以申请法院强制执行。

4. 建设工程行政纠纷的法律解决途径

行政纠纷的法律解决途径主要有两种，即行政复议和行政诉讼。

（1）行政复议

行政复议是公民、法人或其他组织认为行政机关的具体行政行为侵犯其合法权益，在行政纠纷发生后的 60 天内，依法请求本级人民政府或上级主管部门的行政复议机关审查该具体行政行为的合法性、适当性，该复议机关依照法定程序对该具体行政行为进行审查，并作出行政复议决定的法律制度。

行政复议基本特点是：①有权提出行政复议的主体，必须是认为行政机关的具体行政行为侵犯其合法权益的公民、法人和其他组织；②公民、法人和其他组织提出行政复议，必须是在行政机关已经作出具体行政行为之后，否则不存在复议问题；③当事人只能按照法律规定向有行政复议权的行政机关申请复议；④行政复议原则上采用书面审查办法。公民、法人或其他组织对行政复议决定不服的，可以依照《中华人民共和国行政诉讼法》规定在 15 天内向人民法院提起行政诉讼，但是法律规定行政复议决定为最终裁决的除外。

（2）行政诉讼

行政诉讼是公民、法人或其他组织依法请求法院对行政机关行政行为的合法性进行审查并依法裁判的法律制度。《中华人民共和国行政诉讼法》规定，公民、法人或者其他组织认为行政机关和行政机关工作人员的行政行为侵犯其合法权益，在行政纠纷发生后的 6 个月内有权向人民法院提起诉讼。

行政诉讼主要特征是：①行政诉讼是法院解决行政机关实施行政行为时与公民、法人或其他组织发生的争议；②行政诉讼为公民、法人或其他组织提供法律救济的同时，具有监督行政机关依法行政的功能；③行政诉讼的被告与原告是恒定的，即被告只能是行政机关，原告则是作为行政行为相对人的公民、法人或其他组织，而不可能互换诉讼身份。

1.3 施工合同跟踪

在工程实施的过程中要对合同的履行情况进行跟踪与控制，并加强工程变更管理，保证合同的顺利履行。

1. 合同跟踪概述

合同签订以后，合同中各项任务的执行要落实到具体的项目经理部或具体的项目参与人员身上，承包单位作为履行合同义务的主体，必须对合同执行者（项目经理部或项目参与人）的履行情况进行跟踪、监督和控制，确保合同义务的完全履行。

施工合同跟踪有两个方面的含义。一是承包单位的合同管理职能部门对合同执行者（项目经理部或项目参与人）的履行情况进行的跟踪、监督和检查；二是合同执行者（项目经理部或项目参与人）本身对合同计划的执行情况进行的跟踪、检查与对比。在合同实施过程中二者缺一不可。

对合同执行者而言，应该掌握合同跟踪的以下方面。

（1）合同跟踪的依据

合同跟踪的重要依据是合同以及依据合同而编制的各种计划文件；其次还要依据各种实际工程文件如原始记录、报表、验收报告等；另外，还要依据管理人员对现场情况的直观了解，如现场巡视、交谈、会议、质量检查等。

（2）合同跟踪的对象

1）承包的任务。

①工程施工的质量，包括材料、构件、制品和设备等的质量，以及施工或安装质量是否符合合同要求等；②工程进度，是否在预定期限内施工，工期有无延长，延长的原因是什么等；③工程数量，是否按合同要求完成全部施工任务，有无合同规定以外的施工任务等；④成本的增加和减少。

2）工程小组或分包人的工程和工作。可以将工程施工任务分解交由不同的工程小组或发包给专业分包完成，工程承包人必须对这些工程小组或分包人及其所负责的工程进行跟踪检查、协调关系，提出意见、建议或警告，保证工程总体质量和进度。对专业分包人的工作和负责的工程，总承包商负有协调和管理的责任，并承担由此造成的损失，所以专业分包人的工作和负责的工程必须纳入总承包工程的计划和控制中，防止因分包人工程管理失误而影响全局。

3）建设单位和其委托的工程师的工作。

①建设单位是否及时、完整地提供了工程施工的实施条件，如场地、图纸、资料等；②建设单位和工程师是否及时给予了指令、答复和确认等；③建设单位是否及时并足额地支付了应付的工程款项。

<u>2. 合同实施的偏差分析</u>

通过合同跟踪，可能会发现合同实施中存在着偏差，即工程实施实际情况偏离了工程计划和工程目标，应该及时分析原因，采取措施，纠正偏差，避免损失。合同实施偏差分析的内容包括以下几个方面：

1）产生偏差的原因分析

通过对合同执行实际情况与实施计划的对比分析，不仅可以发现合同实施的偏差，而且可以探索引起差异的原因。原因分析可以采用鱼刺图、因果关系分析图、成本量差、价差、效率差分析等方法定性或定量地进行。

2）合同实施偏差的责任分析

即分析产生合同偏差的原因是由谁引起的，应该由谁承担责任。责任分析必须以合同为依据，按合同规定落实双方的责任。

3）合同实施趋势分析

针对合同实施偏差情况，可以采取不同的措施，应分析在不同措施下合同执行的结果与趋势，包括：最终的工程状况，包括总工期的延误、总成本的超支、质量标准、所能达到的生产能力（或功能要求）等；承包商将承担什么样的后果，如被罚款、被清算，甚至被起诉，对承包商资信、企业形象、经营战略的影响等；最终工程经济效益（利润）水平。

3. 合同实施偏差处理

根据合同实施偏差分析的结果，承包商应该采取相应的调整措施，调整措施可以分为：

1）组织措施，如增加人员投入，调整人员安排，调整工作流程和工作计划等。
2）技术措施，如变更技术方案，采用新的高效率的施工方案等。
3）经济措施，如增加投入，采取经济激励措施等。
4）合同措施，如进行合同变更，签订附加协议，采取索赔手段等。

4. 合同变更的处理

（1）合同变更的起因

合同内容频繁的变更是工程合同的特点之一。一个较为复杂的工程合同，实施中的变更可能有几百项。合同变更一般主要有如下几方面原因：

1）建设单位新的变更指令，对工程新的要求。例如建设单位有新的方案，建设单位修改项目总计划，削减预算等；
2）由于设计的错误，必须对设计图纸作修改。这可能是由于建设单位要求变化的，也可能是设计人员、监理工程师或承包商事先没能很好地理解建设单位的意图造成的；
3）工程环境的变化，预定的工程条件不准确，要求实施方案或计划变更；
4）由于产生新的技术和知识，有必要改变原设计、实施方案、实施计划，或由于建设单位的原因造成承包商施工方案的变更；
5）政府部门对工程新的要求，如国家计划变化、环境保护要求或城市规划变动等；
6）由于合同实施出现问题，必须调整合同目标，或修改合同条款；
7）合同当事人由于倒闭或其他原因转让合同，造成合同当事人的变化。

（2）合同变更的处理要求

1）出现变更条件后，尽快做出变更指令。在实际工作中，变更决策的时间过长和变更程序太慢都会造成很大的损失，常有下面两种现象：

① 施工停止，承包商等待变更指令或变更会谈决议。
② 变更指令不能迅速做出，而现场继续施工，造成更大的返工损失。

2）合同变更必须经合同双方谈判，达成一致后方可进行合同变更。合同变更时，合同当事人双方必须签订变更协议。

3）变更指令做出后，承包商应迅速、全面、系统地落实变更指令，内容包括：

① 全面修改相关文件，例如图纸、规范、施工计划、采购计划等。
② 快速布置并监督落实变更指令，按调整的计划执行。

4）认真分析合同变更的影响，在合同规定的索赔有效期内完成索赔处理。合同变更可能会涉及费用和工期的变更，可能引起索赔，因此在合同变更过程中，应记录、收集、整理所涉及的各种文件，如图纸、各种计划、技术说明、规范和建设单位的变更指令，作为进一步分析的依据和索赔的证据。

1.4 工程索赔

1.4.1 工程索赔的要求

工程索赔通常是指在工程合同履行过程中，合同当事人一方因对方不履行或未能正确履行合同，或者由于其他非自身因素而受到经济损失或权利损害，通过合同规定的程序向对方提出经济或时间补偿要求的行为。索赔是一种正当的权利要求，它是合同当事人之间一项正常的而且普遍存在的合同管理业务，是一种以法律和合同为依据的合情合理的行为。

1. 索赔的起因

索赔可能由以下一个或几个方面的原因引起：
1）合同对方违约，不履行或未能正确履行合同义务与责任。
2）合同错误，如合同条文不全、错误、矛盾等，设计图纸、技术规范错误等。
3）合同变更。
4）工程环境变化，包括法律、物价和自然条件的变化等。
5）不可抗力因素，如恶劣气候条件、地震、洪水、战争状态等。

2. 索赔的分类

（1）按索赔有关当事人分类
1）承包人与发包人之间的索赔。
2）承包人与分包人之间的索赔。
3）承包人或发包人与供货人之间的索赔。
4）承包人或发包人与保险人之间的索赔。
（2）按照索赔目的和要求分类
1）工期索赔，一般指承包人向建设单位或者分包人要求延长工期。
2）费用索赔，即要求补偿经济损失，调整合同价格。

3. 索赔成立的前提条件

索赔成立以下三个条件必须同时具备，缺一不可。包括：
1）与合同对照，事件已经造成承包方工程项目成本的额外支出，或直接工期损失。
2）造成费用增加或工期损失的原因按合同约定不属于承包人的行为或风险责任。
3）承包人已按合同规定的程序提交索赔意向通知和索赔报告。
施工单位可以提起索赔的常见事件有：
1）发包人违反合同给承包人造成时间、费用的损失。
2）因工程变更（包括设计变更、发包人提出的工程变更、监理工程师提出的工程变更，以及承包人提出并经监理工程师批准的变更）造成的时间、费用损失。
3）由于监理工程师对合同文件的歧义解释、技术资料不确切，或由于不可抗力导致施工条件的改变，造成了时间、费用的增加。
4）发包人提出提前完成项目或缩短工期而造成承包人的费用增加。

5）发包人延误支付期限造成承包人的损失。

6）合同规定以外的项目进行检验，且检验合格，或非承包人的原因导致项目缺陷的修复所发生的损失或费用。

7）非承包人的原因导致工程暂时停工。

8）物价上涨，法规变化及其他。

4. 建设工程索赔的程序

当出现索赔事项时，承包人应以书面的索赔通知书形式，在索赔事项发生后的28天以内，向工程师正式提出索赔意向通知。

在索赔通知书发出后的28天内，应向工程师提出延长工期和（或）补偿经济损失的索赔报告及有关资料。

工程师在收到承包人送交的索赔报告的有关资料后，应于28天内给予答复，或要求承包人进一步补充索赔理由和证据；28天未予答复或未对承包人作进一步要求，视为该项索赔已经认可。

当索赔事件持续进行时，承包人应当阶段性地向工程师发出索赔意向，在索赔事件终了后的28天内，向工程师送交索赔的有关资料和最终索赔报告，工程师应在28天内给予答复或要求承包人进一步补充索赔理由和证据。逾期未答复，视为该项索赔成立。

工程师对索赔的答复，承包人或发包人不能接受时，即执行合同中有关解决争议的条款。

5. 索赔文件的编制方法

（1）总述部分

总述部分包括：概要论述索赔事项发生的日期和过程；承包人为该索赔事项付出的努力和附加的开支；承包人的具体索赔要求。

（2）论证部分

论证部分是索赔报告的关键部分，其目的是说明自己有索赔权，是索赔能否成立的关键。

（3）索赔款项（或工期）计算部分

确定能获得多少索赔款项（或工期）。

（4）证据部分

证据部分应注意引用的每个证据的效力或可信程度，对重要的证据资料最好附以文字说明，或附以确认文件。

6. 建设工程反索赔

反索赔是相对索赔而言，是对提出索赔的一方的反驳。发包人可以针对承包人的索赔进行反索赔，承包人也可以针对发包人的索赔进行反索赔。通常的反索赔主要是指发包人向承包人的反索赔。

索赔与反索赔具有同时性，技巧性强，处理不当会引起诉讼。在反索赔时，发包人处于主动的有利地位，发包人在经工程师证明承包人违约后，可直接从应付工程款中扣回款项，或从银行保函中得以补偿。

发包人相对于承包人反索赔的内容包括：工程质量缺陷反索赔、拖延工期反索赔、保证金的反索赔以及发包人其他损失的反索赔。

1.4.2 费用与工期索赔

1. 费用索赔的计算

费用索赔的计算方法主要有：实际费用法、总费用法和修正总费用法。

（1）实际费用法

实际费用法是施工索赔时最常用的一种方法。该方法是按照各索赔事件所引起损失的费用项目分别分析计算索赔值，然后将各个项目的索赔值汇总，即可得到总索赔费用值。这种方法以承包商为某项索赔工作所支付的实际开支为根据，但仅限于由于索赔事件引起的、超过原计划的费用，故也称额外成本法。在这种计算方法中，需要注意的是不要遗漏费用项目。

（2）总费用法

即发生了多起索赔事件后，重新计算该工程的实际费用，再减去原合同价，其差额即为承包人索赔的费用。计算公式为

$$索赔金额 = 实际总费用 - 投标报价估算费用$$

但这种方法对建设单位不利，因为实际发生的总费用中可能有承包人的施工组织不合理因素；承包人在投标报价时为竞争中标而压低报价，中标后通过索赔可以得到补偿。所以这种方法只有在难以采用实际费用法时采用。

（3）修正总费用法

即在总费用计算的原则上，去掉一些不合理的因素，使其更合理。修正的内容包括：

1）将计算索赔款的时段局限于受到外界影响的时间，而不是整个施工期。

2）只计算受到影响时段内的某项工作所受影响的损失，而不是计算该时段内所有施工工作所受的损失。

对投标报价费用重新进行核算，按受影响时段内该项工作的实际单价进行核算，乘以完成的该项工作的工程量，得出调整后的报价费用。

按修正后的总费用计算索赔金额的公式为

$$索赔金额 = 某项工作调整后的实际总费用 - 该项工作的报价费$$

2. 工期索赔的计算

工期索赔前首先应分析是否会造成工期延误，分析的内容包括延误原因分析、延误责任的界定、网络计划图分析、工期索赔的计算等。运用网络计划图方法分析延误事件是否发生在关键线路上，以决定延误是否可以索赔。在工期索赔中，一般只考虑对关键线路上的延误或者非关键线路因延误而变为关键线路时才给予顺延工期。

工期索赔的计算方法包括：直接法、比例分析法、网络分析法。

（1）直接法

如果某干扰事件直接发生在关键线路上，造成总工期的延误，可以直接将该干扰事件的实际干扰时间（延误时间）作为工期索赔值。

（2）比例分析法

如果某干扰事件仅仅影响某单项工程、单位工程或分部分项工程的工期，要分析其对总工期的影响，可以采用比例分析法。

采用比例分析法时，可以按工程量的比例进行分析，例如：某工程基础施工中出现了意

外情况，导致工程量由原来的 2800m² 增加到 3500m²，原定工期是 40 天，则承包商可以提出的工期索赔值是

工期索赔值 = 原工期 × 新增工程量 / 原工程量 =40×（3500−2800）/2800=10 天

本例中，如果合同规定工程量增减 10% 为承包商应承担的风险，则工期索赔值应该是

工期索赔值 =40×（3500−2800×110%）/2800=6 天

工期索赔值也可以按照造价的比例进行分析，例如：某工程合同价为 1200 万元，总工期为 24 个月，施工过程中建设单位增加额外工程 200 万元，则承包商提出的工期索赔值为

工期索赔值 = 原合同工期 × 附加或新增工程造价 / 原合同总价 =24×200/1200=4 个月

（3）网络分析法

在实际工程中，影响工期的干扰事件可能会很多，每个干扰事件的影响程度可能都不一样，有的直接在关键线路上，有的不在关键线路上，多个干扰事件的共同影响结果究竟是多少可能引起合同双方很大的争议，采用网络分析方法是比较科学合理的方法，其思路是：假设工程按照双方认可的工程网络计划确定的施工顺序和时间施工，当某个或某几个干扰事件发生后，使网络中的某个工作或某些工作受到影响，使其持续时间延长或开始时间推迟，从而影响总工期，则将这些工作受干扰后的新的持续时间和开始时间等代入网络中，重新进行网络分析和计算，得到的新工期与原工期之间的差值就是干扰事件对总工期的影响，也就是承包商可以提出的工期索赔值。

网络分析方法通过分析干扰事件发生前和发生后网络计划的计算工期之差来计算工期索赔值，可以用于各种干扰事件和多种干扰事件共同作用所引起的工期索赔。

学习足迹

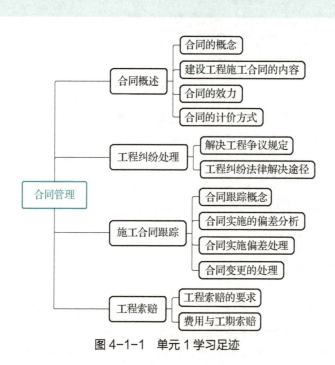

图 4-1-1　单元 1 学习足迹

拓展训练

一、填空题

1. 合同的计价方式主要有三种，分别是_____、_____、_____。
2. 在订立合同时显失公平的合同和因重大误解订立的合同，其合同的效力属于_____。
3. 施工合同示范文本一般都由3部分组成，包括_____、_____、_____。
4. 民事纠纷的法律解决途径主要有4种，分别是_____、_____、_____、_____。
5. 当出现索赔事项时，承包人应以书面的索赔通知书形式，在索赔事项发生后的_____天以内，向工程师正式提出索赔意向通知。

二、判断题

1. 无效合同自判定无效之日起就不具有法律效力。（   ）
2. 和解可以在民事纠纷的任何阶段进行，无论是否已经进入诉讼或仲裁程序。（   ）
3. 当工程发生了工程变更后，承包商可以索赔利润。（   ）
4. 当事人对欠付工程价款利息计付标准有约定的，按照约定处理。没有约定的，按照同期同类贷款利率或者同期贷款市场报价利率计息。（   ）
5. 建设工程施工合同属于单务合同。（   ）

三、简答题

1. 施工索赔成立的条件包括哪些？
2. 合同跟踪的含义包括什么？

单元 2　工程验收交付

学习导航

学习目标	【知识目标】 1. 掌握 5G 站点工程验收准备工作 2. 掌握 5G 单站验收的流程 3. 熟悉工程质量缺陷和保修处理措施 【技能目标】 1. 清楚竣工资料验收审核的内容 2. 熟练单站验收规范指标 3. 能够完成 5G 站点机房设备工艺和业务检测的初步验收 【素质目标】 1. 清楚竣工验收参与单位，能够完成验收前的场地和人员协调 2. 验收操作严谨规范，责任心强 3. 具备工程质量缺陷和保修处理的风险预判能力 4. 具备工程验收过程基本的协调管理能力
本单元重难点	1. 5G 站点验收准备 2. 5G 单站验收过程 3. 5G 站点工程质量缺陷和保修措施
授课课时	6 课时

任务导入

尚云通信技术有限公司目前已经完成 5G 站点机房的设备安装和调试，通过试运行阶段，现阶段开始进入项目竣工验收。

5G 站点机房竣工验收项目内容涉及面广，验收项目开展执行情况直接影响到该工程的最后结算以及投产使用的效果。

任务分析

5G 站点工程验收的实施，首先要清楚项目工程验收的概念和内容，熟悉项目工程验收的程序，熟悉单站验收规范和指标要求。在项目验收前要梳理准备工程建设涉及资料表格，并完成资料审核。单站验收过程做好工艺验收和性能测试指标检测，并且对存在的质量缺陷和保修内容采取具体的处理措施，保证工程验收工作圆满结束。

通过此部分的学习，学生应清楚项目工程验收的重要性，掌握项目工程验收的程序，能够参照施工工艺标准和业务测试指标顺利完成单站验收过程，整理提交验收资料。

任务实施

2.1 竣工验收准备

2.1.1 竣工验收的内容

1. 工程验收的概念

通信工程竣工验收指的是通信工程建设项目施工安装建成后，由主管单位组织施工单位和使用单位，按设计任务书要求对该工程进行全面质量考核，并作出评审结论的过程。

凡新建、扩建、改建等基本建设项目均应组织验收。较大工程规模的设备安装工程竣工验收应由省、市管理部门参加或主持，一般工程规模项目的工程验收应由工程部组织相关部门及人员进行，各分公司负责执行。

2. 验收的分类

（1）按验收范围划分有单项工程验收和全部验收的方式

单项工程验收是指当总体项目工程中的一个单项工程已按设计要求完成施工内容，能满足生产要求或具备使用条件，且施工单位已进行预检，已通过监理工程师的初验，在此条件下进行正式验收。

全部验收是指项目总体已按设计要求全部完成，并符合竣工验收标准，施工单位已进行预检，经监理工程师初验认可后，由监理工程师组织以建设单位为主，设计单位、施工单位及其他相关部门共同参加的正式验收。在对项目总体进行全部验收时，对已验收的工程，如隐蔽工程等，可以不再进行正式验收和办理验收手续，但应将单项工程验收单作为全部工程验收的附件加以说明。

（2）按阶段划分为随工检查、初步验收（初验）、试运行和竣工验收（终验）

工程验收的阶段与工程的大小和性质有关，小的工程可能只需要一次验收，大部分工程验收可分为三个阶段，即随工验收、初步验收和竣工验收。而对通信线路工程而言，验收一般分四个阶段，即分为随工检查、初步验收（初验）、试运行和竣工验收（终验）。

随工验收指的是施工过程中主要针对隐蔽工程的验收。隐蔽工程是指那些施工完毕将被遮盖而无法或很难对它再进行检查的分部、分项工程，一般主要是基础开挖或地下建筑物开挖完毕的工程。因此，必须在其被遮盖前进行严格验收，以防存在质量隐患。承包商施工完毕并经严格自检后，应向监理工程师提交验收申请报告，并附有关图纸和技术资料，包括施工原始记录、地质资料等。监理工程师收到隐蔽工程验收申请后，应组织测量人员进行复测、地质人员检查地质素描和编录，然后由主管该项目的监理工程师（代表）主持并组织由业主代表、设计、地质、测量、试验和运行管理人员参加的检查验收。

在验收过程中，有关人员应认真填写隐蔽工程验收记录，监理工程师（代表）对此必须进行认真审核，如无异议，即在隐蔽工程验收记录上签字认可，如有遗留问题，应要求承包商处理合格后方可进行后续项目的施工。隐蔽工程的验收比一般分部分项工程的验收更重要。

初步验收是在工程完工时组织的验收，它是承包商完成合同工程规定任务的最后一道程序。通过验收的合同工程，承包商就可将其移交给业主。合同工程完工验收的准备工作是在合同工程验收前，承包商一般应做好工程收尾工作，准备完工验收资料和文件，这是工程竣工验收的重要依据。

初步验收需要的资料和文件从施工开始就应完整地积累和保管，完工验收时，应提交全部施工资料和文件资料的编目。在完工日期到来之前，通常要求承包商组织预验收。承包商提交完工验收申请时，应附合同工程完工验收所要求的资料，如工程说明；设计变更项目、内容及其原因（包括监理工程师下发的变更通知和指令等有关技术资料）；完工项目清单与遗留工程项目清单；土建工程与安装工程质量检验与评价资料；材料、设备、构件等的质量合格证明资料；部分工程验收资料；工程遗留问题与处理意见；隐蔽工程的验收记录及一些包括工程测量、水文地质、工程地质等有关资料的原始记录附件。

试运行阶段指的是项目工程初验通过后开始投入使用验收。试运行周期可按照合同规定执行，一般试运行不少于3个月，项目工程全面投入使用期间，网络性能稳定，各项参数指标正常，试运行周期截止后即可以进入工程终验即竣工验收阶段。

工程项目后期验收是指工程项目完成后一段时间，由验收单位主持，对整个工程项目进行验收。验收的条件是工程已按批准设计规定内容全部建成，各单位工程能正常运行，历次验收所发现的问题已整改完毕。归档资料符合工程档案资料管理的有关规定，工程建设征地、移民安置等问题已基本处理完毕，工程投资已全部到位，竣工决算已经完成，并通过竣工审计。

2.1.2 工程验收程序

1. 项目资料准备和审核

项目资料是项目竣工验收的重要依据，施工单位应按合同的要求提供全面、准确的全套竣工验收所必需的项目资料，经监理工程师审核，确认无误后方可同意竣工验收。

全套项目竣工资料应包括下列内容：

1）项目开工报告。
2）项目竣工报告。
3）分部分项工程和单位工程的工程技术人员名单。
4）设计交底和图纸会审记录。
5）设计变更通知单和技术变更核实单。
6）质量事故调查和处理资料。
7）资料、设备的质量合格证明资料。
8）竣工图。
9）施工日志。
10）质量检验评定资料和竣工验收资料。

对于上述由施工单位或承包方提供的相关资料，现场监理工程师应对其中主要的资料进行全面的审核,如材料和设备的质量合格证明的真实性、准确性、权威性,新材料、新工艺试验或检验的可靠性。

2. 竣工图纸审核

项目竣工图是真实记录项目实施详细情况的技术文件,是对项目进行交工验收、维护的依据,也是使用单位应长期保存的技术资料。通过审查,可以及时发现竣工图的问题,发现问题后应及时向施工单位提出要求,要求施工单位采取相应的措施进行修正、补充、更改,以保证竣工图纸的真实性和准确性。对于符合合同要求及有关规定的竣工资料,监理工程师应签署验收意见。

3. 工程测试

工程测试包括抽验工程器材、产品质量检测、工程功能验证测试、工程合格认证测试(自我认证测试、第三方认证测试)。参加项目验收的各方人员按专业分工,分别对已竣工的工程进行目测检查和性能指标的抽查,同时对施工单位提供的资料所列内容逐一进行检查核对,确认其准确性。同时,举行由验收各方人员参加的验收会议,各专业的验收人员及专业负责人介绍本专业的验收情况,提出验收中发现的问题,根据要求对存在的问题提出处理意见。根据会议结果形成验收意见,作为验收文件记录在案。办理竣工验收签证书,竣工验收签证书必须由承包方、业主、工程监理机构分别签字方可有效。

4. 总体验收

1)工程监理单位将验收的质量情况审核准确,填写表 4-2-1 工程竣工初验表。

表 4-2-1 工程竣工初验表

工程编号		工程名称			
建设单位		开工日期		初验日期	
施工单位		建设地点			
工程内容验收项目					
验收意见及初步结论: 监理工程师签字:					

施工单位(盖章)　　　　　　　　　　　监理单位(盖章)

负责人:　　　　　　　　　　　　　　　负责人:

　　　　　年　月　日　　　　　　　　　　　　　年　月　日

2)施工单位根据工程初验质量情况填写表 4-2-2 工程完工通知单,一式四份,并请监理单位通知建设单位组织验收。

表 4-2-2 工程完工通知单

工程编号		工程名称			
建设单位		施工单位			
施工地点		开工日期		完工日期	

工程建设主要项：

监理工程师签字：

本工程已按合同完工，请监理单位确认。

施工单位负责人：
年　月　日　（章）

项目工程监理确认：

监理工程师：　　　　　　　　　　　　总监理工程师：

年　月　日　（章）

3）监理单位根据施工单位准备情况，如竣工技术文件、竣工测试记录，隐藏部位的签认和竣工图纸等，填写表 4-2-3 工程竣工移交单。

表 4-2-3 工程竣工移交单

至（建设公司）：
（施工单位）：

　　兹证明　　　　　项目工程，已按施工合同内容和工期完成项目部施工，并且监理确认通过，于　年　月　日移交建设单位，并于当日起进入工程保修阶段。

监理工程师：　　　　　　　　　　　　总监理工程师：

年　月　日　（章）

4）建设单位收到"工程完工通知单"后，确定总体验收日期并组织邀请设计单位、施工单位及有关人员参加总体验收。规模小的工程可以进行全面检验，规模大的工程可由建设单位或设备维护管理单位对重点部位进行抽验。

5）总体验收工程质量全部符合技术标准要求的由建设单位、设计单位、施工单位、监理单位签章认定工程等级，并签署竣工移交证书，通信工程往往还要求代维参加。

工程总体验收后，有关技术部门如建设单位、施工单位、设计单位、监理单位人员对工程施工中采用的新器材、新技术、新工艺等应进行总结，必要时可纳入有关的技术标准或施工方法中,从而不断提高施工技术、水平和施工质量。

2.2 竣工单站验收

单站验证是指在 5G 基站硬件安装调试完成后,对单站点的设备功能和覆盖能力进行的自检测试和验证。单站验收流程如图 4-2-1 所示。

2.2.1 工程验收

1. 室内系统验收

(1) 环境检查

1) 作为信号源的基站设备或直放站设备工作环境及设备安装机房环境要求以机房相关规范为准。

2) 机房内空调设备应安装正确、牢固,运行正常,空调制冷量应满足设计相关要求,同时须根据实际新增设备散热量进行相应增容。空调电源必须在交流配电箱中设置独立空开,电源线走线应整齐统一,明线应外加 PVC 套管,严禁出现空调电源线飞线、吊线现象。

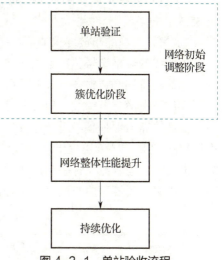

图 4-2-1 单站验收流程

3) 无线通信室内覆盖系统使用的器件及材料严禁工作在高温、易燃、易爆、易受电磁干扰(如大型雷达站、发射电台、变电站等)的环境中。

4) 无线通信室内覆盖系统使用的器件及材料安装环境应保持干燥、少尘、通风,严禁出现渗水等现象。

5) 建筑物楼内电源系统和防雷接地设施应满足室内覆盖系统工程需求,不满足要求的应按相关规范进行改造建设。

6) 无线通信室内覆盖系统工程防火要求应满足《邮电建筑防火设计标准》(YD 5002—1994)的要求。

(2) 设备及器材检验

开工前建设单位、供货单位和施工单位应共同对已到达施工现场的设备、材料和器件的规格型号及数量进行清点和外观检查,应符合下列要求:

①设备规格型号应符合工程设计要求,无受潮、破损和变形现象。
②材料的规格型号应符合工程设计要求。
③抽样测试器件的电气性能,性能指标应符合进网技术要求。
④工程建设中不得使用不合格材料。

(3) 电缆、线缆布放检查

1) 安装电缆槽道的位置、高度应符合工程设计标准。
2) 安装电缆槽道应横平竖直,无明显起伏现象。
3) 电缆槽道与墙壁或机列应保持平行,列槽道应成一条直线。
4) 安装电缆槽道吊挂应符合工程设计要求,吊挂安装应垂直、整齐、牢固,一般要求吊挂构件与电缆走道漆色一致。

5）电缆槽道穿过楼板孔洞或墙洞处应加装保护框，保护框材质应采用阻燃材料，其颜色应与地板或墙壁一致。当电缆布放完毕，应用阻燃材料封住洞口。

6）机房内槽道、吊挂铁架等应按工程设计要求做接地保护，地线宜采用截面面积不小于 $35mm^2$ 的多股铜导线。

7）馈线电缆的布放要求如下：

①馈线的规格型号、数量、布放路径应符合工程设计要求。

②馈线排列必须整齐，外皮无破损、断裂现象。

③信号电缆与电源线、地线应分开布放，在同电缆走道上布放时，间隔应不小于 50mm。

④馈线布放时应留有适当余量，绑扎力度适宜，布放顺直、整齐，不能互相缠绕，并按连接次序理顺。尽量避免出现走线斜、空中飞线、交叉线等情况。若走线管无法靠墙布放，馈线走线管可与其他线管一起走线，并用扎带与其他线管固定。

⑤当馈线需要弯曲布放时，工程馈线弯曲要求见表 4-2-4。

表 4-2-4　工程馈线弯曲要求

线径	一次弯曲半径 /mm	二次弯曲半径 /mm
1/4" 软馈线	—	30
1/2" 软馈线	—	40
1/4"	50	100
1/2"	70	210
3/8"	50	150
7/8"	120	360

⑥穿横线如业主有要求的，要穿 PVC 管，走线要平直，不可捆绑在细的线缆上，要做到单独捆绑，在天花板上每 1.5m 一个扎带，明线处每 0.6m 一个扎带，扎带的头要剪齐，做到方向一致，在墙上固定时使用塑料管卡。所有 7/8 馈线要用扎带捆扎，没有用 PVC 管的地方要用黑色扎带，有白色 PVC 管的地方要用白色扎带。馈线的连接头必须安装牢固，严格按照说明书上的步骤进行，接头不可有松动，馈线芯及外皮不可有毛刺，确保接触良好，并做防水密封处理。

⑦馈线所经过的线井应为电气管井，也就是通常指的弱电井，不能使用通风管道或水管管井。馈线尽量避免与强电高压管道和消防管道一起布放走线，确保无强电、强磁的干扰。室外馈线进入室内前必须有一个滴水弯，波纹管的滴水弯底部必须剪切一个漏水口，以防止雨水沿馈线进室内，入线孔必须用防火泥密封。

⑧对于不在机房、线井和天花吊顶中布放的馈线，应套用 PVC 管。要求所有走线管布放整齐、美观，转弯处要使用 PVC 软管连接。

⑨走线管应尽量靠墙布放，并用线码或馈线夹进行固定。馈线两头应有长度标识牌，馈线每隔 2m 贴一张建设方的标志，必要时标签要用透明胶带加固。

⑩馈线进出口的墙孔应做好防水处理，并用阻燃材料进行密封。

（4）信号源设备

无线通信室内覆盖系统的信号源基站设备安装工程验收以基站设备安装验收规范为准。直放站设备安装工程验收应符合下列要求：

1）设备安装位置应符合工程设计要求，设备机架安装整齐牢固。

2）安装挂壁式设备时，主机底部距地面距离应保证设备维护时最低维护空间高度要求。

3）设备上的各种板件、走线的有关标志要求规格统一，字迹正确、清晰、齐全。

4）要求机柜内所有设备单元安装位置正确、牢固、无损坏、掉漆现象，无设备单元的空位应装有盖板。

5）设备电源安装应满足《通信电源设备安装工程设计规范》（GB 51194—2016）相关要求。

6）设备应做接地处理，防雷接地系统应满足《通信局（站）防雷与接地工程设计规范》（GB 50689—2011）的要求。

（5）有源器件

有源器件主要指干线放大器，光纤分布系统的主机单元、远端单元等器件。有源器件的安装应满足下列要求：

1）有源器件的安装位置符合设计方案的要求。

2）安装位置确保无强电、强磁和强腐蚀性设备的干扰。

3）严格按照说明书的介绍进行安装，使用合理的工具，安装牢固平整，有源器件上应有清晰明确的标志。安装时应用相应的安装件进行固定。要求主机内所有的设备单元安装正确、牢固，无损伤、掉漆现象。

4）有源器件的电源插板至少有两芯及三芯插座各一个，工作状态时放置于不易触摸到的安全位置。

5）有源器件应有良好接地，并应用 $16mm^2$ 的接地线与建筑物的主地线连接。

（6）无源器件

无源器件主要包括合路器、功分器、耦合器等器件。无源器件的安装应满足下列要求：

1）无源器件宜安装在弱电竖井内，应用扎带、固定件牢固固定，并采用托盘安装的方式固定在墙壁上，不允许悬空无固定放置，宜将器件安装在器件箱中。

2）无源器件宜安装在易维护的位置。

3）无源器件应有清晰明确的标识。

（7）天线

无线通信室内覆盖系统工程中常见的天线类型包括全向吸顶天线、定向吸顶天线、板状天线、八木天线。天线的安装应满足下列要求：

1）室内天线的安装位置符合设计方案规定的范围，并尽量安装在吊顶的中央。

2）对于全向吸顶天线或板状天线，均要求用天线固定件牢固安装在天花板或墙壁上，其附近无直接遮挡物存在；对于室内定向板状天线，可采用壁挂安装方式或利用定向天线支架安装方式，要求天线周围无直接遮挡物，天线主瓣方向正对目标覆盖区，并尽量远离消防喷淋头。

3）室内天线尽量采用吊架固定方式，天线吊挂高度应略低于梁、通风管道、消防管道等障碍物，保证天线的辐射特性。吊架和支架安装应保持垂直、整齐、牢固，无倾斜现象。

4）在有特殊要求时，天线安装在天花板内，仍需要固定，不得随意摆放。

5）天线放置要平稳牢固，如果垂直放置，安放位置要合理，方便天线的连接。要做到整体布局合理、美观。室外天线的接头必须使用防水胶带缠绕，然后用塑料黑胶带缠好，胶带做到平整、少皱、美观，安装完天线后要擦干净天线，保证天线的清洁干净。

（8）通电测试前检查

设备正常工作电压为直流工作电压标称值为 −48V，允许波动范围为 −57~−40V。交流工作电压标称值为 220V，频率为 50Hz，允许波动范围为 220V×(1±10%)、50Hz×(1±5%)，波形失真小于 5%。

设备通电测试前需做好以下几方面检查：

1）检查设备标志齐全、正确。
2）各种零件、配件安装位置正确，数量齐全。
3）各类熔丝的规格应符合设备技术说明书的要求。
4）设备接地良好、可靠。
5）电源引入连接正确，牢固可靠。

设备通电前，应在熔丝盘有关端子上测量主电源电压，确认正常，方可逐级加电。按设备厂家提供的操作程序开机，设备应正常工作。检查设备各种告警系统模块工作是否正常、告警准确。

2. 设备检查

（1）设备安装

1）BBU 安装检查。

①机房环境检查，机房环境验收标准见表 4-2-5。

表 4-2-5　机房环境验收标准

序号	检查项	验收标准
1	检查空调制冷量	通过空调配置计算模块进行计算，将计算结果与空调标识的制冷量进行比较，标识结果大于计算结果为合格
2	检查空调安装位置	柜式空调安装应让出风口对向机房设备机柜，壁挂式空调必须横向并排安装
3	检查空调出风口遮挡情况	柜式空调出风口对向机房设备机柜无遮挡，壁挂式空调正下方无设备，壁挂式空调距天花板 150mm，柜式空调前方 1000mm 无设备遮挡
4	检查机柜进风口处温度	机柜进风口温度为 25~30℃
5	设备环境及运行情况检查	检查设备能否正常运行，检查网管中一个月内的设备告警情况，有无温高、温低告警
6	机房清洁度检查	机房内地面、墙面清洁，墙面空调口和馈线窗孔洞必须密封，门窗关闭严密，机房内部无漏水现象，机房内无工程余料、垃圾

②室内设备安装检查，BBU 设备安装验收标准见表 4-2-6。

表 4-2-6　BBU 设备安装验收标准

序号	检查项	验收标准
1	BBU 直流分配单元，所在机柜及挂墙安装件安装位置	安装位置符合设计要求，禁止安装在馈线窗及壁挂式空调正下方，禁止安装在有水渍的墙面上或屋顶下
2	BBU 安装空间	BBU 机柜进风口 20cm 内无遮挡物，机柜不能太靠近其他散热体，设备安装严格按照机柜高度尺寸的设定进行
3	BBU、直流电源柜、落地机柜及挂墙安装件外观完整性、清洁度	表面无损伤、无划痕，整齐完整、板件设备表面清洁，无灰尘污渍
4	BBU 单板和扣板安装要求	单板安装规范，与机框准确固定，未安装槽位使用扣板进行防尘处理
5	GPS 防雷安装及接地	安装齐全、规范、牢固，避雷器接地良好
6	所有机房设施接地情况	BBU、交直流电源、配电盒、机柜等设备均作接地处理，接地线径和铜鼻子使用正确
7	BBU、直流电源柜，落地机柜及挂墙安装件可靠性	安装螺母齐全，安装可靠；膨胀螺栓、绝缘垫片、平垫、弹垫等安装正确，无松动现象
8	设备电源线连接情况	电源线线径合理，空开/熔丝符合要求，无铜线裸露，端子压接牢固，弹垫、平垫齐全
9	防静电手环安装	配备齐全，安装位置正确，安装可靠
10	直流分配单元管状端子使用	各型号线缆必须使用合适的管状端子进行连接，不能露铜，管状端子制作规范，使用专用压线钳压制

③机房内部布线检查，机房内布线验收标准见表 4-2-7。

表 4-2-7　机房内布线验收标准

序号	检查项	验收标准
1	挂墙安装和落地机柜安装时线缆布放	人正对机柜，电源线、接地线布放在左侧，信号线布放在右侧，无悬空线
2	落地机柜顶线布放	线缆垂直上走线架，线缆不得绑扎在机柜散热孔上，并且上走线架距离机柜 10cm 以上，所有线缆绑扎间距一致
3	线缆布放管套	线缆沿墙布放时要使用 PVC 管（槽）进行布放，尾纤要使用波纹管保护至光缆护套处
4	线缆弯曲半径	线缆弯曲半径不少于线缆直径 20 倍。尾纤盘放弯曲直径 ≥ 80mm
5	线缆标签标识	标签齐全，格式正确统一，朝向一致，除非用户有特殊要求
6	线缆接头连接可靠性	线缆接头连接牢固，无松动
7	电源线/接地线使用	必须使用整段线料且绝缘层无破损，冗余线缆必须剪除

（续）

序号	检查项	验收标准
8	设备电源线连接情况	电源线线径合理，空开/熔丝符合要求，无铜线裸露，端子压接牢固，弹垫、平垫齐全
9	防静电手环安装	配备齐全，安装位置正确，安装可靠
10	直流分配单元管状端子使用	各型号线缆必须使用合适的管状端子进行连接，不能露铜，管状端子制作规范，使用专用压线钳压制
11	电源线、信号线及尾纤线缆布放及绑扎	线缆分开布放，分类绑扎，间距>5cm，无交叠；走线架上线缆绑扎间距为300~700mm，捆绑牢固

2）AAU 安装检查。

①室外设备安装及线缆布放检查，机房外设备安装及布线验收标准见表 4-2-8。

表 4-2-8 机房外设备安装及布线验收标准

序号	检查项	验收标准
1	AAU 安装位置	安装位置符合设计要求，散热空间和维护空间预留合理
2	AAU 安装可靠性	安装紧固，螺钉与螺母、平垫、弹垫齐全，弹垫压平，绝缘垫片齐全
3	AAU、天线、GPS	AAU、天线和 GPS 抱杆必须在避雷针的 45° 保护范围之内，并且抱杆可靠接地
4	AAU 操作维护窗施工密封	AAU 操作维护窗施工完成后必须拧紧螺钉，未使用的端口必须使用橡胶塞进行封堵，电源线屏蔽层在操作维护窗内做接地压接
5	AAU 机壳接地	保护地线必须接地良好，铜鼻子需用同色热缩套管包裹，无铜线裸露，端子压接牢固，弹垫、平垫齐全，AAU 保护地线不能超过 2m
6	AAU 电源连接器连接	AAU 电源连接器必须用管状端子连接电源线，管状端子制作符合规范要求，必须压接电源线屏蔽层。连接器连接后必须扣下扳手
7	AAU、天线、室外防雷箱底部空间预留	各设备底部预留 200mm 以上的空间，各种线缆从接口/接头出来后 200 mm 范围内应保持垂直，不能弯曲受力
8	多余户外光缆处理	多余户外光缆盘留成直径 30~40cm 的圆环后固定在室外抱杆上
9	室外线缆布放	在室外走线架上走线要求平直无交叉，绑扎距离合理，GPS 馈线应使用馈线卡进行固定
10	室外扎带使用	室外采用黑色扎带，扎带尾需预留 2~3 扣（3~5mm）余量（防止高温扣）
11	室外标牌和色环使用	室外标牌和色环齐全，颜色符合工程规范要求，位置合理
12	施工仪器配置	施工队配备便携式光端面检测仪和光端面清洁工具（如光端面清洁笔、专用光端面清洁棉签等）

(续)

序号	检查项	验收标准
13	设备防护	上站或下站的设备必须按照规范带防护（BBU板件用泡沫填充吸塑盒，AAU搬运过程中关闭维护窗并将扳手卡到位。拧紧固定螺钉，壳体防止磕碰）
14	设备仓储	上站或下站设备仓储必须符合规范要求（有序放置、禁止堆积积压）
15	光器件防护	光器件防护到位（光连接器不用时，必须戴上保护帽，任何时候、任何情况下，光纤弯曲直径必须大于60mm。光纤和光连接头部分的弯曲半径大于30mm，不要弯折光纤成尖角、锐角。器件拔插符合规范）
16	光面清洁	光面清洁手法正确。判断光缆、光模块故障前，必须按正确手法做光面清洁，避免污染
17	GPS馈线屏蔽层接地	只在馈线窗外1m处接地
18	GPS天线接头防水	GPS馈线与GPS天线连接处做防水，自带不锈钢套管下部管口与馈线连接处做防水处理
19	电源线屏蔽层接地	只在馈线窗外1m处接地
20	接地点防锈	保护地线接地端子和接地排连接前要进行除锈除污处理，保证连接可靠，接地完成后需涂防锈漆
21	接地端子复接	各地线端子不复接，在不得已的情况下，复接最多2个，复接需符合规范
22	滴水弯制作	馈线和电源线进入机房前须做滴水弯，滴水弯的最低点要求低于馈线窗进线口下沿10~15cm，馈线窗需用防火材料密封

② AAU抱杆安装检查，AAU抱杆安装工艺验收标准见表4-2-9。

表4-2-9　AAU抱杆安装工艺验收标准

序号	检查项	是否合格
1	设备按工程设计图纸位置安装，并在避雷针的45°保护范围内。在高山以及多雷地区（一年雷暴日超过180d），保证设备应在避雷针30°保护范围内	是/否
2	AAU抱杆安装时，抱杆不宜安装避雷针，建议在该抱杆的附近另外设立独立的避雷针保护。如果抱杆上安装避雷针，建议将避雷针单独引下并直接接地	是/否
3	AAU应安装在通风良好的位置。如有条件应安装在阳光直射较少的位置，如背阴处。AAU不得安装在排烟管出口处，不得安装在雨棚等流水经过的位置	是/否
4	AAU抱杆必须牢固、不可推动，满足抗风要求（不小于12级风速或按工程设计要求）	是/否
5	AAU抱杆竖直，垂直误差应小于±2°	是/否
6	设备外观清洁、无污迹	是/否

（续）

序号	检查项	是否合格
7	设备不得有严重损伤或变形，不得有划痕和刮伤、掉漆，掉漆应补同色漆	是 / 否
8	AAU 要求竖直安装，确保外部线缆接口朝下。AAU 下方应有不小于 300mm 的安装空间	是 / 否
9	AAU 安装时应采用专用安装件，不得采用其他方式代替	是 / 否
10	设备安装固定牢靠，无晃动现象	是 / 否
11	所有接头、螺栓应拧紧，有紧固力矩要求的，按相应力矩要求紧固	是 / 否
12	所有螺栓安装正确，各种绝缘垫、平垫、弹垫、螺母安装顺序正确，无缺失、垫反现象	是 / 否
13	AAU 所有未使用的接口必须拧紧防尘盖，并做好防水处理	是 / 否

③线缆布放检查，线缆布放验收标准见表 4-2-10。

表 4-2-10　线缆布放验收标准

序号	检查项	是否合格
1	线缆表面清洁，无施工记号，护套绝缘层无破损及划伤	是 / 否
2	各种线缆分开布放，线缆的走向清晰、顺直，相互间不要交叉，捆扎牢固，松紧适度，无明显起伏或歪斜现象，没有交叉和空中飞线现象	是 / 否
3	室外线缆在室外走线时应沿楼面和走线架布放，或沿墙壁走线并固定牢固，不允许悬空跨接走线	是 / 否
4	在走线架内并行布放时，信号电缆、直流电源线、交流电源线、馈线应分开走线，保持 10cm 以上的距离	是 / 否
5	室外线缆不得系挂或紧贴避雷带走线，需在避雷带下方走线，且与避雷带间距不小于 20cm	是 / 否
6	室外线缆（户外直流电缆或户外交流电缆、户外光纤）进入机房前，如果线缆高于馈线窗下沿，必须在室外馈线窗处做个滴水弯，每根线缆做滴水弯后的最低点必须低于馈线窗 10~15cm，室外线缆进入机房前，如果线缆低于馈线窗下沿，则不需要做滴水弯	是 / 否
7	室内线缆在墙面、地板下布放时应安装线槽	是 / 否
8	线缆布放时应不影响 BBU 或机架的散热通道	是 / 否
9	线缆转弯处应有弧度，弯曲半径满足线缆的最小弯曲半径要求（不小于线缆外径的 20 倍）	是 / 否
10	多余的光纤盘绕在绕线盘上（如盘放在 AAU 附近），并固定牢固	是 / 否
11	户外光纤布放后不应有其他重型线缆压在光纤上，不得碰触到锋利的边缘	是 / 否

④线缆绑扎检查，线缆绑扎验收标准见表 4-2-11。

表 4-2-11　线缆绑扎验收标准

序号	检查项	是否合格
1	线缆必须绑扎，绑扎后的同类线缆应互相紧密靠拢，外观平直整齐。线缆表面形成的平面高度差不超过 5mm，线缆表面形成的垂面垂度差不超过 5mm	是 / 否
2	绑扎成束的线缆转弯时，线扣应扎在转角两侧，以避免在线缆转弯处用力过大造成断芯故障	是 / 否
3	线缆转弯时，转弯应均匀、圆滑一致。各类线缆最小弯曲半径要求为：户外光纤的最小弯曲半径≥ 20 倍户外光缆直径，电源线和保护地线的弯曲半径≥ 5 倍线缆直径	是 / 否
4	线扣规格合适，同线束上使用的线扣应是同一规格。尽量避免线扣的串联使用，线扣串联使用时最多不超过 2 根	是 / 否
5	线扣绑扎应整齐美观，线扣间距均匀，松紧适度，同走向线束的线扣头朝向一致。室内布放的线缆在横走线架上绑扎时，线扣间距最大不得超过走线架 2 倍的横铁间距；在垂直走线架上绑扎时，每根横铁处都需绑扎；室内布放的线缆垂直走线时，线扣间距应为 10~20cm，均匀绑扎	是 / 否
6	户外线缆在走线架上布放时应绑扎或固定牢固，水平布放时绑扎间距不超过 1m，垂直布放时绑扎间距不超过 0.8m	是 / 否
7	线扣锁紧后多余部分应剪除，室内线扣多余部分应齐根剪平不拉尖，室外线扣多余部分应剪平，并留有 3mm 余量，黑白线扣不可混用，室内采用白色线扣，室外采用黑色线扣	是 / 否

⑤防水要求检查，见表 4-2-12。

表 4-2-12　防水要求检查

序号	检查项	是否合格
1	检查维护窗是否拧紧，防止水滴渗入	是 / 否
2	检查 AAU 的 CPRI 接口、接地卡连接处、未使用接口保护盖等安装完毕，必须做防水处理	是 / 否

（2）设备上电

1）BBU 上电。

①从电源单板卸下电源线。

②开启输入 BBU 的配电单元电源开关，用万用表测量电源线的输出电压，判断电压情况，见表 4-2-13。

表 4-2-13　输出电压排查

序号	检查项	结果
1	测出电压为 DC -57~-40V	电压正常，继续下一步
2	测出电压大于 DC 0V	电源接反，重新安装电源线后再测试
3	其他情况	输入电压异常，排查配电单元和电源线的故障

③关闭输入 BBU 配电单元电源开关。
④电源线插到电源单板上。
⑤开启输入 BBU 的配电单元电源开关，查看电源单板指示灯的显示情况。
确认各指示灯显示正常，BBU 上电完成。
BBU 面板各指示灯状态见表 4-2-14。

表 4-2-14　BBU 面板各指示灯状态

设备	供电正常时指示灯
BBU	1. 电源模块单板：RUN 指示灯常亮 2. FAN 单板：STATE 指示灯闪烁（1 秒亮，1 秒灭） 3. 其他单板：RUN 指示灯闪烁（慢闪：1 秒亮，1 秒灭；快闪：0.125 秒亮，0.125 秒灭）

BBU 设备上电步骤如图 4-2-2 所示。

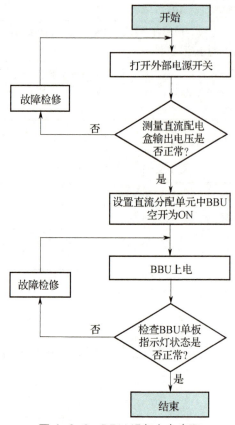

图 4-2-2　BBU 设备上电步骤

2）AAU 上电。
①将供电设备连接到 AAU 接线盒或防雷箱的空气开关闭合。
②通过指示灯状态判断 AAU 上电完成。
AAU 电压和面板指示灯状态见表 4-2-15。

表 4-2-15　AAU 电压和面板指示灯状态

设备	供电正常时指示灯
AAU	1. AAU 的输入电压范围为 DC –57~–36V 2. AAU 模块：RUN 指示灯：1 秒亮，1 秒灭；ALM 指示灯：常灭

AAU 设备上电步骤如图 4-2-3 所示：

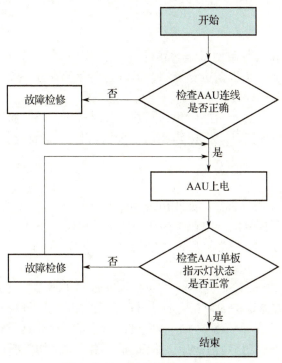

图 4-2-3　AAU 设备上电步骤

3. 外部告警

外部告警是告警上传的信号采集模块，所有基站外部告警在触发时，告警信息能够在操作维护子系统上读取，此模块要求支持模拟量输出功能，方便后期进行模拟量改造。

（1）温度告警

机房温度一般在 10~30℃之间，IDC 机房在 20~25℃，当机房温度超过 31℃时，触发温度告警，并将告警送至基站外部告警模块。探头应安装于机架顶的走线梯上，控制设备安装于 ODF 架旁。

（2）烟感告警

机架顶部探头感应到烟雾浓度超过设定值 30s 后，立刻触发烟雾告警，并将告警信息送至基站外部告警模块。

（3）水浸告警

机房地面放置有水浸传感器，在机房发生水淹时触动传感器，并将告警送至基站外部告警模块。探头应安装在门口、窗口或房间的最低水平位置。探头水平面应尽可能与地水平面距离最短。

（4）湿度告警

一般通信机房正常湿度范围为 20%~80%，高于 80% 时触发湿度告警，并将告警送至基站外部告警模块。探头应安装在门口或窗口附近。

（5）门控告警

基站门控告警用于基站非正常手段开门时触发的门开关告警，并将告警送至基站外部告警模块。门控装置要安装在基站门的内侧，注意门控装置防水及防潮处理。

2.2.2 业务检测

单站验证是网络优化的基础性工作，其目的是保证站点各个小区内手机正常接入、Ping 测试、FTP 上传 / 下载业务等基本功能使用，另外进行信号强度测量，保证信号覆盖正常，确保安装、参数配置等与规划方案一致。

通过单站验证提前发现影响后期优化的问题并及时解决，同时通过单站优化可以熟悉优化站点的位置、无线环境等信息，获取实际站点基础资料，为簇优化打下良好基础。

1. 业务检验常用参数

（1）RSRP

参考信号接收功率（Reference Signal Receiving Power，RSRP），定义为在设定的测量频带上，承载小区专属参考信号的资源粒子的功率贡献（单位为 W）的线性平均值。通俗地理解，可以认为 RSRP 的功率值就代表了每个子载波的功率值，用来标识无线信号接收强度。

（2）RSSI

接收信号强度指示（Received Signal Strength Indicator，RSSI），定义为接收宽带功率，包括在接收机脉冲成形滤波器定义的带宽内的热噪声和接收机产生的噪声。测量的参考点为 UE 的天线端口。即 RSSI 是在某个资源粒子内接收到的所有信号（包括导频信号和数据信号、邻区干扰信号、噪声信号等）功率的平均值。因此通常测量的平均值要比带内真正有用信号的平均值高。

（3）RSRQ

参考信号接收质量（Reference Signal Receiving Quality，RSRQ），主要衡量下行特定小区参考信号的接收质量。这种度量主要是根据信号质量来对不同 LTE 候选小区进行排序，用作切换和小区重选决定的输入。

2. 数据业务测试

（1）测试前提

在每个小区的主覆盖范围内，选择 RSRP>-90dBm 的点进行定点测试，记录每个点的 RSRP/SINR（信噪比）测试结果，填在单站验证表格中。

（2）测试准备

1）在便携式计算机及 PDN（公共数据网）服务器上准备好上传 / 下载文件（文件 ≥500MB，文件数 ≥10 个）。

2）测试终端及测试软件正常连接，能正常获取 PDN 服务器的 IP 地址。

3）确保当前小区是正常的服务状态。

（3）测试步骤

1）UE 终端从空闲态接入，接入成功后进行 FTP 下载测试，时间保持 60s，然后

detachUE，UE 处于空闲态后重新进行接入测试。记录下载速率、接入成功次数、掉线次数、观察测量的小区 PCI（物理小区标识）是否为当前主覆盖小区的 PCI，确定天线是否接反。

2）UE 从空闲态接入，接入成功后进行 FTP 上传测试，时间保持 60s，然后 detach UE，UE 处于空闲态后重新进行接入测试。记录上传速率、接入成功次数、掉线次数，观察测量的小区 PCI 是否为当前主覆盖小区的 PCI，确定天线是否接反。

3）定点测试结束后，UE 从空闲态进入通话状态，保持通话过程中，围绕站点顺时针移动 2 圈，观察各个小区切换是否正常；然后围绕站点逆时针移动 2 圈，观察站点覆盖区域各个小区的切换是否正常，记录不同小区之间的切换情况。

4）将测试数据记录在数据业务测试表中，并将测试问题填写在问题描述栏中。

3. VoIP 业务

（1）测试前提

在每个小区的主覆盖范围内，选择 RSRP>-90dBm 的点进行定点测试，记录每个点的 RSRP 测量结果，填在单站验证表格中。

（2）测试准备

保证测试软件和测试终端状态正常，启动测试软件，连接测试终端，保证测试终端与测试软件连接状态正常，能顺利启动。

（3）测试步骤

1）UE 进行 VoIP 业务测试，由一台固定电话拨打该测试终端进行业务接入，业务成功接入记为一次成功，否则记为一次失败。业务接入成功后保持 60s 后挂断，通话保持过程发生掉话则记为一次掉话。

2）在通话过程中感受通话质量是否存在噪声、杂音和单通等明显影响用户感知的情况，并记录。

3）总结描述 VoIP 业务测试全过程中出现的问题现象。

4. 覆盖测试

进行室外宏站的站点信号覆盖测试，主要验证该站点覆盖范围是否与规划区域一致，通过测试检查是否存在弱覆盖、越区覆盖、同频干扰、天线接反等问题。

（1）测试前提

1）测试前首先检查基站工作状态是否正常，检查网管操作平台该基站是否存在影响测试的告警信息。

2）为了提高测试准确性，建议采用带业务的长包测试，如带 Ping 包或者 FTP 的测试。

（2）测试准备

首先应规划好待测试站点的测试路线。室外路线选择原则：

1）测试路线需要包括待测基站各个扇区覆盖方向上的公路，同时也要包括基站周边的主要街道。

2）测试路线需要进行到与待测基站周边相邻小区的覆盖区域，保证验证该站点的实际覆盖指标、切换等功能。

3）测试路线选择应尽量减少过红绿灯时的等待时间，尽量避免重复路线测试。

4）准备好测试用的电脑、测试软件、测试终端、电子地图、GPS、车辆、车载逆变器等。

（3）测试步骤

1）完成 GPS、终端、逆变器等与测试电脑之间的连接。

2）开启测试软件，观察测试终端、GPS 是否能正常在测试软件中检测到。

3）在测试软件中导入测试区域电子地图。

4）设置好测试次数、数据包等参数信息，运行 Ping 或者 FTP 软件或命令，开始 Ping 或者 FTP 测试。

5）按照测试路线开始路测并记录测试结果，测试过程中注意控制车速，以免数据采集不准确。

2.3 质量缺陷处理与保修

2.3.1 工程质量缺陷处理

1. 工程质量缺陷的定义

工程质量缺陷是指在工程施工完毕进行验收时，发现工程质量上存在不符合国家或行业的有关技术标准、设计文件及施工合同中相关要求的问题。工程质量缺陷分为施工过程中遗留的质量缺陷和永久质量缺陷，这里主要指通信工程站点机房施工过程中存在的质量问题。

2. 工程质量问题的分类

工程质量问题除了工程质量缺陷外，还包括工程质量通病和工程质量事故。

（1）工程质量通病

是指各种影响工程结构、使用功能和外形观感的常见性质量损伤，在日常施工过程中尤为常见，称为质量通病。在通信工程项目建设中，主要体现在线缆施工或者机房建设中存在的问题。

目前机房建设和设备安装工程最常见的质量通病主要有以下几类：

1）基建地基不均匀，存在下沉，墙开裂情况。

2）屋面出现渗水、漏水情况。

3）光缆熔接存在光衰情况，导致 ODF 中存在不能使用的接口。

4）地面及楼面存在起砂、起壳、开裂情况。

5）门窗变形、安装缝隙过大、密封不严情况。

6）线缆布放未贴标签，或者手写标签，甚至出现标签和业务不对应的情况。

7）金属栏杆、管道、配件未刷防腐油漆，出现锈蚀。

8）饰面板、饰面砖拼缝不平、不直、空鼓、脱落情况。

（2）工程质量事故

是指在工程建设过程中或交付使用后，对工程结构安全、使用功能影响较大，损失较大的质量损伤。如房屋结构坍塌，线缆断裂，管道、容器爆裂使气体或液体严重泄漏等等。它的特点是：

1）影响正常使用，经济损失达到较大的金额。

2）有时会造成人员伤亡。

3）结构质量隐患，后果严重。

3. 工程质量缺陷的处理措施

通信工程属于重要的基础设施工程，如果出现质量问题，会缩短设备使用寿命，影响正常的信息沟通。由于工作人员的疏忽和施工企业管理不善，导致通信工程出现质量问题的情况时有发生。应对通信工程质量问题的措施有以下几种：

（1）加强施工现场人员的安全意识

通信施工单位从工程项目设计之初就必须将安全管理事宜纳入日常管理中。通过定期开展学习和培训，增强施工现场人员的安全意识，使其熟知和遵守本工种各项安全技术操作规程。

（2）完善施工现场的安全制度法规

通信项目工程施工是一个系统性工程，必须综合考虑到不同施工时期所采用的技术手段与措施，考虑到可能会出现的各类安全隐患和问题，从而制定出有针对性、操作性较强的安全制度法规。施工企业要层层签订安全生产责任状，使与生产有关的任何人都有保证安全生产的责任。施工企业要实行每个分项工程均配备专职安全员，要求他们每天例行项目安全施工检查，检查结果要有记录，对查出的隐患应及时通知整改并跟进整改效果。

（3）加大质量管理协调控制力度

想要实现对通信施工企业工程质量管理水平的提升，就必须先对质量管理制度进行完善，通过完善质量管理制度来提高施工质量的协调控制力度，从而达到对施工质量的有效管理。要建立施工责任管理制度，将施工质量责任落实到各分部工程、各施工小组甚至是各施工人员中去，做到事事有人管，层层有人抓，形成层层细化，职责明确的管理网络。通过这种逐层分布的形式达到提升施工质量的目的，为建筑工程质量提供保障。

2.3.2 工程质量保修

1. 通信工程质量保修概述

一般建设工程完成之后，都有相应的保修期限，很多工程质量问题都是在保修期限内出现的，保修期内施工单位要对工程质量问题负责处理。

通信建设工程质量保修是指建设工程竣工验收后，在规定的保修期限内，因勘察、设计、施工、材料等原因造成的质量缺陷，应当由施工承包单位负责维修，必要时进行返工或更换，由责任单位负责赔偿损失的法律措施。建设工程质量的保修对于促进各方加强质量管理，保护用户及消费者的合法权益起到了重要的保障作用。

2. 工程质量保修的期限

根据《建设工程质量管理条例》的规定，在工程验收交付后正常使用的条件下，建设工程的最低保修期限为：

1）基础设施工程、房屋建筑的地基基础工程和主体结构工程，在设计文件规定的该工程的合理使用年限内。

2）建筑保温工程保修期限五年。

3）屋面防水工程、有防水要求的卫生间、房间和外墙面的防渗漏保修期限五年。

4）供热与供冷系统，保修期限为两个采暖期、供冷期。

5）电气管线、给排水管道、设备安装和装修工程保修期限为两年。

6）其他工程的保修期限由建设单位与施工单位约定，建设工程的保修期自竣工验收合格之日起计算。

根据原信息产业部的《通信建设工程价款结算暂行办法》（信部规〔2005〕418号）的有关规定，通信工程建设实行保修的期限为12个月。具体工程项目的保修期应在施工承包合同中约定。

3. 通信工程质量保修范围

在工程保修期间，施工单位应对由于施工方原因而造成的质量问题负责无偿修复，并请建设单位按规定要求对修复部分进行验收。施工单位对由于非施工单位原因而造成的工程质量问题，应积极配合建设单位、运行维护单位分析问题原因，协助进行处理。工程保修期间的责任范围如下：

1）由于施工单位的施工责任、施工质量不良或其他施工方原因造成的工程质量问题，施工单位负责修复并承担工程修复费用。

2）由于多方在施工过程中责任原因造成的质量问题，应统一协商解决，商定各自的经济责任，施工单位负责修复。

3）由于设备材料供应单位提供的设备、材料等质量问题，由设备、材料提供方承担全部修复费用，施工单位协助修复。

4）如果质量问题的发生是因为建设单位或用户的责任，修复费用应由建设单位或用户自行承担。

学习足迹

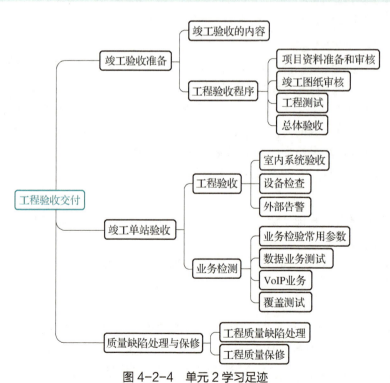

图 4-2-4　单元 2 学习足迹

拓展训练

一、填空题

1. 建筑保温工程保修期限五年。屋面防水工程、有防水要求的卫生间、房间和外墙面的防渗漏为_____年；电气管线、给排水管道、设备安装和装修工程为_____年。
2. 工程验收的阶段与工程的大小或性质有关，小的工程可能只需要一次验收，大部分工程可分为三个阶段_____、_____、_____。
3. 电源线走线应整齐统一，明线应外加_____，严禁出现空调电源线飞线、吊线现象。
4. 开启 BBU 的配电单元电源开关，电源线的输出电压范围在_____。
5. 由于多方在施工过程中责任原因造成的质量问题，应_____，_____负责修复。

二、判断题

1. 随工验收是指施工过程中主要针对隐蔽工程的验收。（　　）
2. 室内天线的安装位置符合设计方案规定的范围，并尽量安装在吊顶的中央。（　　）
3. 项目资料是项目竣工验收的重要依据，施工单位应按合同的要求提供全面、准确的全套竣工验收所必需的项目资料，竣工验收结束后提交项目监理进行审核。（　　）
4. 信号电缆与电源线、地线应分开布放，在同电缆走道上布放时，间隔应不小于40mm。（　　）
5. 工程项目后期验收是指工程项目完成后一段时间，由验收单位主持，对整个工程项目进行验收。（　　）

三、简答题

1. 简述 5G 站点验收的流程。
2. 简述 5G 站点信号覆盖测试的内容。

参考文献

［1］全国一级建造师执业资格考试用书编写委员会.通信与广电工程管理与实务［M］.北京：中国建筑工业出版社，2021.
［2］全国一级建造师执业资格编写委员会.建设工程项目管理［M］.北京：中国建筑工业出版社，2021.
［3］曹明.建设工程项目管理［M］.北京：人民邮电出版社，2019.
［4］张宇.信息化项目工程实施［M］.长春：吉林大学出版社，2016.
［5］中华人民共和国工业和信息化部.信息通信建设工程费用编制规定［Z］.北京：人民邮电出版社，2017.
［6］刘宇.5G移动网络运维（中级）［M］.北京：高等教育出版社，2020.
［7］中华人民共和国住房和城乡建设部.建设工程项目管理规范：GB/T 50326—2017［S］.北京：中国建筑工业出版社，2017.
［8］孙青华.通信工程项目管理及监理［M］.北京：人民邮电出版社，2013.